电力电子技术
（第2版）

主　编　李　洁　晁晓洁　贾渭娟　杨佳义
副主编　赖　伟
主　审　汪纪锋

U0193940

重庆大学出版社

内容提要

本书以"问题导入—学习目标—技能目标—内容讲解—复习思考—实践练习"的模式编写,旨在结合实际案例,便于激发读者的学习兴趣,利于教师授课。本书主要内容包括绪论、电力电子器件、变换电路3个部分。第一部分(第1章)主要介绍了电力电子技术的概念、应用领域、发展历史、现状及未来前景;第二部分(第2章)主要介绍了常用的电力电子器件的基本结构、工作原理、基本参数、驱动电路及保护方法、电力电子器件应用案例;第三部分(第3~7章)重点介绍了直流-直流变换电路、逆变电路、整流电路、交流-交流变换电路的工作原理、分析方法、计算方法和典型应用实例,还介绍了软开关技术的内容,相控技术和PWM控制技术在上述各种电路中的应用实例。

本书针对应用型本科学生特点,从应用的角度出发,采用"抽丝剥茧"的分析方法,文字描述深入浅出、通俗易懂。本书可作为高等院校应用型本科电气工程及其自动化、自动化、轨道交通供电等相关专业的教学用书,也可供相关工程技术人员参考。

图书在版编目(CIP)数据

电力电子技术 / 李洁等主编. -- 2版. -- 重庆：
重庆大学出版社,2019.1
新工科系列. 电气工程类教材
ISBN 978-7-5689-1375-1

Ⅰ.①电… Ⅱ.①李… Ⅲ.①电力电子技术—高等学
校—教材 Ⅳ.①TM1

中国版本图书馆 CIP 数据核字(2018)第 266351 号

电力电子技术(第2版)

主　编　李　洁　晁晓洁　贾渭娟　杨佳义
副主编　赖　伟
主　审　汪纪锋
策划编辑:范　琪　何　梅

责任编辑:文　鹏　邓桂华　　版式设计:范　琪
责任校对:关德强　　　　　　责任印制:张　策
*
重庆大学出版社出版发行
出版人:易树平
社址:重庆市沙坪坝区大学城西路21号
邮编:401331
电话:(023)88617190　88617185(中小学)
传真:(023)88617186　88617166
网址:http://www.cqup.com.cn
邮箱:fxk@cqup.com.cn(营销中心)
全国新华书店经销
重庆升光电力印务有限公司印刷
*
开本:787mm×1092mm　1/16　印张:13　字数:310 千
2019 年 1 月第 2 版　　2019 年 1 月第 2 次印刷
印数:1—2 000
ISBN 978-7-5689-1375-1　定价:32.00 元

前　言

　　本书是在第一版的基础上,听取使用者的建议,结合电气工程及其自动化、自动化、轨道交通供电等相关专业的教学要求,以及应用型本科高校对实践能力的培养要求,将内容重新组织和充实,特别是补充了大量工程实践案例与实践练习题。

　　随着我国经济与科学技术的高速发展,高等学校的规模、数量也得到了快速的发展,特别是近年来应用型本科院校的发展更是迅速。但是,适用于应用型本科院校的教材建设却相对滞后,本书就是为解决适用于应用型本科院校的《电力电子技术》教材较为匮乏的问题而编写的。本书在习近平新时代中国特色社会主义思想指导下,落实"新工科"建设新要求,具有"注重工程应用,适用范围广,学时适中"的特点。在编写的过程中,编者从工程实际应用的角度出发,用通俗易懂的文字进行分析,深入浅出,图文并茂,并且注重控制篇幅、强化基础与应用、突出重点,使得本书内容具有实用性强、易于教学的特点。

　　本书以"问题导入—学习目标—技能目标—内容讲解—复习思考—实践练习"为线索进行编写,按照内容可分为绪论、电力电子器件、变换电路3个部分。

　　第一部分(第1章)主要介绍了电力电子技术的概念、应用领域、发展历史、现状及未来前景;第二部分(第2章)主要介绍了常用的电力电子器件的基本结构、工作原理、基本参数、驱动电路及保护方法、电力电子器件应用案例;第三部分(第3～7章)主要介绍了直流-直流变换电路、逆变电路、整流电路、交流-交流变换电路的工程应用案例、工作原理、分析方法等,还介绍了软开关技术的内容,相控技术和PWM控制技术在上述4种变换电路中的应用。各章均列举了具有代表性、实用性的例题,在每一章的最后一节列举了大量体现章节内容的实际应用案例。本书在每章后都附有具有代表性的思考题与实践练习题,可以帮助学生巩固所学的基础知识,提高认识,锻炼学生动手的能力,激发学生学习的积极性,初步培养学生的应用意识和创新能力。

在本书的筹备阶段和编写过程中，得到了重庆邮电大学汪纪锋教授的指导和帮助，谨在此表示衷心的感谢！

本书由李洁进行策划、内容安排和最终统稿。全书共分 7 章，其中，第 4、5 章由李洁编写；第 1、6、7 章由晁晓洁编写；第 2 章由贾渭娟编写；第 3 章由杨佳义编写；赖伟参与了第 1 章的编写。

本书的编著得到了教育部高等学校电气类专业教学指导委员会专业教育教学改革研究课题（编号：DQJZW2016011）、重庆市本科高校三特行动计划项目"电气工程及其自动化特色专业建设"（渝教高〔2015〕69 号）、重庆市普通本科高校新型二级学院建设项目（渝教高〔2018〕22 号）和重庆市教育科学"十三五"规划课题（编号：2018-GX-468）的支持。在编写过程中，也得到了重庆大学电气工程学院、重庆邮电大学自动化学院的大力支持和帮助。本书的撰写还参考了一些同行专家的论著和教材（见参考文献），在此一并表示衷心的感谢！

由于编者水平有限，加之编写时间仓促，书中难免有错误和遗漏，恳请使用本书的广大师生和读者指正，以便修订时改进。编者电子邮箱：lijie_step@163.com。

编　者

2018 年 9 月

目录

第1章 绪 论

【问题导入】

电力电子技术(Power Electronics)简单来说是指利用电力电子器件构成各种变换电路,对电能进行控制和变换的技术。近年来,很多新技术的应用和发展都是以电力电子技术为基础的,电力电子技术已经在工业生产、交通运输、电力系统、通信系统、计算机系统、国防军事、新能源系统及日常生活等各方面获得了广泛应用。那么,到底什么是电力电子技术? 电力电子技术的发展如何? 电力电子技术的应用领域有哪些? 本章对这些问题进行初步的讲解,使读者对电力电子技术有一定的认识。

【学习目标】

1. 掌握电力电子技术所研究的内容。
2. 了解电力电子技术与其他学科之间的关系及其发展过程。
3. 了解电力电子技术的应用领域及发展前景。

【技能目标】

通过本章的学习,明确电力电子技术的概念及其与其他学科的关系;了解电力电子技术的应用;认识电力电子技术的重要性。

1.1 电力电子技术概述

1.1.1 电力电子技术研究的内容

电力电子技术诞生于20世纪五六十年代,在随后不到100年时间内,电力电子技术的发展十分迅速。2000年,IEEE终身会员、美国电力电子学会前主席Tomas G. Wilson给出了电力电子技术一个定义:电力电子技术是通过静止的手段,对电能进行有效的变换、控制和调节,从而把可利用的输入电能形式变成所希望的输出电能形式的技术。

通过上述定义可知,电力电子技术的核心是对电能进行变换和控制,它能根据用电场合的不同而改变电能的应用方式,即所谓的变流。变流技术可以使电能的应用更好地满足不同负载所期望的最佳能量供应形式和最佳控制,通过功能和性能的提高获得良好的节能效果,产生经济效益和社会效益。因此,电力电子技术被称为电能应用的优化技术。

电能可以分为直流电和交流电两种形式。从公用电网直接得到的是交流电;从蓄电池和干电池得到的是直流电。用户往往需要多种形式的电能。

1.1.2 电力电子变换的类型

电力电子电路的根本任务是实现电能的变换和控制。电能变换的基本形式有 4 种:直流-直流变换、直流-交流变换、交流-直流变换、交流-交流变换。在某些变流装置中,可能同时包含两种以上的变换。

(1)直流-直流变换(DC-DC)

将一种直流电变换为另一固定或可调电压的直流电的电路称为直流-直流变换电路,直接实现变换的电路通常称为斩波电路。直流变换技术广泛地应用于无轨电车、地铁列车、蓄电池供电的机动车辆的无级变速辅助电动设备的控制等,从而获得加速平稳、快速响应的性能。特别是 20 世纪 80 年代以来兴起的采用直流变换技术的高频开关电源的发展最为迅猛,它以体积小、质量轻、效率高等优点在民用工业、军事和日常生活中得到广泛的应用,为计算机、通信、消费电子等类产品提供可靠的直流电源。

(2)直流-交流变换(DC-AC)

将直流电变换为交流电的电路称为逆变电路,完成逆变任务的电力电子装置称为逆变器。逆变电路不但能使直流电变成可调的交流电,而且可输出连续可调的工作频率。如果将逆变器的交流侧接到交流电网上,把直流电逆变成同频率的交流电送到电网去,称为有源逆变,它主要用于直流电机的可逆调速、绕线转子异步电动机的串级调速、高压直流输电和太阳能发电等方面。如果将逆变器的交流侧直接接到负载上,把直流电逆变成某一频率或可调频率的交流电供给负载,则称为无源逆变,它主要用于交流电机变频调速、感应加热、不间断电源等方面。

(3)交流-直流变换(AC-DC)

将交流电变换为固定或可调的直流电的电路称为整流电路,完成整流任务的电力电子装置称为整流器。整流电路广泛应用于电解、电镀、直流电动机调速、蓄电池充电、手机充电、计算机电源适配器等方面。近年来,随着电力电子器件和 PWM 技术的发展,整流电路得到了进一步的发展与推广,应用更加广泛。

(4)交流-交流变换(AC-AC)

把交流电的参数(幅值、频率等)加以转换的电路称为交流-交流变换电路。交流-交流变换电路广泛应用于电炉温度控制、灯光调节、异步电动机的软启动和调速、大功率交流电动机的变频调速等方面。

1.1.3 电力电子技术和其他学科的关系

电力电子技术是应用于电力领域中的电子技术,是一种电力变换技术,它所变换的功率可达到数百兆瓦甚至吉瓦,也可小到数瓦甚至是毫瓦。电力电子技术是横跨电子技术、电力技术和控制技术的新型交叉学科,并随着科学技术的发展又与电磁学、固态物理学、电机工程、现代控制理论、仿真与计算、计算机科学等许多学科密切相关,已发展成为一门多学科相互渗透的综合技术学科。

电力电子学这一名词是 20 世纪 60 年代出现的。"电力电子学"和"电力电子技术"相比，其实际的内容并没有太大的区别，只是分别从学术和工程技术两个不同角度来称呼。1974年，美国学者 W. Newell 用如图 1.1 所示的倒三角形对电力电子学进行了描述，他的观点被学术界普遍接受。

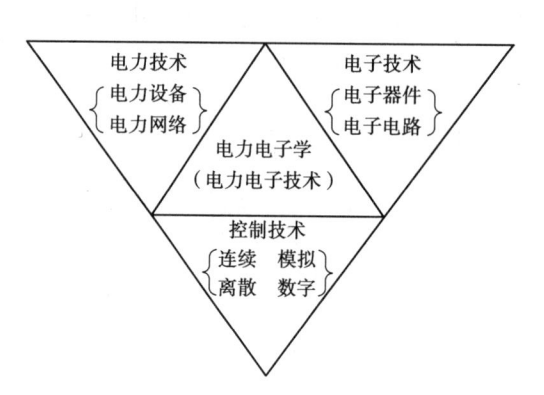

图 1.1　电力电子学倒三角

①电力电子技术和电子技术有相同之处，也有不同之处。电子技术是与电子器件、电子电路以及由各种电子电路所组成的电子设备和系统有关的科学技术，它主要研究电子器件，以及利用电子器件来处理电路中电信号的产生、变换、处理、存储、发送和接收等问题。

20 世纪五六十年代以后，随着电子器件处理的功率不同、应用领域不同，电子技术分为信息电子技术和电力电子技术两大分支。信息电子技术包括通常所说的模拟电子技术和数字电子技术，如图 1.2 所示。电力电子技术中的电力电子器件和电力电子电路分别与信息电子技术中的电子器件和电子电路相对应。

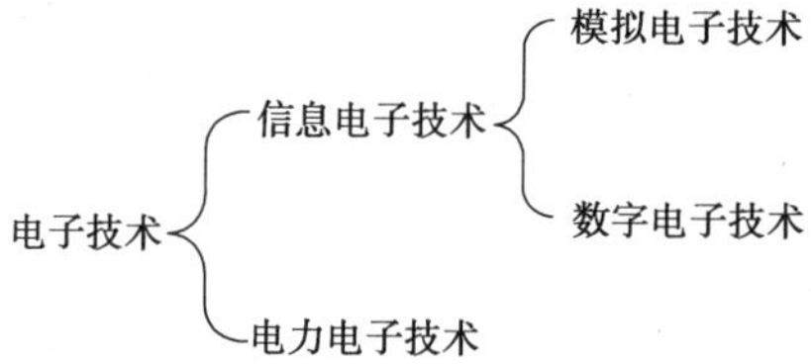

图 1.2　电子技术分支关系图

电力电子技术和信息电子技术的相同点如下：

a. 从器件的制造技术上讲，两者同根同源，都是采用半导体材料制成，而且两者大多数的制造工艺也是一致的。

b. 两者电路的分析方法也基本一致。

电力电子技术和信息电子技术的不同点如下：

a. 电力电子技术变换的是"电力"，所处理的电能功率一般是"大功率"，但也可以处理"小功率"；信息电子技术变换的是"信息"，一般处理的是"小功率"。

b. 在信息电子技术中的电子器件既可以处于放大状态，也可以处于开关状态；而在电力电子技术中，为了避免功率损耗过大，电力电子器件总是工作在开关状态。这是电力电子技术的一个重要特征，也是它们的本质区别。

②电力电子技术广泛应用于电气工程中，"电力技术"这一名称在我国称为"电气工程"，它是一门涉及发电、输电、配电及电力应用的科学技术。由于各种电力电子装置广泛应用于高压直流输电、电解、励磁、电力机车牵引、交直流电力传动、高性能的交直流电源等电力系统

和电气工程中,因此,通常把电力电子技术归属于电气工程学科。随着电力电子技术的不断进步,将大大推动电气工程的发展。

③控制理论广泛应用于电力电子技术中,如图1.3所示。控制技术使电力电子装置和系统的性能日益优越和完善,以满足人们的各种需求。电力电子技术实质上是将现代电子技术和控制技术引入传统电力技术领域,实现电力的变换和控制,可以看作是弱电控制强电的技术,是弱电和强电之间的接口;控制理论则是实现这种接口强有力的纽带。另外,控制理论和自动化技术是密不可分的;电力装置则是自动化技术的基础元件和重要支撑技术。

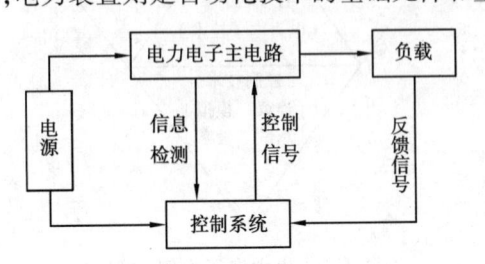

图1.3 电力电子装置的基本构成

1.2 电力电子技术的发展

1.2.1 电力电子技术的发展史

电力电子器件是电力电子技术发展的基础和根本推动力,电力电子技术的发展有赖于电力电子器件的发展,其每一次飞跃都以新器件的出现为契机。电力电子技术的发展史也是电力电子器件的发展史,如图1.4所示。

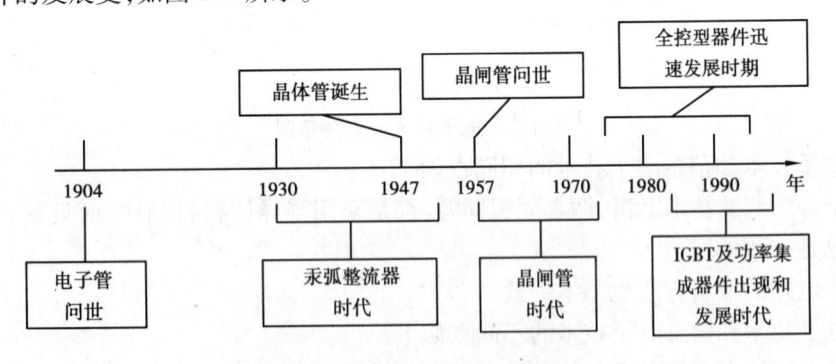

图1.4 电力电子技术的发展史

一般认为,电力电子技术的诞生是以1957年美国通用电气公司研制出第一个晶闸管为标志。在晶闸管出现以前,用于电力变换的电力技术就已经存在了。电力电子技术的发展可以根据电力电子器件的发展分为以下4个阶段:

(1)第一个阶段:史前期

20世纪初期出现了电子管、汞弧整流器等非半导体器件,这些器件是20世纪50年代之前用于电力变换的主要器件。电子管在通信和无线电领域的应用,开启了电力电子技术的先河;汞弧整流器在20世纪30—50年代发展迅速并被大量应用,广泛应用于电化学、电气铁道、轧钢、直流输电等行业。在这个阶段中,各种整流电路、逆变电路、周波变流电路的理论已经发展成熟并广为应用,在晶闸管出现后的一段时期内,所使用的电路形式仍然是这些形式。

1947 年,美国贝尔实验室发明了半导体器件——晶体管,引发了电子技术的一场革命。以此为基础,1955 年,美国通用电气公司研制出第一个用于电力领域的大功率硅整流二极管。

(2)第二个阶段:晶闸管时代

1957 年,美国通用电气公司研制出第一个晶闸管,它的出现标志着现代电力电子的诞生。以晶闸管为基础开发的整流装置,是电气领域的一次革命,它取代了传统的汞弧整流器和旋转变流机组,并且其应用范围迅速扩大,电化学工业、铁道电气机车、钢铁工业、电力工业的迅速发展也给晶闸管的发展提供了用武之地。电力电子技术的概念和基础就是由于晶闸管及晶闸管变流技术的发展而确立的。

在此阶段,晶闸管构成的电力电子电路的控制方式为相控方式,它在晶闸管构成的整流、逆变、交流调压等电路中获得了广泛的应用。但晶闸管是一种半控型器件,其关断通常依靠电网电压等外部条件来实现,这就使得晶闸管的应用受到了一定的限制。

(3)第三个阶段:全控型器件时代

20 世纪 70 年代出现了门极可关断晶闸管(GTO)、电力晶体管(GTR)、电力场效应晶体管(Power-MOSFET)、绝缘栅双极晶体管(IGBT)等全控型器件。全控型器件具有良好的自关断能力,这些器件的开关速度普遍高于晶闸管,可用于开关频率较高的电路。这些技术使得电力电子技术进入了一个新的发展阶段。

(4)第四个阶段:复合/新型器件时代

从 20 世纪 90 年代开始,电力电子器件进入高频化、标准模块化、集成化和智能化时代。通常将电力电子器件、驱动、检测、控制、保护电路等集成在一起,构成功率集成电路(Power Integrated Circuit,PIC),它最大的优势是引线较少,可靠性高,其经济效益也明显增加。

1.2.2　电力电子技术的未来前景

电力电子技术是 20 世纪后半叶诞生的一门崭新的技术,在 21 世纪仍然以迅猛的速度发展。经过半个多世纪的发展,器件制造技术水平不断提高,新型器件仍不断涌现,如新型半导体材料碳化硅(SiC)、金刚石等,这些新材料做成的器件,导通损耗小,承受的电压等级高,承受的温度也较高。这些新型器件的研制与应用将为电力电子技术的发展作出新的贡献,给电力电子技术带来革命性的变革。

一代器件孕育着一代装置,一代装置产生一批新的应用领域,在应用的同时,对器件提出了新的要求,推动了器件的研制。器件和电路的发展史相辅相成、互相促进。而微电子技术、电力电子器件和控制理论是现代电力电子技术的发展动力。

有专家认为,21 世纪有两项技术占主导地位:一是以计算机为核心的信息科学技术,它将提供待完成事情的智能;二是电子技术,它将提供待完成事情的手段。它们将成为未来科学技术的两大支柱。

电力电子技术的应用具有十分广阔的前景。未来电力电子技术的发展趋势将朝着集成化、标准模块化、智能化、大容量、高频率、高效率、高可靠性和节能环保的方向发展。

1.3 电力电子技术的应用

电力电子技术的应用范围十分广泛,从荧光灯镇流器、变频空调等数瓦至数千瓦的家用电器,到数千兆瓦的直流输电系统,电力电子技术的应用已经渗入国民经济的各个领域。

(1)家用电器

电力电子技术广泛应用在家用电器中,其中,在照明设备中的应用包括:传统的直管荧光灯的电子镇流器,现在普遍使用的节能灯(其实是将镇流器和荧光灯组合成一个整体)、新型LED照明灯的整流器。这些采用了电力电子装置的照明设备更节能、更环保,取代了老式的白炽灯,其中,LED照明灯具有节能效果好、使用寿命长、亮度高等优点,已成为照明设备的发展趋势。

变频空调、变频冰箱、变频洗衣机等家用电器都是使用了电力电子技术的变频技术对电机进行调速,从而达到节约电能的目的。电视机、笔记本电脑、手机等的电源部分都需要电力电子技术。

(2)电力系统

电力电子技术应用于电力系统的发电、输电、变电、配电等各个环节。电力系统是电力电子技术应用的一个重要领域。电力电子技术在输电技术、变电所、新能源发电等方面的应用如下:

①直流输电(HVDC)具有容量大、稳定性好等优点,对于远距离输电、不同频率的交流系统联网、海底或地下电缆输电,直流输电具备特有的优势。直流输电系统的核心设备是换流装置,它的作用是实现交流和直流之间的变换。近年发展起来的柔性输电(FACTS)是基于电力电子技术、现代控制技术对交流输电系统的电压、阻抗、相位等实施灵活控制的输电技术。

②在变电所中,二次回路的直流操作电源有蓄电池供电的直流操作电源和硅整流装置供电的直流操作电源两种。为保证系统的工作可靠性,一般采用带蓄电池的硅整流成套装置。当一次系统正常运行时,由硅整流装置给直流负荷供电,此时蓄电池处于浮充状态;当一次系统发生故障时,交流侧电压降低或消失,此时由蓄电池给直流负荷供电。

③在电力系统中存在大量的感性负载,如变压器、感应电动机等,这些电气设备在运行时不仅消耗有功功率,还消耗无功功率。系统如消耗无功功率过多,将会使系统功率因数下降、电压降低,给电力系统带来一系列不利影响,如使系统中的功率损耗和电能损耗增大、设备容量增加等。当系统无功容量不足时,应增设无功补偿装置,以提高功率因数。静止型无功功率自动补偿装置(SVC)就是利用电力电子技术实现无功补偿。SVC结构形式有多种,但其基本元件主要为晶闸管控制的电抗器(TCR)和晶闸管投切的电容器(TSC)。

(3)新能源的开发和利用

传统的发电方式是火力、水力以及后来兴起的核能发电。在世界石油、煤炭等化石能源日益紧缺的情况下,低耗高效和寻找开发新能源是根本出路。各种新能源、可再生能源及新型发电方式越来越受到世界各国的高度重视。从燃料电池、微燃气轮机、风能、太阳能和潮汐能等所得到的一次电能,难以直接被标准的电气负载使用。利用电力电子技术进行能量转换、输送、储存和缓冲等,可以大大改善电能的质量,可直接供给标准电气负载使用,或将电能馈入市电与电力系统联网。发展和利用绿色能源是洁净生态环境、改善电力结构的重要措施,它不仅是近期能源的补充,也是未来能源的基础。

（4）交通运输

电力电子技术广泛应用于电气化铁路和城市轨道交通系统中。电气化铁路沿线由交流电供电,利用整流电路将交流电变为直流电,给传统的直流机车供电,通过直流-直流变换技术调节直流电压实现直流机车的无级调速和控制;而交流机车需要通过逆变器将直流电变为交流电,实现交流机车的调速。在城市轨道交通供电系统中,牵引变电站将交流电变为直流电,对系统进行供电。在磁悬浮列车中,电力电子技术更是一项关键的技术。

电动汽车的电机使用蓄电池为输入电源,通过电力电子装置对电力进行变换,实现电机的驱动控制,而蓄电池的充电也离不开电力电子技术。除此以外,电力电子技术在新一代汽车上的应用也非常广泛,如用电力电子开关代替传统的机械开关和继电器;用电力电子技术改造 12 V 电源系统,使之成为多电压电源系统;用电力电子技术控制、驱动各种车窗电机、座椅电机等。

轮船、飞机需要许多不同要求的电源,需要用电力电子技术进行电能的变换和控制,因此,航海、航空领域离不开电力电子技术。

（5）工业生产

为保证工业生产正常进行,需要大量的交直流电动机。对于直流电动机,由整流装置或直流斩波装置提供可变的直流电,控制直流电动机转速或转矩;对于交流电动机,由变频装置对交流电动机供电,并改变频率、电压、电流,控制交流电机的转速或转矩。使用变频调速技术具有节能效果,在有的不需要调速的场所,如风机、泵等,也应用了变频技术。为避免电动机在启动时产生冲击电流,也采用了软启动装置,其原理也是利用了电力电子技术。

电力电子技术还大量应用在化学工业的整流电源中,为电解、电镀等提供直流电源。

电力电子技术也应用在冶金工业中,为淬火炉、高频或中频感应加热炉、直流电弧炉等提供相应的电源。

（6）其他

除上述领域需要用到电力电子技术外,其他领域几乎都离不开电力电子技术。只要是涉及电源的设备几乎都离不开电力电子技术,除上述的电解电源、个人计算机电源、手机充电器等以外,其他各种电子设备的电源、通信设备的电源、不间断电源等都需要电力电子技术,电力电子技术也可以说是一种电源技术。

总之,电力电子技术应用范围非常广泛,可以说,凡是涉及电源的设备,都离不开电力电子技术。电力电子技术是支撑社会现代化发展的重要技术之一,大力推广电力电子技术具有广泛的现实意义和潜在而又巨大的经济及社会意义。

【复习思考】

1. 电力电子技术的任务是什么?

2. 根据电能变换种类的不同,电力电子变换电路分为哪几种类型? 各自的作用是什么?

3. 信息电子技术和电力电子技术的相同点和不同点分别是什么? 控制理论在电力电子技术中有什么作用?

4. 电力电子器件的发展分为哪几个阶段?

【实践练习】

1.考察你的周围有哪些电力电子技术的应用? 这些应用带来了生活、环境或生产的什么变化?

2.根据电能变换种类的不同,分析常见电力电子装置属于哪一类电能变换(如手机充电器、计算机电源适配器、变频空调、变频电梯、校园电瓶车等)?

第 **2** 章
电力电子器件

【问题导入】

电力电子技术的任务是对电能进行变换和控制,可以根据用户的需要改变电能的形态,使得电能的应用更加合理和有效。从广义上讲,电力电子应用技术就是电能变换的技术,可以说电力电子技术研究的就是电源技术。大部分需要电源的设备几乎都需要电力电子技术,包括各种电子设备的电源、通信设备的电源、不间断电源(UPS)、应急电源(EPS)、计算机电源、手机充电器、电解电源等都需要电力电子技术。同时,从荧光灯镇流器、变频空调等数瓦至数千瓦的家用电器,到数千兆瓦的直流输电系统,电力电子技术的应用已经渗入国民经济的各个领域。电力电子器件(Power Electronic Device)是电力电子技术发展的动力和基础。本章内容按照不可控器件、半控型器件、典型全控型器件和其他新型器件的顺序,分别介绍各种电力电子器件的工作原理、基本特性、主要参数、驱动电路,以及选择和使用中应注意的问题。

【学习目标】

1. 了解电力电子器件的概念。

2. 掌握电力电子器件的分类方法。

3. 掌握晶闸管、电力 MOSFET、IGBT 等常用电力电子器件的工作原理和基本特征。

4. 了解新型电力电子器件的发展。

【技能目标】

1. 认知电力电子系统的组成,主要包括控制电路、驱动电路、保护电路和以电力电子器件为核心的主电路的组成。

2. 掌握电力电子器件的驱动电路。

2.1 电力二极管

2.1.1 电力电子器件概念及分类

电力电子器件往往专指电力半导体器件,所用主要材料是硅。在电力电子装置中,直接实现电能的变换和控制的电路称为主电路。电力电子器件是指用于主电路中,承担电能的变换和控制任务的主要电子器件。电力电子器件按照能够被控制电路信号所控制的程度分为不可控器件、半控型器件和全控型器件。

(1)不可控器件

不能用控制信号来控制其通断的电力电子器件称为不可控器件。常见的如电力二极管(Power Diode)。

(2)半控型器件

通过控制信号可以控制其导通而不能控制其关断的电力电子器件称为半控型器件。主要是指晶闸管(Thyristor)及其大部分派生器件,器件的关断完全是由其在主电路中承受的电压和电流决定的。

(3)全控型器件

通过控制信号既可控制其导通,又可控制其关断的电力电子器件称为全控型器件。目前,最常用的是绝缘栅双极晶体管(IGBT)和电力场效应晶体管(Power MOSFET)。

电力电子器件除了上述根据其可控程度的分类方法,还有多种分类方法。根据其内部空穴和自由电子两种载流子参与导电的情况,可分为双极型器件、单极型器件和复合型器件。根据驱动电路加在器件控制端和公共端之间信号的性质,可分为电流驱动型和电压驱动型两类。常见的 GTR 和 GTO 属于双极型电流驱动型器件,MOSFET 属于单极型电压驱动型器件,IGBT 属于复合型电压驱动型器件。

2.1.2 电力二极管概述

电力二极管在 20 世纪 50 年代初期就获得了应用,可实现在管子两端加正向电压导通、加反向电压截止的功能。电力二极管(见图 2.1)是不可控器件,广泛应用于电气设备中,既可以作为整流元件,也可以作为续流元件,还可以作为保护元件。

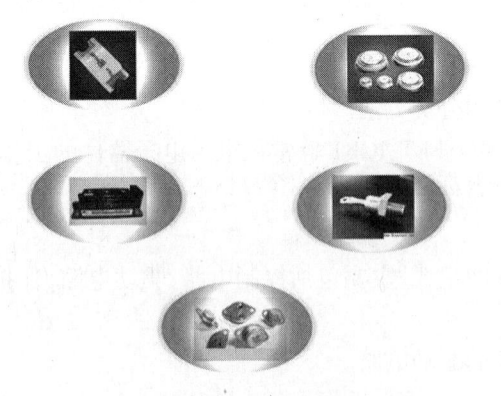

图 2.1　电力二极管实物图

根据不同的应用场合,电力二极管分为普通二极管(General Purpose Diode),快恢复二极管(Fast Recovery Diode,FRD)和肖特基二极管(Schottky Barrier Diode,SBD),其主要性能比较见表 2.1。普通二极管也称为整流二极管,多用于开关频率 1 kHz 以下的整流电路中。

表2.1 电力二极管性能比较

名称　　　　　性能	反向恢复时间	反向耐压
普通二极管	>5 μs	数千伏
快恢复二极管	几十 ns ~ 几百 ns	<1 200 V
肖特基二极管	10 ~ 40 ns	<200 V

2.1.3 PN 结与电力二极管工作原理

电力二极管是以半导体 PN 结为基础的,实际上是由一个面积较大的 PN 结和两端引线封装而成。从外形上看(见图2.2),有螺栓型、平板型等多种封装。一般情况下,螺栓型适用于 200 A 以下的电路,平板型适用于 200 A 以上的电路。

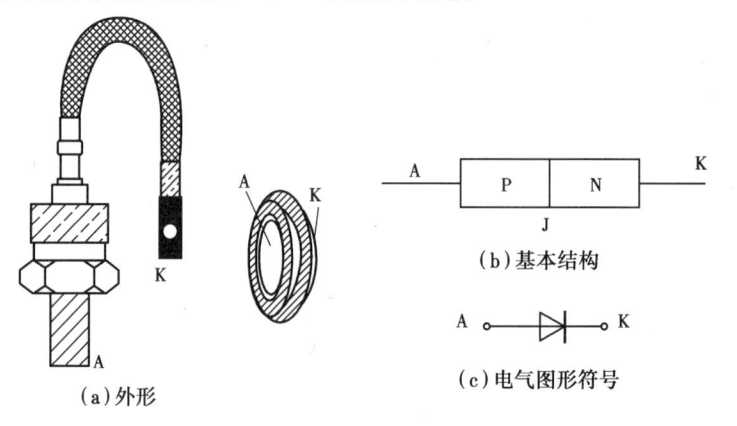

(a)外形　　(b)基本结构　　(c)电气图形符号

图2.2 电力二极管的外形、基本结构和电气图形符号

如图2.3所示,P型半导体和 N 型半导体结合后构成 PN 结。其中,"⊖"表示负电荷,"⊕"表示正电荷,"。"表示空穴,"•"表示自由电子。把 P 型半导体和 N 型半导体制作在一起时,如图2.3(a)所示,在它们的交界面两种载流子的浓度差很大,P 区的空穴必然向 N 区扩散,与此同时,N 区的自由电子也必然向 P 区扩散。由于扩散到 P 区的自由电子和空穴复合,扩散到 N 区的空穴和自由电子复合,因此,在交界面附近多子的浓度下降,P 区出现负电荷区,N 区出现正电荷区,它们是不能移动的,称为空间电荷区,从而形成内电场,如图2.3(b)所示。随着扩散运动的进行,空间电荷区加宽,内电场增强,其方向由 N 区指向 P 区,正好阻止扩散运动的进行。

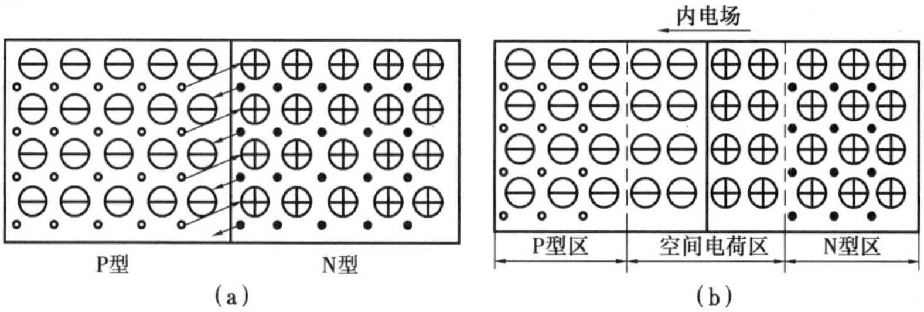

P型　　　　　N型

(a)

内电场

P型区　空间电荷区　N型区

(b)

图2.3 PN 结的形成

如果在 PN 结的两端外加电压,将破坏原来的平衡状态。当 PN 结外加正向电压时处于导通状态(见图2.4),将电源正极接到 PN 结的 P 端,且电源负极接到 PN 结 N 端时,为正向电压(正向偏置)。外加电场与 PN 结自建电场方向相反,此时,外电场将多数载流子推向空间电荷区,使其变窄,削弱了内电场,破坏原来平衡,使扩散运动加剧,而漂移运动减弱。由于电源的作用,扩散运动将一直进行,从而形成正向电流 I_F,PN 结导通。

当 PN 结外加反向电压(反向偏置)时处于截止状态(见图2.5)。将电源正极接到 PN 结的 N 端,且电源负极接到 PN 结 P 端时,为反向电压。外加电场与 PN 结自建电场方向相同,此时,外电场使空间电荷区变宽,加强了内电场,阻止扩散运动,加剧漂移运动,从而形成反向电流 I_R。当温度一定时,漂移电流的数值趋于恒定,被称为反向饱和电流 I_S。反向偏置的 PN 结表现为高阻态,几乎没有电流流过,被称为反向截止状态。

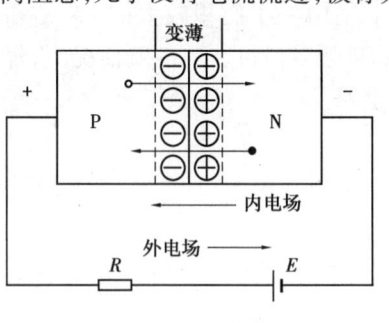 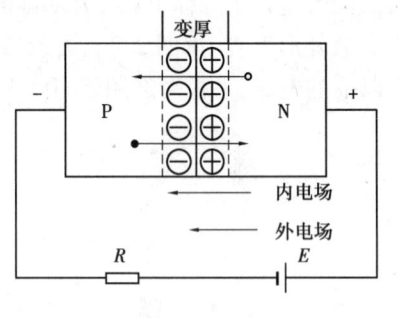

图2.4 PN 结正向偏置   图2.5 PN 结反向偏置

这就是 PN 结的单向导电性。电力二极管在 P 区和 N 区之间多了一层低掺杂 N 区,由于掺杂浓度低,低掺杂 N 区可以承受很高的电压而不被击穿,低掺杂 N 区越厚,电力二极管能够承受的反向电压就越高。

2.1.4 电力二极管基本特性

(1)静态特性

电力二极管的静态特性主要是指伏安特性(见图2.6)。当正向电压大到一定值(门槛电压 U_{T0})时,正向电流开始明显增加,处于稳定导通状态。与 I_F 对应的电力二极管两端的电压即为其正向压降 U_F。当承受反向电压时,只有少子漂移引起的微小而数值恒定的反向漏电流。

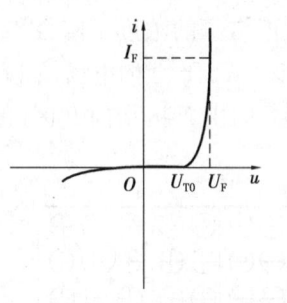 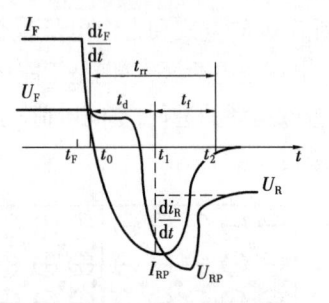

图2.6 电力二极管的静态特性   图2.7 电力二极管正向偏置转换为反向偏置时的动态特性

(2)动态特性

电力二极管的动态特性专指反映通态和断态之间转换过程的开关特性,体现在零偏置、正向偏置和反向偏置这 3 个状态之间的转换过程。图 2.7 给出了电力二极管从正向偏置转换为反向偏置时,电流和电压随时间变化的曲线。可以看出,当原处于正向导通状态的电力二极管的外加电压突然从正向变为反向时,电力二极管并不能立即关断,而是要经过一段短暂的时间才能重新获得反向阻断能力,进入截止状态。在关断之前有较大的反向电流出现,并伴随有明显的反向电压过冲。

如图 2.7 所示,t_0 表示正向电流降为零的时刻,t_1 表示反向电流达到最大值的时刻,t_2 表示电流变化率接近于零的时刻。设 t_F 时刻突然由正向偏置变为反向偏置,正向电流在此反向偏置作用下开始下降,下降速率由反向电压和电感决定。直至 t_0 时刻,由于 PN 结两侧储存有大量少子而没有恢复反向阻断能力,并且因为外加反向电压作用于少子,所以具有较大的反向电流。当空间电荷区附近储存的少子即将被作用完时,管压降变为负极性,直到 t_1 时刻,反向电流从其最大值 I_{RP} 开始下降,电力二极管恢复反向阻断能力。由于反向电流迅速下降,在电感作用下会在电力二极管两端产生非常大的反向电压过冲 U_{RP}。直到 t_2 时刻,电力二极管反向电压降至外加电压的大小,此时完全恢复反向阻断能力。通常将时间 $t_d = t_1 - t_0$ 称为延迟时间;时间 $t_f = t_2 - t_1$ 称为电流下降时间;时间 $t_{rr} = t_d + t_f$ 称为反向恢复时间;比值 $S_r = t_f / t_d$ 称为恢复系数。

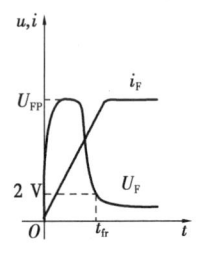

图 2.8 给出了电力二极管由零偏置转换为正向偏置时,其动态过程中的电流和电压随时间变化的曲线。从波形图中可以看出,先出现一个电压过冲 U_{FP},经过一段时间才趋于接近稳态压降 U_F。这一动态过程时间称为正向恢复时间 t_{fr}。

图 2.8 电力二极管零偏置转换为正向偏置时的动态特性

2.1.5 电力二极管主要参数

(1)正向平均电流 $I_{F(AV)}$

正向平均电流 $I_{F(AV)}$ 是指在指定的管壳温度和散热条件下,其允许流过的最大工频正弦半波电流的平均值,也将该电流标称为器件的额定电流。$I_{F(AV)}$ 是按照电流的发热效应来定义的,使用时应按有效值相等的原则来选取电流定额,并应留有一定的裕量。

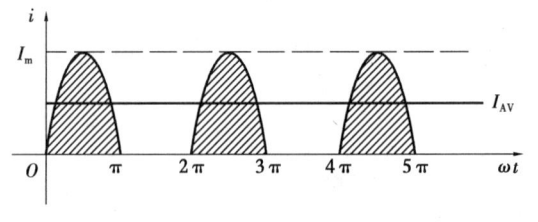

图 2.9 正弦半波电流波形

如图 2.9 所示为正弦半波电流波形图,当电流的峰值为 I_m 时,$I_{F(AV)}$ 和 I_m 的关系为

$$I_{F(AV)} = \frac{1}{2\pi}\int_0^\pi I_m \sin \omega t \mathrm{d}\omega t = \frac{I_m}{\pi} \tag{2.1}$$

而正弦半波电流的有效值为

$$I_F = \sqrt{\frac{1}{2\pi}\int_0^\pi (I_m \sin \omega t)^2 \mathrm{d}\omega t} = \frac{I_m}{2} \tag{2.2}$$

通过式(2.1)、式(2.2)可知,正弦半波波形的平均电流 $I_{F(AV)}$ 与其有效值 I_F 之比为

1:1.57,电力二极管的正向平均电流 $I_{F(AV)}$ 对应的有效值为 $1.57I_{F(AV)}$。

(2)正向压降 U_F

正向压降 U_F 是指电力二极管在指定温度下,流过某一指定的稳态正向电流时对应的正向压降。

(3)反向重复峰值电压 U_{RRM}

反向重复峰值电压 U_{RRM} 是指对电力二极管所能重复施加的反向最高峰值电压。使用时,应当留有两倍的裕量。

(4)最高工作结温 T_{JM}

最高工作结温 T_{JM} 是指在 PN 结不致损坏的前提下所能承受的最高平均温度。T_{JM} 通常为 $125 \sim 175$ ℃。

(5)浪涌电流 I_{FSM}

浪涌电流 I_{FSM} 是指电力二极管所能承受最大的连续一个或几个工频周期的过电流。

2.2 晶闸管

晶闸管(Thyristor)是晶体闸流管的简称,又称为可控硅整流器(Silicon Controlled Rectifier,SCR)。1957 年,美国通用电气公司研制出第一个晶闸管。由于其具有体积小、效率高、操作简单和寿命长等特点,并且能承受的电压和电流容量高,工作可靠,因此,在大容量的应用场合具有比较重要的地位。

晶闸管这个名称专指普通晶闸管。晶闸管(见图 2.10)有许多类型的派生器件,如快速晶闸管(Fast Switching Thyristor,FST)、双向晶闸管(Triode AC Switch,TRIAC)、逆导晶闸管(Reverse Conducting Thyristor,RCT)、光控晶闸管(Light Triggered Thyristor,LTT)等。

FST 有常规的快速晶闸管和高频晶闸管,可分别应用于 400 Hz 和 10 kHz 以上的斩波或逆变电路中,从关断时间来看,普通晶闸管一般为数百微秒,快速晶闸管为数十微秒,而高频晶闸管则约为 10 微秒。

图 2.10 晶闸管实物图

TRIAC 是一对反并联连接的普通晶闸管的集成,通常应用在交流电路中,它不采用平均值而采用有效值来表示其额定电流值。

RCT 是指将晶闸管反并联一个电力二极管,并制作在同一管芯上的功率集成器件。其不具有承受反向电压的能力,一旦承受反向电压即开通,具有正向压降小、关断时间短、高温特性好、额定结温高等优点,可应用于不需要阻断反向电压的电路中。

LTT 是指利用一定波长的光照信号触发导通的晶闸管,目前广泛应用于高压大功率的场合。

2.2.1 晶闸管结构

晶闸管的外形、结构和电气图形符号如图 2.11 所示。从图 2.11(a)可以看出,晶闸管主要有螺栓型(200 A 以下)和平板型(200 A 以上)两种封装结构,每个器件引出阳极 A、阴极 K 和门极(控制端)G 三个连接端。从图 2.11(b)可以看出,晶闸管内部是 PNPN 四层半导体结构,从上到下分别命名为 P_1、N_1、P_2、N_2 四个区,形成 J_1、J_2、J_3 三个 PN 结,阳极 A 由 P_1 区引出,阴极 K 由 N_2 区引出,门极由 P_2 区引出。

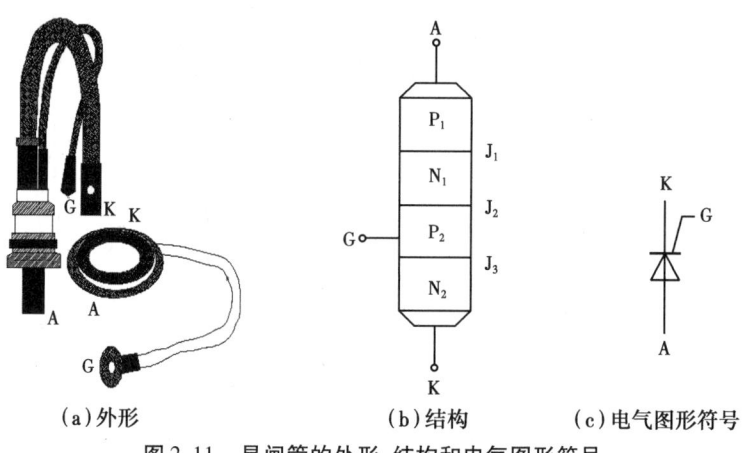

（a）外形 （b）结构 （c）电气图形符号

图 2.11 晶闸管的外形、结构和电气图形符号

2.2.2 晶闸管工作原理

（1）晶闸管通断实验

为了说明晶闸管的工作原理,先做一个实验,实验电路如图 2.12 所示。晶闸管阳极 A 和

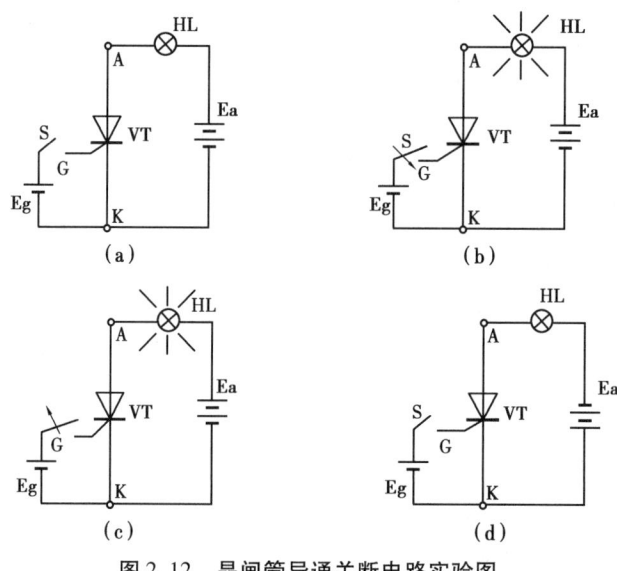

（a）　　　　　　　　　　（b）

（c）　　　　　　　　　　（d）

图 2.12 晶闸管导通关断电路实验图

阴极 K、电源 Ea 和白炽灯 HL 组成主电路;晶闸管门极 G 和阴极 K、电源 Eg 和开关 S 组成触发电路。

从图 2.12(a)看出,控制极不加电压,灯泡不亮。图 2.12(b)显示,控制极加正向电压,灯泡亮。在图 2.12(c)中,当去掉控制极正向电压时,灯泡继续亮。而在图 2.12(d)中,阳极加反向电压,灯泡熄灭。因此,可以得出,晶闸管阳极和阴极承受正向电压,控制极和阴极承受正向电压晶闸管导通,晶闸管一旦导通,控制极失去控制作用。换言之,晶闸管只能通过门极控制其导通,不能控制其关断,因此,晶闸管属于半控型器件。

(2)晶闸管导通关断原理

如图 2.11(b)所示,如果正向电压(即晶闸管阳极电势高于阴极)加到器件上,则 J_2 处于反向偏置状态,即 A、K 两端之间处于阻断状态,只能流过很小的漏电流;如果反向电压加到器件上,则 J_1 和 J_3 反偏,该器件也处于阻断状态,只有极小的反向漏电流流过。因此,如图 2.13所示,晶闸管导通的工作原理可以用双晶体管模型来解释。

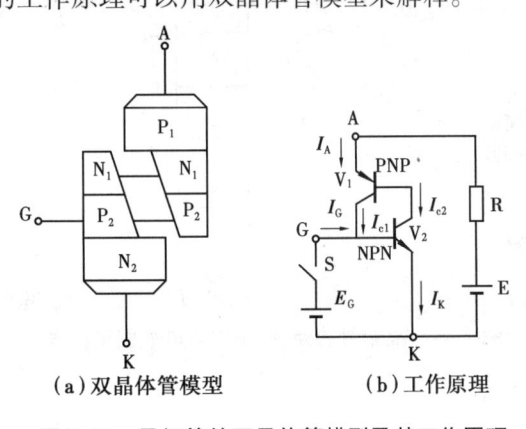

(a)双晶体管模型   (b)工作原理

图 2.13 晶闸管的双晶体管模型及其工作原理

如图 2.13 所示,晶闸管可以看成由 $P_1N_1P_2$ 和 $N_1P_2N_2$ 构成的两个晶体管 V_1 和 V_2 组合而成。当晶闸管阳极和阴极之间施加正向电压时,若给门极 G 也加正向电压 E_G,则产生门极驱动电流 I_G。从图 2.13(b)中看出,I_G 流入晶体管 V_2 的基极,产生 V_2 集电极电流 I_{c2},因为 I_{c2} 是晶体管 V_1 的基极,所以产生 V_1 的集电极电流 I_{c1}。这样又进一步增加了晶体管 V_2 的基极电流,形成强烈的正反馈,最后晶体管 V_1 和 V_2 进入完全饱和状态,即晶闸管导通。此时,如果取消门极驱动电流 I_G,由于晶闸管内部已经形成正反馈,故晶闸管仍然保持导通状态。如果要关断晶闸管,可以给晶闸管阳极施加反向电压,或是设法使流过晶闸管的电流降低到接近于零的某个数值,这样晶闸管才能关断。

按照晶体管工作原理,可列出以下方程:

$$I_{c1} = \alpha_1 I_A + I_{CBO1} \tag{2.3}$$

$$I_{c2} = \alpha_2 I_K + I_{CBO2} \tag{2.4}$$

$$I_K = I_A + I_G \tag{2.5}$$

$$I_A = I_{c1} + I_{c2} \tag{2.6}$$

式中,α_1 和 α_2 分别为晶体管 V_1 和 V_2 的共基极电流增益,普通晶闸管设计为 $\alpha_1 + \alpha_2 \geq 1.15$;$I_{CBO1}$ 和 I_{CBO2} 分别为 V_1 和 V_2 的共基极漏电流。

由式(2.3)—式(2.6)可得

$$I_A = \frac{\alpha_2 I_G + I_{CBO1} + I_{CBO2}}{1 - (\alpha_1 + \alpha_2)} \tag{2.7}$$

如果注入门极触发电流使各个晶体管的发射极电流增大,以至于 $\alpha_1 + \alpha_2$ 趋近于 1,那么从式(2.7)可以看出,流过晶闸管的电流 I_A(阳极电流)将趋近于无穷大,从而实现器件饱和导通。由于外电路负载的限制,I_A 实际上会维持有限值。

综上所述,要使晶闸管导通,必须同时具备下列两个条件:

①晶闸管承受正向电压。

②在门极有触发电流。

晶闸管一旦导通,门极就失去了控制作用。无论门极触发电流是否存在,晶闸管都保持导通。

要使已导通的晶闸管关断,必须满足的条件为:利用外加电压或外电路的作用使流过晶闸管的电流降到接近于零的某一数值以下。

2.2.3　晶闸管基本特性

(1)静态特性

1)晶闸管阳极伏安特性

晶闸管阳极伏安特性是指晶闸管阳极和阴极之间的电压 U_{AK} 和阳极电流 I_A 的关系特性,如图 2.14 所示。其中,门极电流 $I_{G2} > I_{G1} > I_{G0}$。第一象限呈正向特性,当 $I_G = 0$ 时,如果在晶闸管两端加正向电压,则 PN 结 J_2 处于反偏,晶闸管处于正向阻断状态,只有很小的正向漏电流流过。如果正向电压超过临界极限即正向转折电压 U_{BO},则 J_2 被击穿,漏电流急剧增大,晶闸管处于通态。随着门极电流幅值的增大,正向转折电压降低,晶闸管本身的压降很小,在 1 V 左右。如果门极电流为零,并且阳极电流降至接近于零的某一数值 I_H 以下,则晶闸管又回到正向阻断状态,I_H 称为维持电流。

当加反向电压时,门极触发脉冲不起作用,晶闸管处于反向阻断状态,只有极小的反向漏电流通过,如图 2.14 所示的第三象限。当反向电压超过一定限度,到反向击穿电压时,外电路如无限制措施,则反向漏电流急剧增大,导致晶闸管发热损坏。

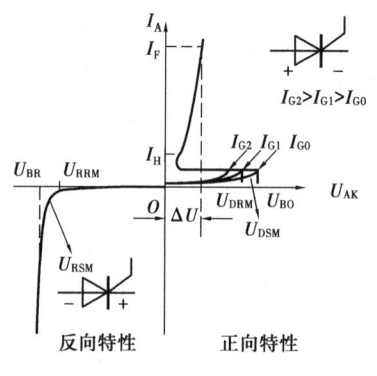

图 2.14　晶闸管的伏安特性

2)晶闸管门极伏安特性

由图 2.11 可知,晶闸管门极和阴极间有一个 PN 结 J_3,其伏安特性称为门极伏安特性,即表示加在门极和阴极间电压 U_{GK} 与门极触发电流 I_G 之间的关系。在应用时,为了保证安全可靠的触发,门极触发电路所提供的电流、电压以及功率都应限制在一个可靠触发区内。

(2)动态特性

如图2.15所示为晶闸管动态特性的开通过程和关断过程的波形图。I_{RM}表示反向恢复电流最大值;U_{RRM}表示反向峰值电压。

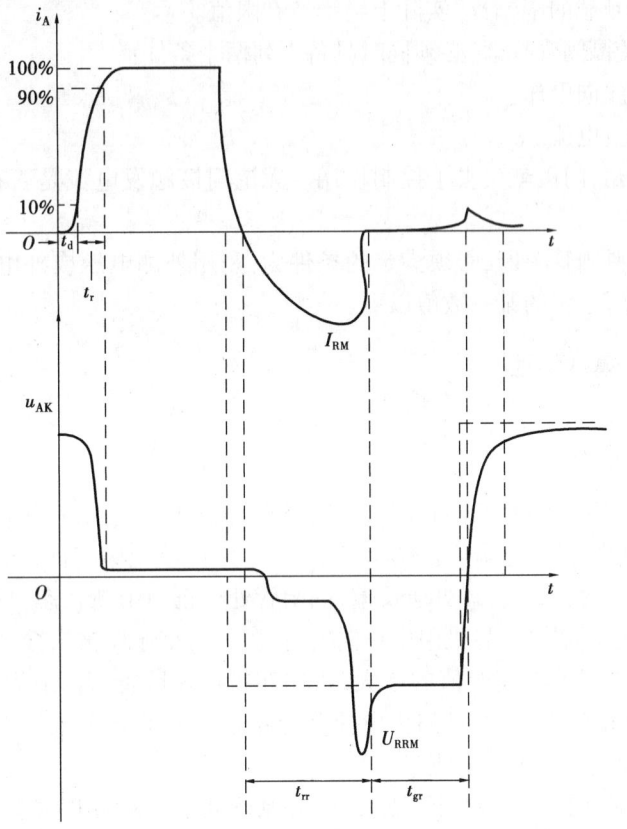

图2.15 晶闸管的开通和关断过程波形

1)开通过程

开通过程是指晶闸管门极在坐标原点时刻开始受到理想阶跃电流触发的情况。由于外电路电感的限制和晶闸管内部的正反馈过程都需要时间,因此,晶闸管受到触发后,其阳极电流的增长不可能是瞬时的。从图2.15可以看出,晶闸管开通时间t_{on}为

$$t_{on} = t_d + t_r \tag{2.8}$$

式中,t_d表示延迟时间,即从门极电流阶跃时刻开始到阳极电流上升到稳态值的10%所用的时间,普通晶闸管的延迟时间t_d为$0.5 \sim 1.5~\mu s$,延迟时间随门极电流的增大而减小;t_r表示上升时间,即阳极电流从稳态值的10%上升到90%所用的时间,普通晶闸管的上升时间t_r为$0.5 \sim 3~\mu s$,上升时间除反映晶闸管本身特性外,还受到外电路电感的严重影响。

2)关断过程

关断过程是指对已经导通的晶闸管外电路的电压突然从正向变为反向的情况。由于外电路电感的存在,已经导通的晶闸管当外加电压突然由正向变为反向时,其阳极电流在衰减时必然也是有过渡过程的。从图2.15可以看出,晶闸管关断时间t_{off}为

$$t_{off} = t_{rr} + t_{gr} \tag{2.9}$$

式中,t_{rr}表示反向阻断恢复时间;t_{gr}表示正向阻断恢复时间。关断时间t_{off}约几百微秒。在正向阻断恢复时间内如果重新对晶闸管施加正向电压,晶闸管会重新正向导通,而不是受门极电流控制而导通。

2.2.4 晶闸管主要参数

(1)电压定额及动态参数

①断态正向重复峰值电压U_{DRM}。它是当门极断路而结温为额定值时,允许重复加在晶闸管的正向峰值电压,重复频率为50 Hz,电压持续时间在10 ms以内。国标规定断态重复峰值电压U_{DRM}为断态不重复峰值电压(即断态最大瞬时电压)U_{DSM}的90%(见图2.14)。断态不重复峰值电压应低于正向转折电压U_{BO}。

②断态反向重复峰值电压U_{RRM}。它是当门极断路而结温为额定值时,允许重复加在晶闸管的反向峰值电压,重复频率为50 Hz,电压持续时间在10 ms以内。国标规定反向重复峰值电压U_{RRM}为反向不重复峰值电压(即反向最大瞬态电压)U_{RSM}的90%(见图2.14)。反向不重复峰值电压应低于反向击穿电压。

③额定电压U_{TN}。通常取晶闸管的U_{DRM}和U_{RRM}中较小的标值作为该器件的额定电压。选用时,一般取额定电压为正常工作时晶闸管所承受峰值电压U_{TM}的2~3倍,即

$$U_{TN} = (2 \sim 3)U_{TM} \tag{2.10}$$

④通态(峰值)电压U_T。它是指晶闸管通以某一规定倍数的额定通态平均电流时的瞬态峰值电压。通态电压U_T影响元件的损耗与发热,应选用通态电压小的元件。

⑤断态电压临界上升率du/dt。它是指在额定结温和门极开路的情况下,不导致晶闸管从断态到通态转换的外加电压最大上升率。电压上升率过大,会使充电电流足够大,晶闸管误导通。

(2)电流定额及动态参数

①通态平均电流$I_{T(AV)}$。国标规定通态平均电流为晶闸管在环境温度为40 ℃和规定的冷却状态下,稳定结温不超过额定结温时所允许流过的最大工频正弦半波电流的平均值。也将该电流标称为器件的额定电流,按照正向电流造成的器件本身的通态损耗的发热效应来定义。

当电流的峰值为I_m时,$I_{T(AV)}$和I_m的关系为

$$I_{T(AV)} = \frac{1}{2\pi}\int_0^\pi I_m \sin \omega t \, d(\omega t) = \frac{I_m}{\pi} \tag{2.11}$$

正弦半波电流的有效值为

$$I_T = \sqrt{\frac{1}{2\pi}\int_0^\pi (I_m \sin \omega t)^2 d(\omega t)} = \frac{I_m}{2} \tag{2.12}$$

通过对正弦半波电流的换算可知,正向平均电流$I_{T(AV)}$对应的有效值为$1.57I_{T(AV)}$,即

$$I_T = 1.57I_{T(AV)} \tag{2.13}$$

考虑器件的过载能力,实际选择时应有1.5~2倍的安全裕量,即

$$I_{T(AV)} = (1.5 \sim 2)\frac{I_T}{1.57} \tag{2.14}$$

②维持电流I_H。维持电流是指使晶闸管维持导通所必需的最小电流,一般为几十到几百

毫安。

③擎住电流 I_L。擎住电流是指晶闸管刚从断态转入通态并移除触发信号后,能维持导通所需的最小电流。I_L 为 I_H 的 2~4 倍。

④浪涌电流 I_{TSM}。它是指由于电路异常情况引起的并使结温超过额定结温的不重复最大正向过载电流。

⑤通态电流临界上升率 di/dt。它是指在规定条件下,晶闸管能承受而无有害影响的最大通态电流上升率。如果电流上升太快,可能造成局部过热而使晶闸管损坏。

KP 型晶闸管的主要参数见表 2.2。

表 2.2 KP 型晶闸管主要参数表

型号	通态平均电流/A	断态正反向重复峰值电压/V	门极触发电压/V	断态电压临界上升率(du/dt)	通态电流临界上升率(di/dt)	额定结温/°C	门极触发电流/mA	浪涌电流/A
KP5	5		≤3.5	30	—	100	5~70	90
KP10	10		≤3.5	30	—	100	5~100	190
KP20	20		≤3.5	30	—	100	5~100	380
KP30	30		≤3.5	30	—	100	8~150	560
KP50	50		≤3.5	30	30	100	8~150	940
KP100	100		≤4	100	50	115	10~250	1 880
KP200	200	100~3 000	≤4	100	80	115	10~250	3 770
KP300	300		≤5	100	80	115	20~300	5 650
KP400	400		≤5	100	80	115	20~300	7 540
KP500	500		≤5	100	80	115	20~300	9 420
KP600	600		≤5	100	100	115	30~350	11 160
KP800	800		≤5	100	100	115	30~350	14 920
KP1000	1 000		≤5	100	100	115	40~400	18 600

例 2.1 某电路中,流过晶闸管的电流的有效值为 314 A,可能承受的峰值电压为 150 V,考虑安全裕量,应选取额定电流、额定电压分别为多少的晶闸管?应选择哪种型号的晶闸管元件?

解:晶闸管的额定电流为

$$I_{T(AV)} = (1.5 \sim 2)\frac{I_T}{1.57}A = (1.5 \sim 2)\frac{314}{1.57}A = 300 \sim 400 \text{ A}$$

晶闸管的额定电压为

$$U_{TN} = (2 \sim 3)U_{TM} = (2 \sim 3) \cdot 150 \text{ V} = 300 \sim 450 \text{ V}$$

查晶闸管主要参数表 2.2 得出,可选择晶闸管型号为 KP300-4(即额定电流 300 A,额定电压 400 V)的晶闸管。

2.3　门极可关断晶闸管

普通晶闸管(SCR)靠门极触发电流触发后,若是撤掉触发电流,晶闸管也能维持通态。欲使之关断,则必须外加反向电压,使正向电流小于维持电流 I_H。这就需要增加换向电路,不仅使设备的体积质量增大,而且会降低效率,甚至会产生波形失真和噪声。门极可关断晶闸管 GTO(Gate-Turn-Off Thyristor)克服了上述缺陷,其不仅保留了普通晶闸管耐压高、电流大等优点,而且还具有自关断能力,使用方便,是理想的高压、大电流开关器件。GTO 属于全控型器件(见图 2.16)。大功率 GTO 已广泛用于斩波调速、变频调速、逆变电源等领域,显示出了强大的生命力。

图 2.16　门极可关断晶闸管 GTO 实物图

2.3.1　GTO 结构

GTO 可以通过在门极施加负的脉冲电流使其关断,属于全控型器件。如图 2.17(b)所示,GTO 的结构和普通晶闸管一样,是 PNPN 四层半导体结构,外部引出阳极 A、阴极 K 和门极(控制端)G 三个端子。但和普通晶闸管有所区别的是,GTO 是一种多元的功率集成器件,其内部包含数十个甚至数百个共阳极的小 GTO 单元,这些 GTO 单元的阴极和门极在器件内部并联,这是为了实现门极控制关断而设计的。

 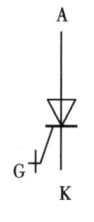

(a)各单元的阴极、门极间隔排列的图形　(b)并联单元结构断面示意图　(c)电气图形符号

图 2.17　GTO 的内部结构和电气图形符号

2.3.2　GTO 工作原理

GTO 的工作原理可以用 2.2.2 节的双晶体管模型来分析,即如图 2.13 所示。由 $P_1N_1P_2$ 和 $N_1P_2N_2$ 构成的两个晶体管 V_1 和 V_2 的共基极电流增益分别是 α_1 和 α_2。$\alpha_1 + \alpha_2 = 1$ 是器件临界导通的条件,大于 1 导通,小于 1 则关断。在设计器件时,要使 α_2 较大,这样晶体管 V_2 控制灵敏,易于 GTO 关断;而导通时 $\alpha_1 + \alpha_2$ 要更接近于 1,即 $\alpha_1 + \alpha_2 \approx 1.05$,这样导通时接近临界饱和,有利门极控制关断,但导通时管压降增大。因为 GTO 是多元集成结构,使得 P_2 基区横向电阻很小,所以能从门极抽出较大电流。而关断时,给门极加负脉冲,即从门极抽出电流,当两个晶体管发射极电流 I_A 和 I_K 的减小使 $\alpha_1 + \alpha_2 < 1$ 时,器件退出饱和而关断。

GTO 的导通过程与普通晶闸管是一样的,只不过导通时饱和程度较浅。GTO 的多元集成结构使其比普通晶闸管开通过程更快,承受 $\mathrm{d}i/\mathrm{d}t$ 的能力更强。

2.3.3　GTO 基本特性

如图 2.18 所示给出了 GTO 的开通和关断过程中门极电流 i_G 和阳极电流 i_A 的波形,其中,t_d 表示延迟时间;t_r 表示上升时间;t_s 表示储存时间,即抽取饱和导通时储存的大量载流子的时间;t_f 表示下降时间,即等效晶体管从饱和区退至放大区,阳极电流逐渐减小的时间;t_t 表示尾部时间,即残存载流子复合所需时间。如图 2.18 所示,在开通过程中需要经过 t_d 和 t_r;在关断过程中经过 t_s、t_f 和 t_t,通常 t_f 比 t_s 小得多,而 t_t 比 t_s 大。门极负脉冲电流幅值越大,前沿越陡,t_s 就越短。使门极负脉冲的后沿缓慢衰减,在 t_t 阶段仍能保持适当的负电压,则可以缩短尾部时间。

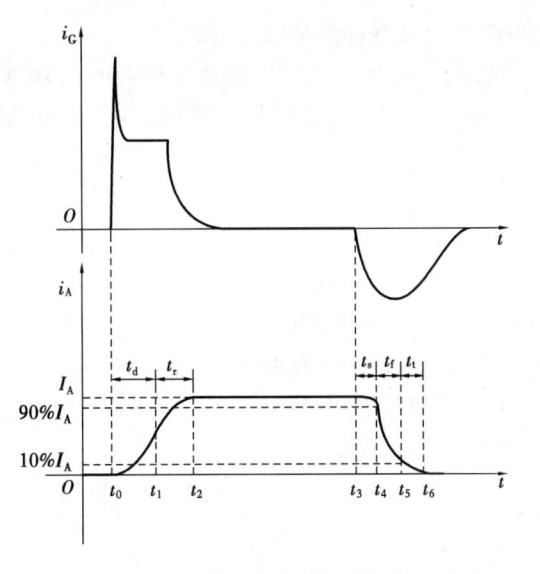

图 2.18　GTO 的开通和关断过程电流波形

2.3.4　GTO 主要参数

GTO 的很多参数都和普通晶闸管相应的参数意义相同。这里只简单介绍一些意义不同的参数。

(1)最大可关断阳极电流 I_ATO

最大可关断阳极电流是指利用门极脉冲可以关断的最大阳极电流值,用来标称 GTO 的额定电流。

(2)电流关断增益 β_off

电流关断增益是指最大可关断阳极电流 I_ATO 与门极负脉冲电流最大值 I_GM 之比,即 $\beta_\mathrm{off} = \dfrac{I_\mathrm{ATO}}{|I_\mathrm{GM}|}$。$\beta_\mathrm{off}$ 一般很小,只有 5 左右,大容量 GTO 的关断增益更小。例如,一个 GTO 的最大可关断阳极电流 I_ATO 为 1 000 A,$\beta_\mathrm{off} = 5$,则关断时门极负电流 I_GM 需要达到 200 A。这样大的关断电流使得 GTO 的驱动电路远比 MOSFET、IGBT 的驱动电路复杂。

(3)开通时间 t_on

开通时间表示延迟时间与上升时间之和,即 $t_\mathrm{on} = t_\mathrm{d} + t_\mathrm{r}$。$t_\mathrm{d}$ 一般为 $1 \sim 2\ \mu\mathrm{s}$,t_r 则随通态阳

极电流值的增大而增大。

(4)关断时间 t_{off}

关断时间一般是指储存时间和下降时间之和,即 $t_{off} = t_s + t_f$,而不包括尾部时间。t_s 随阳极电流的增大而增大,t_f 一般小于 2 μs。

目前,GTO 虽然是电气容量最大的全控型器件,但由于其驱动电路复杂,开关频率低,因此,只有在大容量场合才选用 GTO。GTO 的主要参数见表 2.3。

表 2.3　部分 GTO 的主要参数表

型号	断态重复最大电压/V	可关断阳极电流/A	通态电压/V	浪涌电流/A	门极反向峰值电压/V
DGT304SE	600 ~ 1 300	600	2.2	4 000	16
DG386L	600 ~ 2 500	1 000	2.8	7 000	16
DG606SH	600 ~ 2 500	2 000	2.8	14 000	16
DG758SH	600 ~ 4 500	2 500	3.4	16 000	16

2.4　电力晶体管

电力晶体管(Giant Transistor,GTR)是一种耐高压、大电流双极结型全控型电力电子器件,又称为双极型功率晶体管(Bipolar Junction Transistor,BJT)。该器件最主要的特性是耐压高、电流大、开关特性好。其额定值已达 1 800 V/800 A/2 kHz、1 400 V/600 A/5 kHz、600 V/3 A/100 kHz。GTR 的实物模型如图 2.19 所示,GTR 广泛应用于电源、电机控制、通用逆变器等电路中。

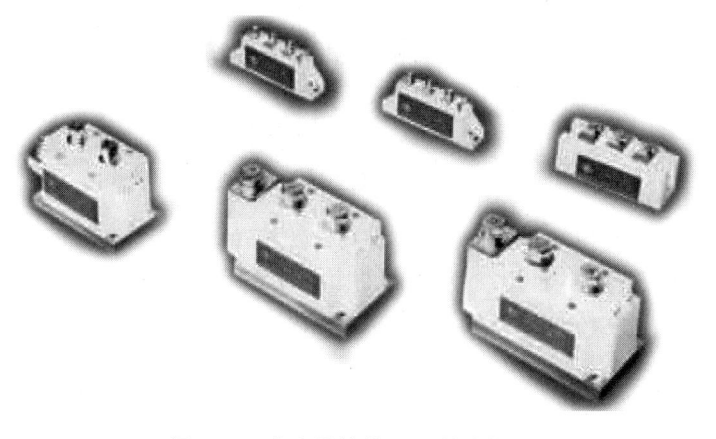

图 2.19　电力晶体管 GTR 的实物图

2.4.1　GTR 结构

GTR 是由 3 层半导体(分别引出集电极、基极和发射极)形成的两个 PN 结(集电结和发射结)构成,和小功率三极管一样,有 PNP 和 NPN 两种类型,如图 2.20 所示为 GTR 的基本结构及电气图形符号,图中"+"表示高掺杂浓度。GTR 通常采用 NPN 结构。

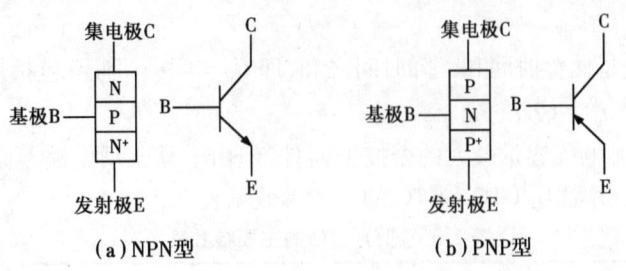

(a)NPN型   (b)PNP型

图 2.20   GTR 的基本结构和电气图形符号

2.4.2   GTR 工作原理

GTR 的集电极和发射极施加正向电压后,基极正偏($i_b > 0$)时处于导通状态;反偏($i_b \leqslant 0$)时处于截止状态。因此,给 GTR 的基极施加幅度足够大的脉冲驱动信号,它将工作于导通或截止的开关状态。

在应用中,GTR 一般采用共发射极接法。如图 2.21 所示,集电极电流 i_c 与基极电流 i_b 之比为

$$\beta = \frac{i_c}{i_b} \tag{2.15}$$

其中,β 称为 GTR 的电流放大系数,它反映了基极电流对集电极电流的控制能力。当考虑集电极和发射极间的漏电流 I_{ceo} 时,i_c 和 i_b 的关系为

$$i_c = \beta i_b + I_{ceo} \tag{2.16}$$

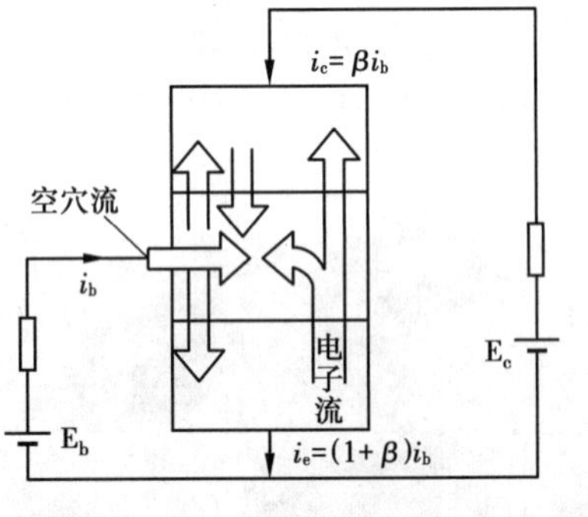

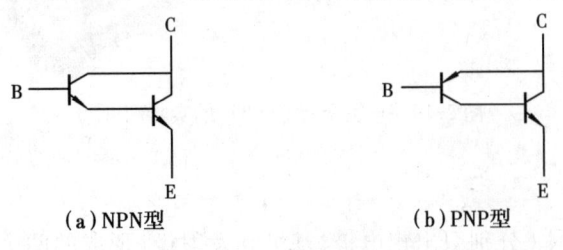

图 2.21   共射极晶体管内部载流子的流动示意图

单管 GTR 的 β 值一般小于 10,通常采用两个晶体管组成的达林顿接法来有效地增大电流增益,如图 2.22 所示。达林顿 GTR 的特点是电流增益高,导通时管压降较高,关断时间较长。

(a)NPN型   (b)PNP型

图 2.22   达林顿 GTR

2.4.3　GTR 基本特性

(1)静态特性

在共发射极接法时,GTR 的典型输出特性分为截止区、放大区和饱和区 3 个区域,如图 2.23所示。GTR 工作在开关状态,即工作在截止区或饱和区。但在开关过程中,即在截止区和饱和区之间过渡时,一般要经过放大区。

(2)动态特性

1)开通过程

如图 2.24 所示,其中,t_d 表示延迟时间,主要是由发射结势垒电容和集电结势垒电容充电产生的;t_r 表示上升时间。t_d 与 t_r 两者之和为开通时间 t_{on},一般开通时间为微秒数量级。增大基极驱动电流 i_b 的幅值并增大 di_b/dt,可以缩短 t_d,同时也可以缩短 t_r,从而加快开通速度。

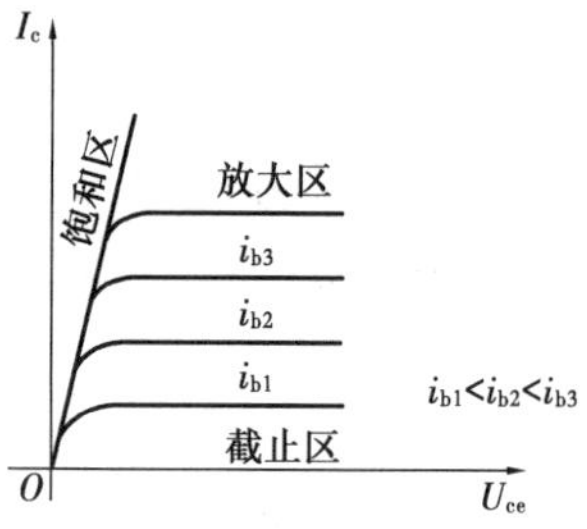

2)关断过程

在图 2.24 中,t_s 表示储存时间,是用来除去饱和导通时储存在基区的载流子的;t_f 表示下降时间。t_s 与 t_f 两者之和为关断时间 t_{off},而 t_s 是 t_{off} 的主要部分,关断时间的数值在微秒数量级。减小导通时的饱和深度以减小储存的载流子,或者增大基极抽取负电流 I_{b2} 的幅值和负偏压,可以缩短 t_s,从而加快关断速度。

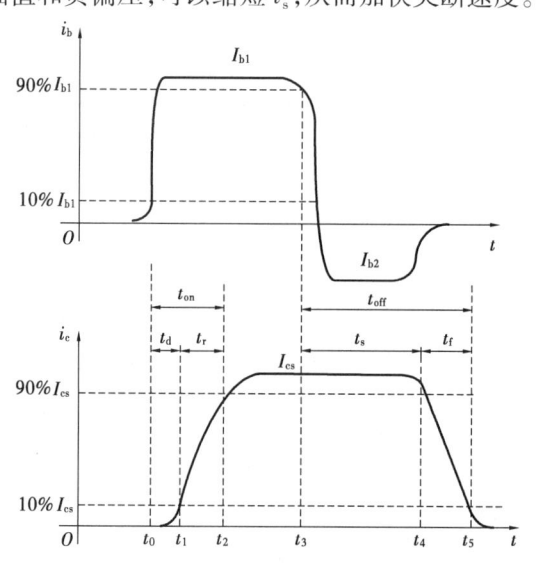

图 2.23　共发射极接法时 GTR 的输出特性

图 2.24　GTR 的开通和关断过程电流波形

由于 GTR 在导通和关断过程中都要经过放大区,而放大区的功耗很大,因此,应尽可能缩短开关时间,减少开关损耗。

2.4.4　GTR 主要参数

(1)电压参数

电压参数体现了 GTR 的耐压能力。该电压超过一定值时,就会发生击穿。击穿电压符合以下关系:

$$BU_{cbo} > BU_{cex} > BU_{ces} > BU_{cer} > BU_{ceo} \qquad (2.17)$$

其中,BU_{cbo}表示当发射极开路时集电极和基极间的反向击穿电压;BU_{cex}表示发射结反向偏置时集电极和发射极间的击穿电压。BU_{cer}和BU_{ces}分别表示当发射极与基极间用电阻连接或短路连接时,集电极和发射极间的击穿电压;BU_{ceo}表示当基极开路时集电极和发射极间的击穿电压。

实际使用GTR时,为了确保安全,最高工作电压U_{TM}要比BU_{ceo}低得多,即

$$U_{TM} = \left(\frac{1}{3} \sim \frac{1}{2} \right) BU_{ceo} \qquad (2.18)$$

(2)直流电流增益 h_{FE}

直流电流增益表示GTR的电流放大能力,为直流工作时集电极电流和基极电流之比,即 $h_{FE} = \dfrac{i_C}{i_B}$。一般可认为 $h_{FE} \approx \beta$,单管GTR的 h_{FE} 值较小,可采用达林顿接法扩大 h_{FE} 范围。

(3)集电极最大允许电流 I_{cM}

集电极最大允许电流是指规定直流电流放大系数 h_{FE} 下降到额定值1/3~1/2时所对应的 I_c。实际使用时要留有较大裕量,只能用到 I_{cM} 的一半或稍多一点。

(4)集电极最大耗散功率 P_{cM}

集电极最大耗散功率是指在最高工作温度下允许的耗散功率。产品说明书中在给出 P_{cM} 时总是同时给出壳温 T_C,间接表示了最高工作温度。部分国产GTR元件的主要参数见表2.4。

表2.4 国产GTR元件的主要参数表

型号	集电极电流/A	集射极击穿电压/V	电流增益 β_{min}	饱和压降/V
TCD30/U	20	100	35	2.0
TC1	20	800	8	0.5
TC15	30	100	10	1.0
DT34	150	1 050	8	0.6
DT46	200	1 200	9	0.4
DT63	450	500	11	1.25
DT100	300	1 200	5	1.0
DT500	800	1 000	7	1.5
DT800	1 200	400	7	1.0
MD150S1000	150	1 000	60	2
MD300S1000	300	1 000	60	2

2.4.5 击穿和安全工作区

(1)一次击穿

当GTR的集电极电压升高至击穿电压时,集电极电流迅速增大,这种首先出现的击穿是

雪崩击穿,称为一次击穿。

(2)二次击穿

发现一次击穿发生时如不有效地限制电流,I_c 增大到某个临界点时会突然急剧上升,同时伴随着电压的陡然下降,这种现象称为二次击穿。

(3)安全工作区(Safe Operating Area,SOA)

将不同基极电流下二次击穿的临界点连接起来,就构成了二次击穿临界线,临界线上的点反映了二次击穿功率 P_{SB}。GTR 工作时不能超过最高电压 U_{ceM}、集电极最大电流 I_{cM} 和最大耗散功率 P_{cM},也不能超过二次击穿临界线,这就是安全工作区,如图2.25 所示的阴影部分。

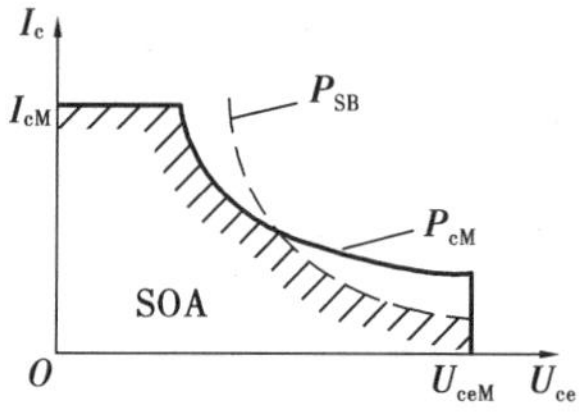

图 2.25 GTR 的安全工作区

2.5 电力 MOSFET

场效应晶体管(Field Effect Transistor,FET)分为结型场效应晶体管和绝缘栅型场效应晶体管。通常把绝缘栅型中的 MOS 型(Metal Oxide Semiconductor FET)简称为电力 MOSFET(Power MOSFET),它是一种单极型的电压控制全控型器件。如图 2.26 所示,电力 MOS-FET 是用栅极电压来控制漏极电流的,其输入阻抗高,驱动电路简单,需要的驱动功率小;开关速度快,工作频率高;热稳定性优于 GTR;电流容量小,耐压低,多用于功率不超过 10 kW 的电力电子装置。电力 MOSFET 具有其他电力器件所不能替代的地位。

图 2.26 电力 MOSFET 实物图

2.5.1 电力 MOSFET 结构

如图 2.27 所示,电力 MOSFET 按导电沟道可分为 P 沟道和 N 沟道,其具有 3 个引脚,其

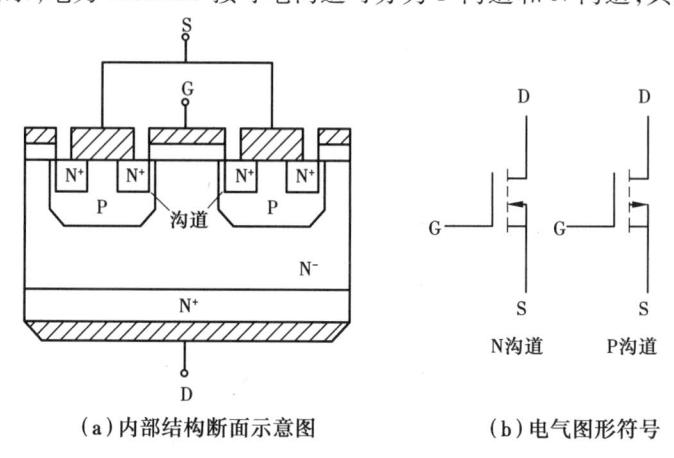

(a)内部结构断面示意图　　　　(b)电气图形符号

图 2.27 电力 MOSFET 的结构和电气图形符号

中,S 为源极,G 为栅极,D 为漏极。每种沟道又可以分为耗尽型和增强型两种。当栅极电压为零时漏源极之间存在导电沟道的称为耗尽型。对于 N(P)沟道器件,栅极电压大于(小于)零时才存在导电沟道的称为增强型。在电力 MOSFET 中,主要是 N 沟道增强型。N 沟道增强型 MOSFET 的基本结构示意图如图 2.27(a)所示。

2.5.2　电力 MOSFET 工作原理

如图 2.27(a)所示,当漏源极间接正向电压,栅极和源极间电压为零时,P 基区与 N 漂移区之间形成的 PN 结 J_1 反偏,漏源极之间无电流流过,此时,电力 MOSFET 处于截止状态。

当栅极和源极之间加一正向电压 U_{GS} 时,正向电压会将 P 区中空穴推开,而将 P 区中的少子吸引到栅极下面的 P 区表面。当 U_{GS} 大于阈值电压 U_T 时,使 P 型半导体反型成 N 型半导体,该反型层形成 N 沟道而使 PN 结 J_1 消失,漏极和源极导电,形成漏极到源极的电流 I_D,从而电力 MOSFET 导通。U_{GS} 超过 U_T 越多,导电能力越强,漏极电流 I_D 越大。

2.5.3　电力 MOSFET 基本特性

(1)静态特性

电力 MOSFET 的静态特性表现为转移特性和输出特性,如图 2.28 所示。

1)转移特性

如图 2.28(a)所示,转移特性是指漏极电流 I_D 和栅源间电压 U_{GS} 的关系,反映了输入电压和输出电流的关系。当 I_D 较大时,I_D 与 U_{GS} 的关系近似线性,曲线的斜率被定义为 MOSFET 的跨导 G_{fs},即

$$G_{fs} = \frac{dI_D}{dU_{GS}} \tag{2.19}$$

2)输出特性

如图 2.28(b)所示,输出特性是指电力 MOSFET 的漏极伏安特性。从图中看出,输出特性包含截止区(对应于 GTR 的截止区)、饱和区(对应于 GTR 的放大区)、非饱和区(对应于 GTR 的饱和区)3 个区域。电力 MOSFET 工作在开关状态,即在截止区和非饱和区之间来回转换。

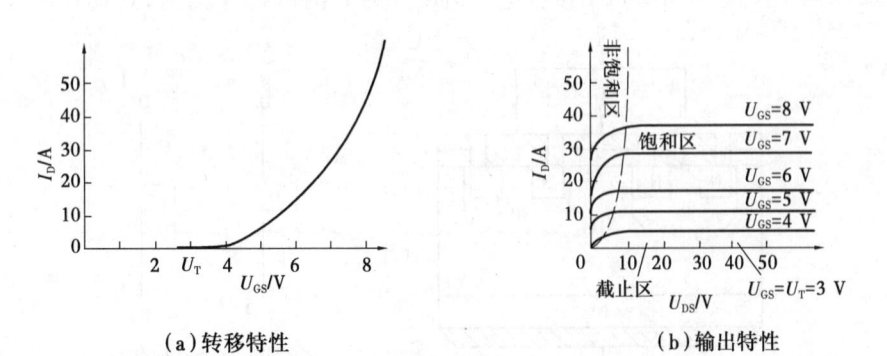

(a)转移特性　　　　　　　　　(b)输出特性

图 2.28　电力 MOSFET 的转移特性和输出特性

由于电力 MOSFET 本身结构的原因,漏极和源极之间形成了一个与 MOSFET 反向并联的寄生二极管,使得在漏极和源极间加反向电压时器件导通。因此,在需要承受反向电压的场

合使用时,应在电力 MOSFET 电路中串入快速二极管。

(2)动态特性

1)开通过程

如图 2.29 所示,开通时间 $t_{on} = t_{d(on)} + t_{ri} + t_{fv}$,其中 t_{fv} 表示电压下降时间;$t_{d(on)}$ 是开通延迟时间,表示从 u_p 前沿时刻到 U_T 并开始出现漏极电流 i_D 时刻的时间;t_{ri} 是电流上升时间,表示 i_D 从零上升到稳态值的时间。

2)关断过程

如图 2.29 所示,关断时间 $t_{off} = t_{d(off)} + t_{rv} + t_{fi}$,其中,$t_{d(off)}$ 表示关断延迟时间;t_{rv} 表示电压上升时间;t_{fi} 表示电流下降时间。电力 MOSFET 不存在少子储存效应,其关断过程非常迅速。开关时间为 $10 \sim 100$ ns,其工作频率可达 100 kHz 以上,是主要电力电子器件中最高的。

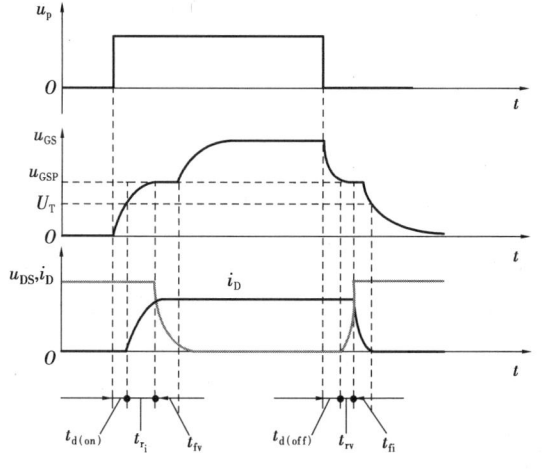

图 2.29　电力 MOSFET 的开关过程波形

2.5.4　电力 MOSFET 主要参数

(1)漏极电压 U_{DS}

漏极电压是指漏源极间能承受的最高工作电压,标称电力 MOSFET 电压定额的参数。

(2)漏极直流电流 I_D 和漏极脉冲电流幅值 I_{DM}

漏极直流电流和漏极脉冲电流幅值标称电力 MOSFET 电流定额的参数。

(3)栅源电压 U_{GS}

栅源之间的绝缘层很薄,$|U_{GS}| > 20$ V 将导致绝缘层被击穿。

漏源间的耐压、漏极最大允许电流和最大耗散功率决定了电力 MOSFET 的安全工作区。一般来说,电力 MOSFET 不存在二次击穿的问题,安全工作区范围较宽。

2.6　绝缘栅双极型晶体管

绝缘栅双极型晶体管(Insulated Gate Bipolar Transistor,IGBT),是兼具 GTR 和 MOSFET 各自优点的复合式全控型器件。它既具有 MOSFET 的输入阻抗高、驱动功率小、开关频率高等优点,又具有 GTR 通态电阻低、电流容量大等优点。

如图 2.30 所示为几种常用的 IGBT 实物图。IGBT 适合应用于中大功率的电力电子装置中,如在交流电机、变频器、开关电源、照明电路、牵引传动等领域广泛使用。

图 2.30　IGBT 单管及模块实物图

2.6.1　IGBT 结构

IGBT 是三端器件,具有栅极 G、集电极 C 和发射极 E。如图 2.31(a)所示,给出了一种 N 沟道 VDMOSFET 与双极型晶体管组合而成的 IGBT,比图 2.27 多一层 P^+ 注入区,实现对漂移区电导率进行调制,使得 IGBT 具有很强的通流能力。其等效电路如图 2.31(b)所示,IGBT 是用 GTR 与 MOSFET 组成的达林顿结构,相当于一个由 MOSFET 驱动的厚基区 PNP 晶体管。如图 2.31(c)所示是 N 沟道 IGBT 的电气图形符号。

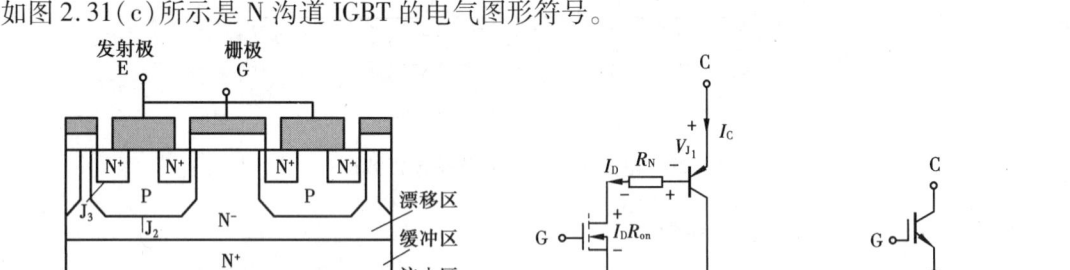
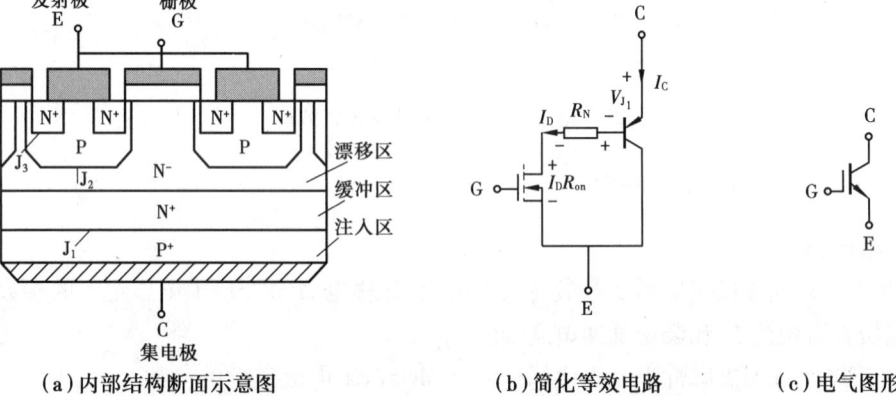

（a）内部结构断面示意图　　　　　（b）简化等效电路　　　　（c）电气图形符号

图 2.31　IGBT 的结构、简化等效电路和电气图形符号

2.6.2　IGBT 工作原理

IGBT 的驱动原理与电力 MOSFET 基本相同,是一种场控器件。其开通和关断由栅极和发射极间的电压 U_{GE} 决定。如图 2.31(b)所示,当 U_{GE} 为正且大于阈值电压 $U_{GE(th)}$ 时,在 MOSFET 内形成沟道,并为 GTR 提供基极电流,进而使 IGBT 导通。当栅极与发射极间施加反向电压或不加信号时,MOSFET 内的沟道消失,GTR 的基极电流被切断,使得 IGBT 关断。电导调制效应使得电阻 R_N 减小,这样高耐压的 IGBT 也具有很小的通态压降。

2.6.3 IGBT基本特性

(1)静态特性

IGBT的静态特性表现为转移特性和输出特性,如图2.32所示。

1)转移特性

如图2.32(a)所示,转移特性描述的是集电极电流I_C与栅射电压U_{GE}之间的关系。阈值电压$U_{GE(th)}$是IGBT能实现电导调制而导通的最低栅射电压,随温度升高而略有下降。当栅射电压小于$U_{GE(th)}$时,IGBT处于关断状态。

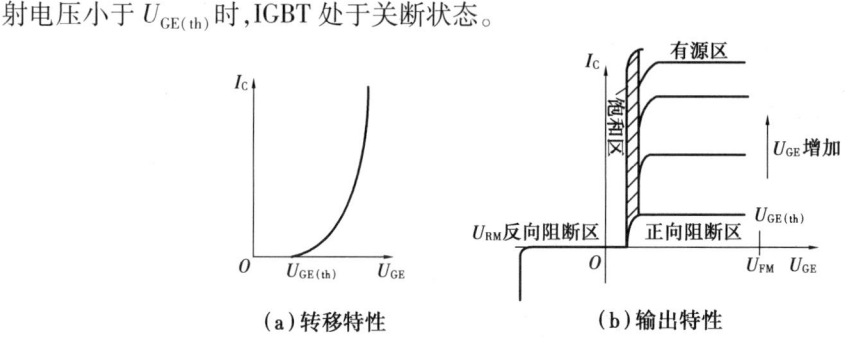

(a)转移特性   **(b)输出特性**

图2.32 IGBT的转移特性和输出特性

2)输出特性

如图2.32(b)所示,输出特性描述的是以栅射电压为参考变量时,集电极电流I_C与集射极间电压U_{GE}之间的关系。图中分为3个区域:正向阻断区、有源区和饱和区。当$U_{GE}<0$时,IGBT为反向阻断工作状态。在电力电子电路中,IGBT工作在开关状态,在正向阻断区和饱和区之间来回转换。

(2)动态特性

1)开通过程

如图2.33所示,$t_{d(on)}$是开通延迟时间,表示从驱动电压U_{GE}幅值的10%上升到集电极电

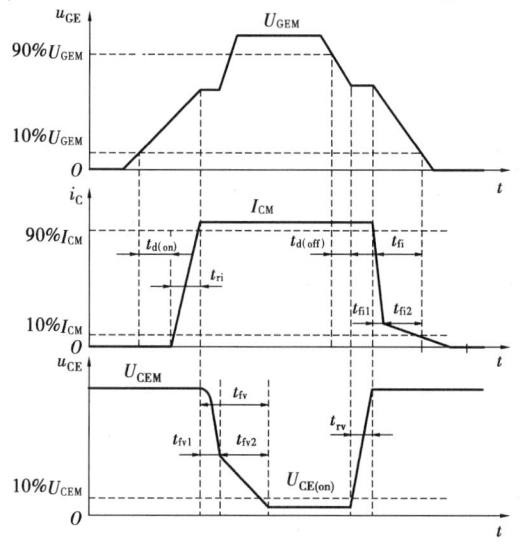

图2.33 IGBT的开关过程

流 I_C 幅值的 10% 所用的时间。t_{ri} 是电流上升时间，表示 I_C 从 10% 上升到 90% 所用的时间。开通时间 $t_{on} = t_{d(on)} + t_{ri} + t_{fv}$，其中，$t_{fv}$ 表示电压下降时间，分为 t_{fv1} 和 t_{fv2} 两段。

2）关断过程

如图 2.33 所示，关断时间 $t_{off} = t_{d(off)} + t_{rv} + t_{fi}$，其中，$t_{d(off)}$ 表示关断延迟时间，表示从驱动电压 U_{GE} 幅值的 90% 到集射电压 U_{CE} 上升为幅值的 10% 所用的时间。t_{rv} 表示电压上升时间；t_{fi} 表示电流下降时间，t_{fi} 分为 t_{fi1} 和 t_{fi2} 两段。因为引入了少子储存现象，所以 IGBT 的开关速度要低于电力 MOSFET。

2.6.4　IGBT 主要参数

(1) 最大集射极间电压 U_{CES}

最大集射极间电压由器件内部的 PNP 晶体管所能承受的击穿电压所确定。

(2) 最大集电极电流

最大集电极电流包括额定直流电流 I_C 和 1 ms 脉宽最大电流 I_{CP}。

(3) 最大集电极功耗 P_{CM}

最大集电极功耗是指在正常工作温度下允许的最大耗散功率。

(4) 正向偏置安全工作区 (Forward Biased Safe Operating Area，FBSOA)

正向偏置安全工作区由最大集电极电流、最大集射极间电压和最大集电极功耗确定。

(5) 反向偏置安全工作区 (Reverse Biased Safe Operating Area，RBSOA)

反向偏置安全工作区由最大集电极电流、最大集射极间电压和最大允许电压上升率 dU_{CE}/dt 确定。

部分 IGBT 模块的主要参数见表 2.5。

表 2.5　IGBT 模块的主要参数

型号	U_{CES}/V	U_{GES}/V	$I_{C\,cont}/A$	P_C/W	$U_{CE}(sat)$ (max)/V	当 $U_{GE}=$ 15 V 时 I_C/A	开关时间 (max)		
							$t_{on}/\mu s$	$t_{off}/\mu s$	$t_f/\mu s$
1MBH 50-090	900	±20	50	200	3.6	50	—	—	0.85
1MBH 60-100	1000	±20	60	260	3.6	60	—	—	0.85

2.7　新型器件及发展

2.7.1　MOS 控制晶闸管 MCT

MCT (MOS Controlled Thyristor) 是指将 MOSFET 与晶闸管组合而成的复合型器件。该器件结合了 MOSFET 的高输入阻抗、低驱动功率、快速的开关过程和晶闸管的高电压大电流、低导通压降的特点。该器件是由数以万计的 MCT 元组成,每个元由一个 PNPN 晶闸管、一个控制该晶闸管开通的 MOSFET 和一个控制该晶闸管关断的 MOSFET 组成。但是 MCT 关键技术问题没有大的突破,电压和电流容量都远未达到预期的数值,目前未能投入实际应用。

2.7.2　静电感应晶体管 SIT

SIT(Static Induction Transistor)是一种结型场效应晶体管,还是一种多子导电的器件,其工作频率与电力 MOSFET 相当,甚至超过电力 MOSFET,功率容量也比电力 MOSFET 大,适用于高频大功率场合。SIT 栅极不加任何信号时是导通的,栅极加负偏压时关断,这被称为正常导通型器件,使用不方便。此外,SIT 通态电阻较大,使得通态损耗也大,SIT 还未在大多数电力电子设备中得到广泛应用。

2.7.3　静电感应晶闸管 SITH

SITH 可以看作是由 SIT 与 GTO 复合而成,又被称为场控晶闸管(Field Controlled Thyristor,FCT),本质上是两种载流子导电的双极型器件。该器件具有电导调制效应,其通态压降低、通流能力强,很多特性与 GTO 类似,但开关速度比 GTO 高得多,是大容量的快速器件。一般也是正常导通型,但也有正常关断型,电流关断增益较小,其应用范围还有待拓展。

2.7.4　集成门极换流晶闸管 IGCT

IGCT(Integrated Gate-Commutated Thyristor)是将一个平板型的 GTO 与由很多个并联的电力 MOSFET 器件和其他辅助元件组成的 GTO 门极驱动电路,采用精心设计的互联结构和封装工艺集成在一起。容量与普通 GTO 相当,但开关速度比普通的 GTO 快 10 倍,而且可以简化普通 GTO 应用时庞大而复杂的缓冲电路,只不过其所需驱动功率仍然很大。目前正在与 IGBT 等新型器件激烈竞争。

2.7.5　功率模块与功率集成电路

模块化是电力电子器件开发的一种新趋势。功率集成电路(Power Integrated Circuit,PIC)是指将电力电子器件与触发电路、控制电路和各种保护电路等集成在一个芯片上的集成电路。目前,PIC 可分为 3 类:①高压集成电路(High Voltage IC,HVIC),主要用来控制功率输出;②智能功率模块(Intelligent Power Module,IPM),适应于电力电子技术高频化发展;③功率专用集成电路(Special IC,SIC),为特殊用途而设计的功率 IC。迄今已有系列 PIC 产品问世,包括功率 MOS 智能开关、电源管理电路、半桥或全桥逆变器、电机驱动器、PWM 专用 SPIC、集成稳压器等。例如,Power Integration(PI)、美国国家半导体、Motorola、意法半导体、IXYS、Harris、SGS、安森美、TI 等著名的国际公司在功率集成技术领域处于领先地位,它们已将功率集成电路产品系列化、标准化。其中,PI 公司推出的 TOP-SWITCH 系列和 TINY 系列离线开关电源管理 IC,DPA Switch 系列高电压 DC-DC 转换 IC 和 Link Switch 系列小功率线性直流电源管理 IC,以其简单、高效、可靠的特性在国内各种应用系统中得到迅速推广。

随着 PIC 的发展,智能功率集成电路(Smart Power IC,SPIC)和高压集成电路(High Voltage IC,HVIC)的分类在工作电压和器件结构上难以严格区分,统称为智能功率集成电路。SPIC 的工作频率更高、功率更大、速度更快、功能更全,并最终向单片系统集成方向发展。目前,SPIC 的主要研究内容是:能在高温下工作并具有较好坚固性的 SPIC;开发高成品率、低成本工艺;大电流高速 MOS 控制并有自保护功能的横向功率器件等。SPIC 在实现功率电子装置的小型化、智能化、节能化的领域内将会大有作为。

　智能功率模块(IPM)一般专指 IGBT 及其辅助器件与其保护和驱动电路的单片集成。IPM 内部多采用 IGBT 作为功率器件。根据功率电路配置的不同,IPM 内部可以集成多个 IG-BT 单元,如常用的 IPM 内部封装了 1 个、2 个(1 个桥臂)、6 个(三相变流器)或 7 个(三相变流器 + 能耗制动单元)IGBT。典型的 IPM 功能框图如图 2.34 所示。IPM 内置驱动和保护电路,隔离接口电路需用户自己设计。如果选用集成 6 个或 7 个 IGBT 的 IPM,用户除了设计隔离接口以外,根据生产厂家的不同,还要外加多路隔离驱动电源的电流采样电阻以及信号的滤波电路等,如三菱公司的 IPMPS21564。

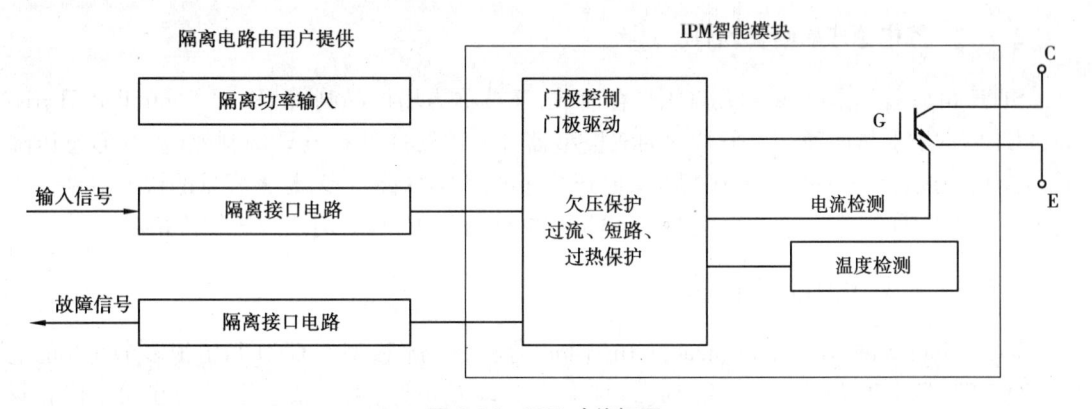

图 2.34　IPM 功能框图

　IPM 内置的驱动和保护电路使系统硬件电路简单、可靠,缩短了系统开发时间,提高了故障中的自保护能力。与普通的 IGBT 模块相比,IPM 在系统性能及可靠性方面都有进一步的提高。

2.7.6　基于新型材料的电力电子器件

　电力电子技术的发展对电力电子器件性能的要求越来越高,越来越多的电力电子器件研究工作转向了对新型半导体材料制造新型电力电子器件的研究。研究结果表明,碳化硅(SiC)器件在高温、高频、高功率容量的应用场合是极为理想的电力电子器件。21 世纪初,碳化硅肖特基势全二极管(SBD)首先揭开了碳化硅器件在电力电子领域替代硅器件的序幕。目前,碳化硅 SBD 的全球市场容量估计达 400 万美元。2004 年,碳化硅场效应器件耐压已经达到了硅器件无法达到的 10 000 V 水平,而碳化硅 IGBT 的研发工作起步较晚,其优越性只在10 000 V 以上的高压领域。

　未来电力电子技术的发展趋势将朝着集成化、标准模块化、智能化、大容量、高频率、高效率、高可靠性和“节能、环保”的方向发展。虽然硅双极型器件和场控器件的研究已趋成熟,但它们的性能仍在不断得到提高和改善,采用碳化硅等新型材料制造电力电子器件,预示在不久的将来会诞生集高耐压、大电流、高工作频率、无吸收电路、简单门极驱动、低损耗等优点于一身的新型器件,实现人们对“理想器件”的追求,这也是未来电力电子器件发展的主要趋势。

2.8　电力电子器件的系统组成

在实际应用中的电力电子系统一般由控制电路、驱动电路、保护电路和以电力电子器件为核心的主电路组成,如图 2.35 所示。检测电路检测主电路或现场的信号,提供给控制电路。控制电路根据这些信号并按照系统的工作要求形成控制信号,通过驱动电路去控制主电路中电力电子器件的导通或关断,以此来完成整个系统的功能。保护电路是保证电力电子器件和整个电力电子系统的正常运行而在控制电路和主电路中附加的电路。

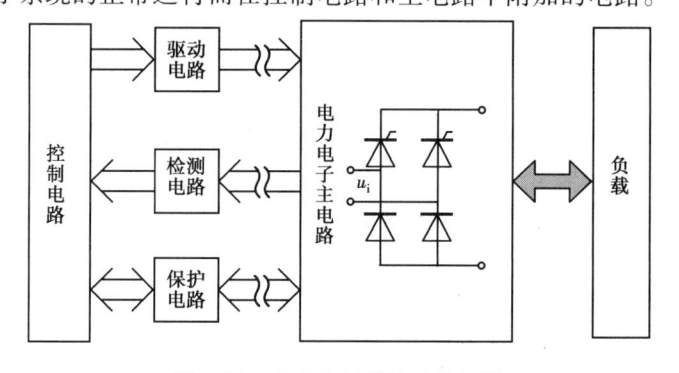

图 2.35　电力电子整体系统框图

2.8.1　电力电子器件的驱动电路

从图 2.35 可以看出,驱动电路是主电路与控制电路之间的接口。其基本任务是按控制目标的要求给器件施加开通或关断的信号。对半控型器件只需提供开通控制信号;对全控型器件则既要提供开通控制信号,又要提供关断控制信号。驱动电路还提供控制电路与主电路之间的电气隔离环节,一般采用光隔离或磁隔离。光隔离一般采用光耦合器,磁隔离的元件通常是脉冲变压器。良好的驱动电路使电力电子器件工作在较理想的开关状态,缩短开关时间,减小开关损耗。

(1)晶闸管的门极驱动

在晶闸管的阳极施加正向电压,并且在门极加上触发电压,晶闸管才能导通。门极触发电压决定每个晶闸管的导通时刻,是晶闸管变流装置中非常重要的组成部分。

1)对触发电路的要求

晶闸管触发主要有移相触发、过零触发和脉冲列调制触发等。一般为了减少门极损耗,多采用脉冲触发信号。具体要求如下:

①触发脉冲必须与晶闸管的阳极电压同步,并且移相范围必须满足电路要求。

②触发脉冲要有足够的功率,并且要留有一定的裕量。

③脉冲要有一定的宽度,其前沿要尽可能陡,这样在晶闸管导通后阳极电压能迅速上升超过擎住电流而维持导通。

2)常用的触发脉冲信号

常用的触发脉冲波形如图 2.36 所示。其中,图 2.36(a)为正弦波触发脉冲信号,其前沿不陡,触发准确性差,仅用在触发要求不高的场合。图 2.36(b)为尖脉冲信号,电路比较简单,适用于要求不高的场合。图2.36(c)为矩形脉冲信号,是目前比较常用的触发信号。图2.36(d)为强脉冲信号,其前沿比较陡并且宽度可变,有强触发功能,适用于大功率场合。

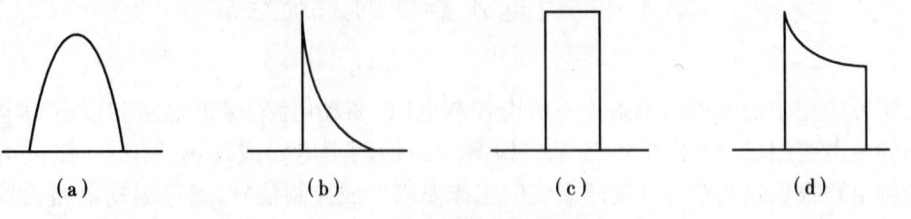

图2.36　常用的触发脉冲波形

　　3)常用的晶闸管触发电路

　　晶闸管的驱动电路常称为触发电路。触发电路的作用是产生符合要求的门极触发脉冲,保证晶闸管在需要的时刻由阻断转为导通。晶闸管触发电路往往还包括对其触发时刻进行控制的相位控制电路。

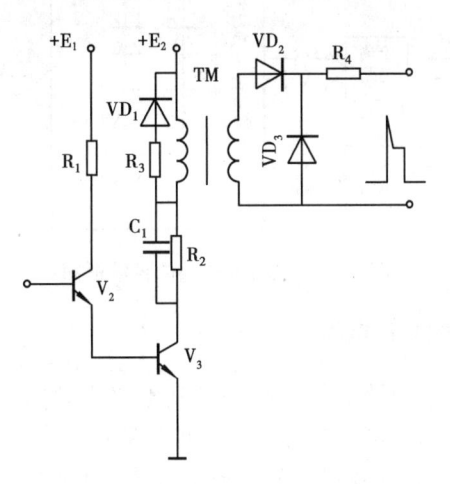

图2.37　常见的晶闸管触发电路

　　常见的晶闸管触发电路如图2.37所示,由V_2、V_3构成的脉冲放大环节和脉冲变压器TM和附属电路构成的脉冲输出环节两部分组成。当V_2、V_3导通时,通过脉冲变压器向晶闸管的门极和阴极之间输出触发脉冲。VD_1和R_3是为了V_2、V_3由导通变为截止时,脉冲变压器TM释放其储存的能量而设的。为了获得触发脉冲波形中的强脉冲部分,还需适当附加其他电路环节。

　　(2)全控型器件驱动电路

　　1)电流驱动型器件的驱动电路

　　GTO和GTR是电流驱动型器件。GTO开通控制与普通晶闸管相似,但一般需在整个导通期间施加正门极电流,使GTO关断则需施加负门极电流,对其幅值和陡度的要求更高。GTO一般用于大容量电路的场合,其驱动电路可分为脉冲变压器耦合式和直接耦合式两种类型,如图2.38所示为典型的直接耦合式GTO驱动电路。电路的电源由高频电源经二极管整流后提供,VD_1和C_1提供+5V电压,VD_2、VD_3、C_2、C_3构成倍压整流电路提供+15 V电压,VD_4和C_4提供−15 V电压。V_1开通时,输出正强脉冲;V_2开通时,输出正脉冲平顶部分;V_2关断而V_3开通时,输出负脉冲;V_3关断后R_3和R_4提供门极负偏压。

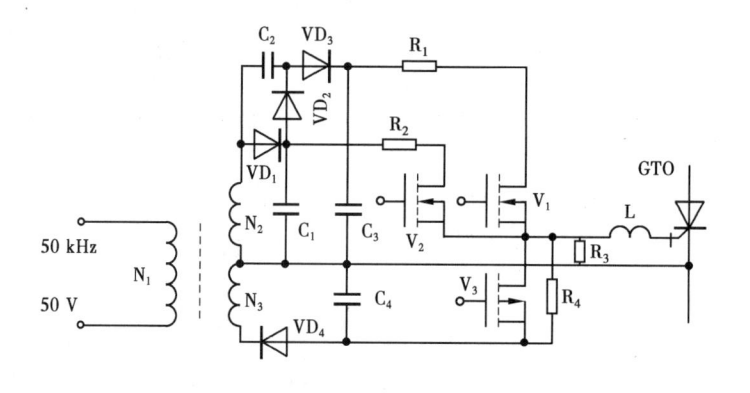

图 2.38　典型的直接耦合式 GTO 驱动电路

2)电压驱动型器件的驱动电路

电力 MOSFET 和 IGBT 是电压驱动型器件。电力 MOSFET 开通的栅源极间驱动电压一般取 10 ~ 15 V,IGBT 开通的栅射极间驱动电压一般取 15 ~ 20 V。关断时施加一定幅值的负驱动电压(一般取 -5 ~ -15 V)有利于减小关断时间和关断损耗。

以采用光电隔离式的电力 MOSFET 驱动电路为例,如图 2.39 所示,该驱动电路主要包括电气隔离和晶体管放大电路两部分。当无输入信号(即 $u_i = 0$)时,高速放大器 A 输出负电平,V_3 导通输出负驱动电压,可使 MOSFET 关断;当有输入信号(即 u_i 为正)时,A 输出正电平,V_2 导通输出正驱动电压,可使 MOSFET 导通。

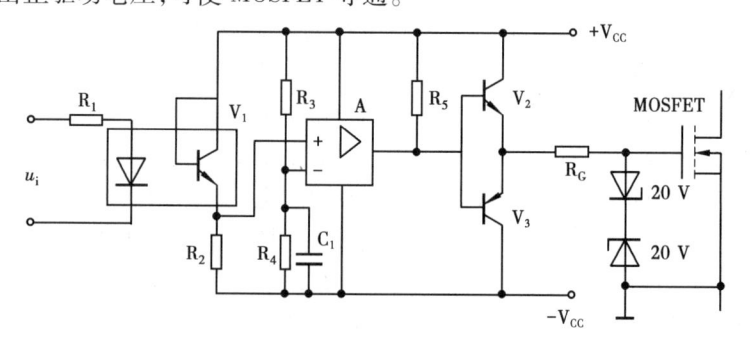

图 2.39　电力 MOSFET 的一种驱动电路

2.8.2　电力电子器件保护

电力电子器件保护体现为过电压保护、过电流保护、$\mathrm{d}u/\mathrm{d}t$ 保护和 $\mathrm{d}i/\mathrm{d}t$ 保护。

(1)过电压保护

过电压分为外因过电压和内因过电压两类。外因过电压主要来自雷击和系统中的操作过程等外部原因,包括操作过电压和雷击过电压。内因过电压主要来自电力电子装置内部器件的开关过程,包括换相过电压和关断过电压。

采用 RC 过电压抑制电路来抑制外因过电压,如图 2.40 所示,该电路可接于供电变压器的网侧和阀侧或电力电子电路的直流侧。其工作原理是利用电容电压不能突变的特性吸收过电压,电阻消耗吸收的能量,并抑制回路振荡。

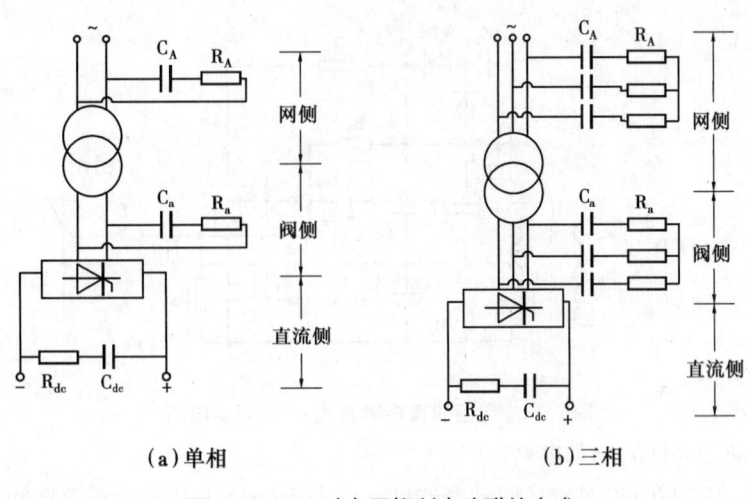

（a）单相　　　　　　　　　　（b）三相

图 2.40　RC 过电压抑制电路联结方式

（2）过电流保护

过电流分过载和短路两种情况,快速熔断器、直流快速断路器和过电流继电器是较为常用的措施,一般电力电子装置均同时采用几种过电流保护措施,以提高保护的可靠性和合理性。

快速熔断器是电力电子装置中较有效、应用较广的一种过电流保护措施。对重要的且易发生短路的晶闸管设备或全控型器件,需采用电子电路进行过电流保护。常在全控型器件的驱动电路中设置过电流保护环节,这对器件过电流的响应是最快的。

如图 2.41 所示为电力电子系统常用的过电流保护措施。图中,互感器用来检测线路电流,当电流信号超过动作电流整定值时,电子保护电路中的开关电路发出信号给触发电路,使触发脉冲瞬时停止或脉冲后移,从而使电力电子器件关断,达到抑制过电流的目的;检测的电流信号也送到过电流继电器,当过载时,超过继电器整定值,继电器动作于断路器跳闸;快速熔断器仅作为短路时的部分区段的保护,当发生短路故障时,如开关电路发出触发信号使晶闸管导通,则电路有短路电流流过,快速熔断器熔断而切除交流供电电源。注意在实现过电流保护时,熔断器保护、继电器保护和电子保护电路相互之间应协调配合,它们的整定电流值或动作时间等应根据实际应用情况确定。

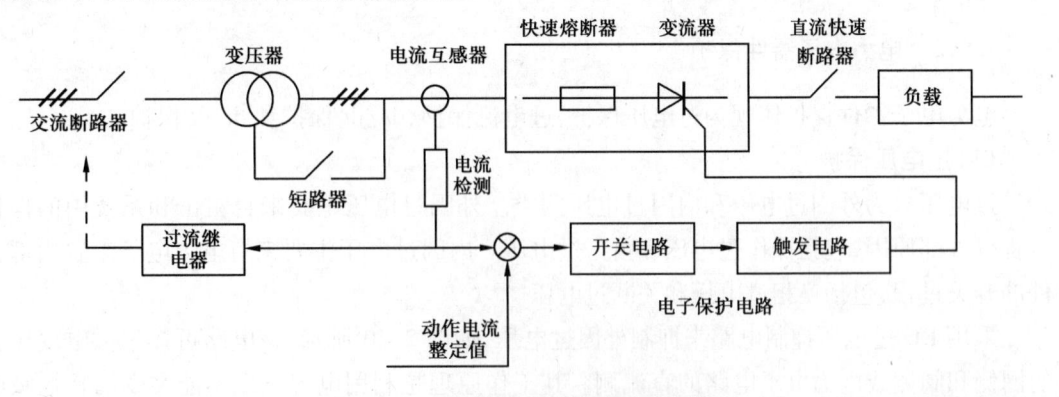

图 2.41　过电流保护措施及配置位置

2.8.3　缓冲电路

缓冲电路(Snubber Circuit)又称为吸收电路,其作用是抑制电力电子器件的内因过电压、du/dt 或者过电流和 di/dt,减小器件的开关损耗。缓冲电路分为关断缓冲电路和开通缓冲电路。关断缓冲电路又称为 du/dt 抑制电路;开通缓冲电路又称为 di/dt 抑制电路。

如图 2.42 所示为 IGBT 的一种缓冲电路和 di/dt 抑制电路的电路图和波形。在无缓冲电路的情况下,di/dt 很大,关断时 du/dt 很大,并出现很高的过电压,如图 2.42(b)所示。在有缓冲电路的情况下,V 开通时,C_s 先通过 R_s 向 V 放电,使 i_C 先上一个台阶,以后因为 L_i 的作用,i_C 的上升速度减慢。V 关断时,负载电流通过 VD_s 向 C_s 分流,减轻了 V 的负担,抑制了 du/dt 和过电压。因为关断时电路中(含布线)电感的能量要释放,所以还会出现一定的过电压。

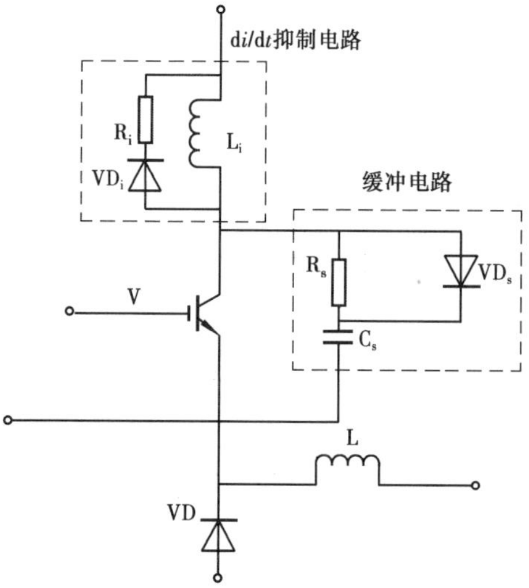

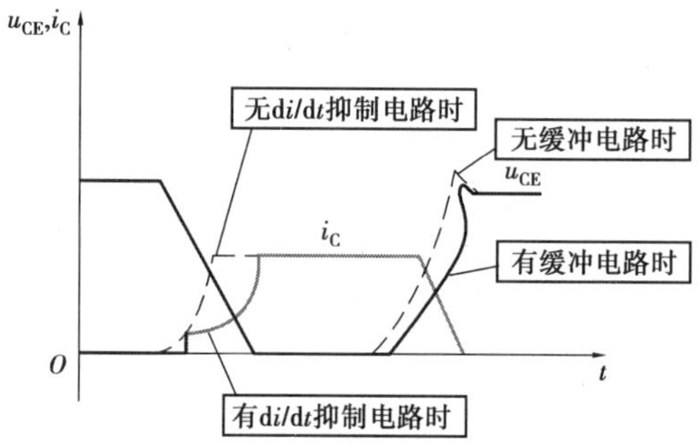

图 2.42　di/dt 抑制电路和充放电型 RCD 缓冲电路及波形

2.9　电力电子器件应用案例

2.9.1　开关电源概述

开关电源是一种高效率、高可靠性、小型化、轻型化的稳压电源,是电子设备的主流电源,如图 2.43 所示。其主要是利用现代电力电子技术,控制开关管开通和关断的时间比率,改变输出电压的一种电源。

开关电源原理如图 2.44 所示,输入电压为 AC/220 V,50 Hz 的交流电,经过滤波,再由整流桥整流后变为 300 V 左右的高压直流电,通过功率开关管的导通和截止将直流电压变成连续的脉冲,再经变压器隔离降压及输出滤波后变为低压的直流电。开关管的导通与截止由PWM(脉冲宽度调制)控制电路发出的驱动信号控制。

图 2.43　常见的 PC 主机开关电源

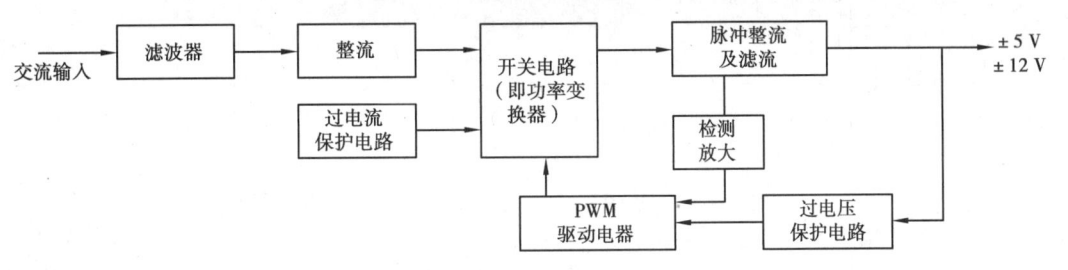

图 2.44　开关电源原理图

在开关电源中,开关管通断频率很高,经常使用的是全控型器件,如 GTR、电力 MOSFET 和 IGBT。

2.9.2　GTR 测试方法

(1)用万用表判别大功率晶体管的电极和类型

如果不知道管子的引脚排列,可以用万用表通过测量电阻的方法作出判别。

①判定电极。大功率晶体管的漏电流一般比较大,可以采用万用表测量极间电阻,并且采用的是满度电流比较大的低电阻。测量时,将万用表置于 $R \times 1$ 挡或 $R \times 10$ 挡,一表笔固定接在管子的任一电极,另一表笔分别接触其他两个电极,如果万用表读数均为小阻值或均为大阻值,则固定接触的那个电极为基极。如果按上述方法做一次测试判定不了基极,则可换一个电极再试,最多 3 次即可作出判定。

②判别类型。确定基极后,如果接基极的是黑表笔,而用红表笔分别接触另外两个电极时,若电阻读数均较小,则可认为该管为 NPN 型。如果接基极的是红表笔,用黑表笔分别接触其余两个电极时测出的阻值较小,则该三极管为 PNP 型。

③判定集电极和发射极。在确定基极之后,再通过测量基极对另外两个电极之间的阻值大小比较,可以区别发射极和集电极。对于 PNP 型晶体管,红表笔固定接基极,黑表笔分别接触另外两个电极时测出两个大小不等的阻值,以阻值较小的接法为准,黑表笔所接的是发射极。而对于 NPN 型晶体管,黑表笔固定接基极,用红表笔分别接触另外两个电极进行测量,以阻值较小的测量为准,红表笔所接的是发射极。

(2)通过测量极间电阻判断 GTR 的好坏

将万用表置于 $R \times 1$ 挡或 $R \times 10$ 挡,测量管子 3 个极间的正反向电阻便可以判断管子性能的好坏。

(3)检测大功率晶体管放大能力的简单方法

测试电路如图 2.45 所示,将万用表置于 $R \times 1$ 挡,并准备好一只 500 Ω ~ 1 kΩ 的小功率电阻器 R_b。测试时先不接 R_b,即在基极开路的情况下测量集电极和发射极之间的电阻,此时万用表的指示值应为无穷大或接近无穷大位置。如果此时阻值很小甚至接近零,说明被测大功率晶体管穿透电流太大或已击穿损坏,应将其剔除。再将电阻 R_b 接在被测管的基极和集电极之间,此时万用表指针将向右偏转,偏转角度越大,说明被测管的放大能力越强。如果接入 R_b 与不接入 R_b 时比较,万用表指针偏转大小差不多,则说明被测管的放大能力很小,甚至无放大能力,这样的三极管不能使用。

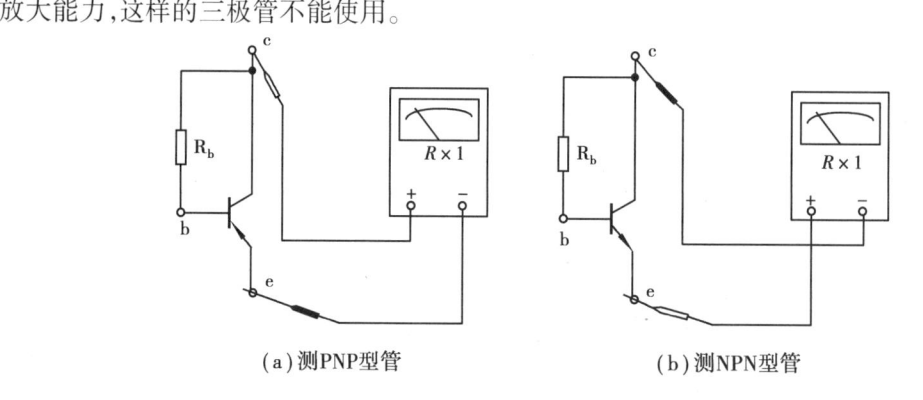

(a)测PNP型管　　　　　　　(b)测NPN型管

图 2.45 检测大功率晶体管的放大能力

(4)检测大功率晶体管的穿透电流 I_{CEO}

大功率晶体管的穿透电流 I_{CEO} 测量电路如图 2.46 所示。图中 12 V 直流电源可采用干电池组或直流稳压电源,其输出电压事先用万用表 DC 50 V 挡测定。进行 I_{CEO} 测量时,将万用表置于 DC 10 mA 挡,电路接通后,万用表指示的电流即为穿透电流 I_{CEO}。

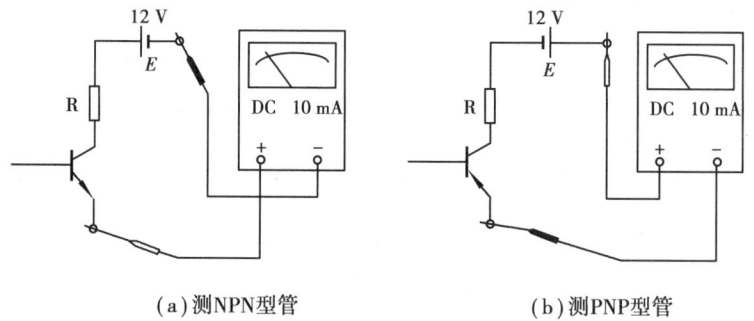

(a)测NPN型管　　　　　　　(b)测PNP型管

图 2.46 大功率晶体管 I_{CEO} 测量电路

(5)测量共发射极直流电流放大系数 h_{FE}

GTR 的 h_{FE} 测量电路如图 2.47 所示。这里要求 12 V 的直流稳压电源额定输出电流大于 600 mA;限流电阻 R 为 20 Ω(±5%),功率 ≥5 W;二极管 VD 选用 2CP 或 2CK 型硅二极管。基极电流用万用表的 DC 100 mA 挡测量。此测量电路能基本上满足的测试条件为 $U_{CE} \approx$ 1.5 ~ 2 V;$I_C \approx 500$ mA。具体操作方法:先不接万用表,按照图 2.47 所示连接好后合上开关

S。再用万用表的红、黑表笔去接触 A、B 端，即可读出基极电流 I_B。于是 h_{FE} 可按照 $h_{FE} = \dfrac{I_C}{I_B}$，

其中，I_B 单位为 mA；I_C 为 500 mA（测试条件）。例如，$I_B = 20$ mA，可计算出 $h_{FE} = \dfrac{500}{20} = 25$。

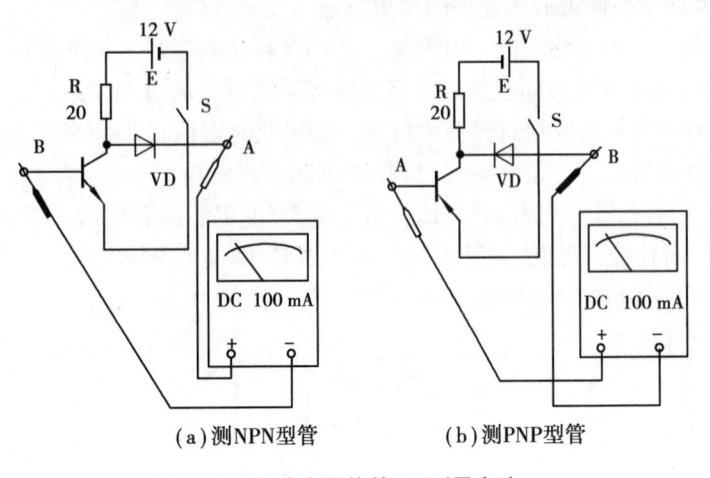

（a）测NPN型管　　　　　　（b）测PNP型管

图2.47　大功率晶体管 h_{FE} 测量电路

（6）测量饱和压降 U_{CES} 及 U_{BES}

大功率晶体管的饱和压降 U_{CES} 及 U_{BES} 测量电路如图2.48所示。图中12 V 直流稳压源额定输出电流最好不小于1 A，至少应≥0.6 A；限流电阻 R_1、R_2 的标称值分别为 20 Ω/5 W、200 Ω/0.25 W，于是电路测试条件为 $I_C \approx 600$ mA，$I_B \approx 60$ mA。具体操作方法：将万用表置于 DC 10 V 挡，测出集电极 c 和发射极 e 之间的电压 U_{CES}，测出基极 b 和发射极 e 之间的电压 U_{BES}。

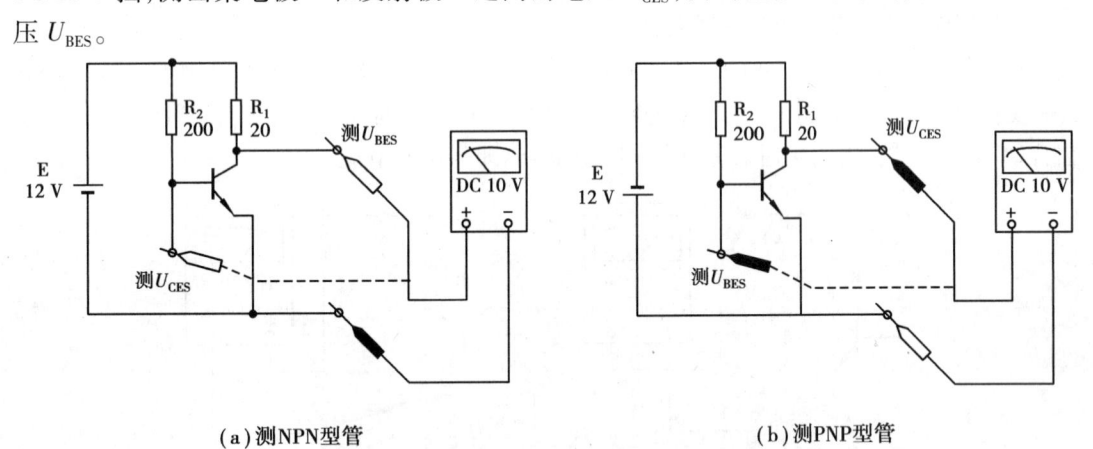

（a）测NPN型管　　　　　　　　　　（b）测PNP型管

图2.48　大功率晶体管 U_{CES} 及 U_{BES} 测量电路

【复习思考】

1. 电力二极管属于哪种类型的控制器件？在电力电子电路中有哪些用途？

2. 晶闸管导通的条件是什么？怎样才能使晶闸管由导通变为关断？

3. 螺栓式与平板式晶闸管拧紧在散热器上，是否拧得越紧越好？

4. 晶闸管夏天工作正常，冬天工作变得不可靠可能是什么原因？冬天工作正常，夏天工

作不正常又可能是什么原因呢?

5. 某一晶闸管接在 220 V 交流电路中,通过晶闸管电流的有效值为 50 A,如何选择晶闸管的额定电压和额定电流?

6. 可用什么样的信号作为晶闸管的门极控制信号?

7. GTO 与普通晶闸管在结构和参数上有何不同?

8. 电力 MOSFET 的开通与关断原理是什么?

9. GTR、MOSFET 和 IGBT 各自的优缺点有哪些?

10. 驱动电路在电力电子系统中有何作用?

11. RC 过电压抑制电路有何作用?

【实践练习】

1. 通过手册或互联网检索下列电力电子器件参数:IRKT(HL)26(晶闸管 IR 公司);BSM200GA120DN2(IGBT 西门子);2SK1020(MOSFET 富士)等。

2. 检索学习驱动器 EXB840 的使用说明。

第**3**章

直流-直流变换电路

【问题导入】

在直流电力拖动系统中,当要求实现直流电动机的调压调速时,需要输出的直流电压可在一定范围内调节控制,即需要电源电路输出可变的直流电压;当要求无论电源电压变化或负载变化,电路的输出电压都能维持恒定不变时,需要输出一个恒定的直流电压,如开关电源。这两种不同的要求均可以通过直流-直流变换电路结合控制原理实现。

直流-直流变换电路(DC-DC Converter)是将一种直流电变换为另一电压固定或电压可变的直流电。按电能的变换方式可分为直接直流-直流变换电路和间接直流-直流变换电路。直接直流变换电路是将一种直流电直接变换为另一固定电压或可调电压的直流电,也称为直流斩波电路(DC Chopper)。间接直流变换电路是在直流输入和输出端之间加入交流环节,也称为直-交-直变换电路,通常采用变压器实现输入与输出间的隔离。

随着生产的需求和技术的发展,直流-直流变换电路的种类有很多,基本的斩波电路有升压斩波电路、降压斩波电路、升降压斩波电路、库克(Cuk)斩波电路等。其中,升压斩波电路和降压斩波电路是最基本的电路。

【学习目标】

1. 掌握降压、升压和升降压3种基本斩波电路的基本结构和工作原理。
2. 掌握降压斩波电路在负载电流连续和断续两种情况下的电路特征。
3. 了解间接直流-直流变换电路的工作原理。
4. 熟悉直流斩波电路的基本应用。

【技能目标】

掌握基本斩波电路的工作原理、波形分析及各参数的计算方法,了解间接直流-直流变换电路的分析方法。熟悉直流-直流变换技术的工程应用。

3.1 直流-直流变换电路的工作原理

直流-直流变换电路利用电力电子开关器件周期性的开通和关断,将直流电源提供的直流电变换成一定频率的脉冲列,再通过滤波电路变成满足负载要求的直流电能。

在分析电路时,为了研究方便,通常将电路中的器件理想化。

①理想开关。所有电力电子元器件都具有理想特性:通态电阻为零、管压降为零、断态电阻为无穷大、漏电流为零,且开通和关断时间瞬间完成,开关损耗均为零。

②理想电源。直流电源是内阻为零的恒压源。

注意:在实际情况中,元器件都不会在理想条件下工作,应引起重视。

最基本的直流-直流变换电路如图3.1(a)所示,图中S表示电力电子开关,R为纯电阻负载,对于纯电阻负载,其电压与电流波形成正比。当开关S闭合,在t_{on}期间,电路中电流i_d流过负载R,负载R两端就有电压u_o;当开关S断开,即在t_{off}时间内处于断开状态时,电路中电流i_d为零,电压u_o为零。直流-直流变换电路负载上的电压电流波形如图3.1(b)所示。

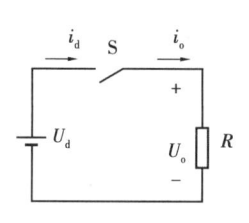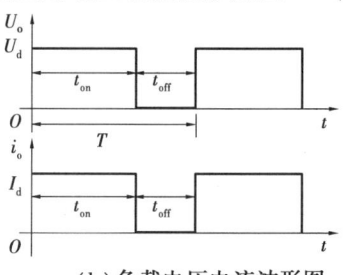

(a)基本斩波电路原理简图　　　　　(b)负载电压电流波形图

图3.1　基本的斩波电路及负载波形

定义上述电路中开关的导通占空比为

$$\alpha = \frac{t_{on}}{T} = \frac{t_{on}}{t_{on} + t_{off}} \tag{3.1}$$

式中,T为开关器件的工作周期;t_{on}为开关器件的导通时间;α为占空比,即$0 \sim 1$变化的系数;t_{off}为开关器件的关断时间。

由图3.1(b)波形图可得到输出电压平均值为

$$U_o = \frac{1}{T}\int_0^T u_d dt = \frac{t_{on}}{T}U_d = \alpha U_d \tag{3.2}$$

式中,U_d为输入直流电压,由式(3.2)可知,改变占空比α的值就可以改变输出电压平均值的大小。而占空比α的改变可以通过改变导通时间t_{on}或工作周期T来实现。

根据对输出电压调制的方式不同,斩波电路控制方式有3种:

①脉冲宽度调制(Pulse Width Modulation,PWM)方式:保持开关周期T不变,控制开关导通时间t_{on}。

②频率调制方式:保持开关导通时间t_{on}不变,改变开关周期T,又称为调频型。

③混合型:开关导通时间t_{on}和周期T都可以调,使占空比改变。

3.2　基本斩波电路

基本斩波电路包括降压斩波电路、升压斩波电路、升降压斩波电路、库克斩波电路等。本节重点介绍降压斩波电路和升压斩波电路。

3.2.1 降压斩波电路

降压斩波电路(Buck Chopper)是一种输出电压平均值低于输入电压平均值的直流-直流变换电路,又称为 Buck 型变换器。

降压斩波电路的基本原理图如图 3.2 所示。此电路使用的是全控型器件,图中使用的是IGBT,也可使用其他全控型器件。

斩波电路主要用于电子电路的供电电源,也可拖动直流电动机或带蓄电池负载等。因为电动机或者蓄电池都会出现反电势的情况,所以图 3.2 中的负载采用带反电势的负载,用 E_m 表示。若负载中无反电势只需令 $E_m = 0$ 即可。

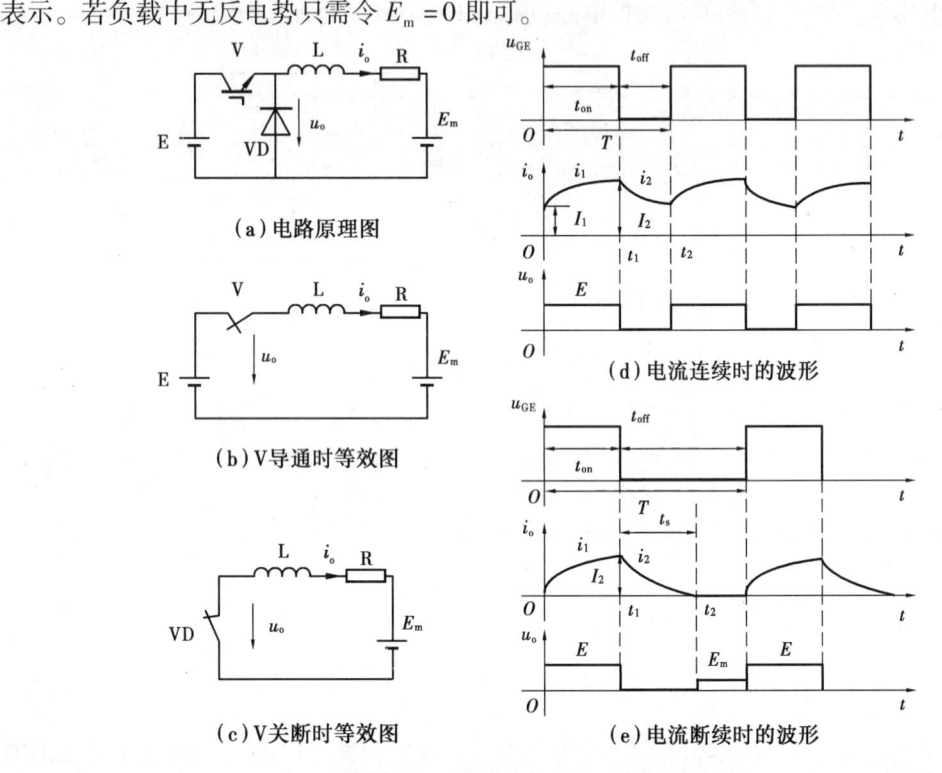

（a）电路原理图

（b）V导通时等效图

（c）V关断时等效图

（d）电流连续时的波形

（e）电流断续时的波形

图 3.2 降压斩波电路原理图及波形图

①时间 t 在 $0 \sim t_1$ 期间,栅射电压 u_{GE} 为高电平,如图 3.2(d)所示。驱动器件 V 导通,二极管 VD 承受反向电压截止。电路等效图如图 3.2(b)所示,电源 E 向负载供电,负载电压 $u_o = E$,由于电感有阻碍电流变换作用,使得流过电感的电流不能突变,负载电流 i_o 按指数曲线上升,负载电压电流波形如图 3.2(d)所示。

②时间 t 在 $t_1 \sim t_2$ 期间,器件 V 关断,电路等效图如图 3.2(c)所示。由于电感中电流不能突变,负载电流经二极管 VD 续流,故二极管 VD 又称续流二极管。此时负载电压 u_o 为 VD 导通时两端管压降,近似为零,负载电流成指数曲线下降。为了使负载电流连续,通常使串联的电感 L 值较大。

③当 $t = t_2$ 时,一个周期 T 结束,再驱动器件 V 导通,重复上一周期的工作。当电路工作于稳态时,负载电流在一个周期中的初始值和终值相等。负载电压的平均值为

$$U_o = \frac{t_{on}}{t_{on} + t_{off}}E = \frac{t_{on}}{T}E = \alpha E \tag{3.3}$$

式中，T 为开关器件的工作周期；t_{on} 为开关器件的导通时间；t_{off} 为开关器件的关断时间；α 为占空比。

由式(3.3)可知，输出到负载的电压平均值 U_o 大小随占空比 α 的变化而变化，当 α 为零时，输出电压最小为零；当 α 为 1 时，输出最大为电源电压 E。该电路称为降压斩波电路，又称 Buck 变换器(Buck Converter)。

负载电流的平均值为

$$I_o = \frac{U_o - E_m}{R} \tag{3.4}$$

若负载中电感 L 值较小，电路波形如图 3.2(e)所示。在 V 关断后，到了 t_2 时，电感中能量释放完，电流降低到零，电流出现断续的情况，续流二极管 VD 即关断，负载两端电压等于反电势 E_m。由图 3.2(d)、图 3.2(e)可知，电流断续时，由于反电势 E_m 的存在，负载电压平均值会被抬高。由于电流断续时间的长短不仅跟器件通断时间有关，更与电感值的大小有关，不容易控制，因此，一般不希望出现电流断续的情况。

在此对降压斩波电路的电流连续情况进行分析。

在器件 V 处于通态时，设负载电流为 i_1，则根据基尔霍夫电压定律有

$$L\frac{di_1}{dt} + Ri_1 + E_m = E$$

设电流的初始值为 I_1，负载常数 $\tau = \dfrac{L}{R}$，则

$$i_1 = I_1 e^{-\frac{t}{\tau}} + \frac{E - E_m}{R}\left(1 - e^{-\frac{t}{\tau}}\right) \tag{3.5}$$

在器件 V 处于断态时，设负载电流为 i_2，则

$$L\frac{di_2}{dt} + Ri_2 + E_m = 0$$

设此阶段电流的初始值为 I_2，则

$$i_2 = I_2 e^{-\frac{t - t_{on}}{\tau}} - \frac{E_m}{R}\left(1 - e^{-\frac{t - t_{on}}{\tau}}\right) \tag{3.6}$$

当电流连续时，V 在断态时的初始值就是通态时的终值；反之，V 在通态时的初始值就是断态时的终值，则有

$$I_1 = i_2(T) \tag{3.7}$$

$$I_2 = i_1(t_1) \tag{3.8}$$

由式(3.5)—式(3.8)得出负载电流瞬时值的最小值 I_1 和 I_2 的表达式为

$$I_1 = \left(\frac{e^{\frac{t_1}{\tau}} - 1}{e^{\frac{T}{\tau}} - 1}\right)\frac{E}{R} - \frac{E_m}{R}$$

$$I_2 = \left(\frac{1 - e^{-\frac{t_1}{\tau}}}{1 - e^{-\frac{T}{\tau}}}\right)\frac{E}{R} - \frac{E_m}{R}$$

将上两式用泰勒级数近似，则有

$$I_1 \approx I_2 \approx \frac{\alpha E - E_m}{R} = I_o$$

上式说明电感 L 无穷大时,负载电流的最大值、最小值相等,都等于负载电流的平均值,即当电感值极大时,负载电流几乎为幅值为 I_o 的一条水平线。

假设负载中电感值较小,则有可能出现电流断续的情况。因为电流断续时有 $I_1 = 0$,且当 $t = t_{on} + t_s$ 时,$i_2 = 0$,利用式(3.5)和式(3.6)可求出 t_s 为

$$t_s = \tau \ln \left[\frac{1 - \left(1 - \dfrac{E_m}{E}\right)e^{-\frac{\alpha T}{\tau}}}{\dfrac{E_m}{E}} \right]$$

当电流断续时,$t_s < t_{off}$,故可得电流断续的条件为

$$\frac{E_m}{E} > \frac{e^{\frac{\alpha T}{\tau}} - 1}{e^{\frac{T}{\tau}} - 1} \qquad (3.9)$$

根据此式可对电路的工作状态作出判断。也可通过能量传递关系对降压斩波电路进行解析。当电感 L 为无穷大,负载电流几乎为一条水平线,即维持 I_o 不变。电源只在器件 V 处于通态时提供能量,即为 $EI_o t_{on}$。从负载上看,在整个周期 T 上负载一直在消耗能量,消耗的能量为 $(RI_o^2 T + E_m I_o T)$。在一个周期中,忽略电路中和器件的损耗,则电源提供的能量与消耗的能量相等,即

$$EI_o t_{on} = RI_o^2 T + E_m I_o T \qquad (3.10)$$

可推出,负载电流的平均值为

$$I_o = \frac{\alpha E - E_m}{R} \qquad (3.11)$$

与式(3.4)结论一致。

在这种情况下,假设电源电流平均值为 I_d,则有

$$I_d = \frac{t_{on}}{T} I_o = \alpha I_o \qquad (3.12)$$

将式(3.12)左右两端同乘以电源电压 E,则

$$EI_d = \alpha EI_o = U_o I_o$$

即输出功率等于输入功率,可将降压斩波电路看作直流降压变压器。

例 3.1 在图 3.2(a)所示的降压斩波电路中,已知电源电压 $E = 100$ V,$R = 10$ Ω,电感 L 值极大,反电势 $E_m = 20$ V,$T = 50$ μs,$t_{on} = 30$ μs,计算占空比,输出电压平均值 U_o,输出电流平均值 I_o。

解:占空比:

$$\alpha = \frac{t_{on}}{T} = \frac{30}{50} = \frac{3}{5}$$

由于 L 值极大,负载电流连续,故输出电压平均值为

$$U_o = \frac{t_{on}}{T}E = \alpha E = \frac{3}{5} \times 100 \text{ V} = 60 \text{ V}$$

输出电流平均值为

$$I_o = \frac{U_o - E_m}{R} = \frac{60 - 20}{10} \text{A} = 4 \text{ A}$$

3.2.2 升压斩波电路

升压斩波电路(Boost Chopper)是一种输出电压平均值高于输入电压平均值的直流-直流

变换电路,又称为 Boost 型变换器。

升压斩波电路的原理图及工作波形如图 3.3 所示,电路中器件 V 也是使用的全控型器件 IGBT,VD 为二极管,电感 L 在输入端,是升压电感。

在理想条件下,假设电路中电感 L 值很大,电容 C 值也很大。

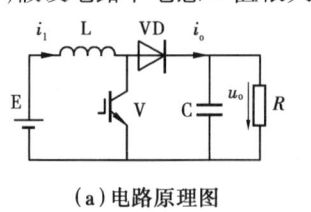

（a）电路原理图

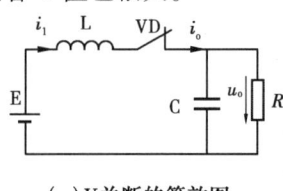

（c）V 关断的等效图

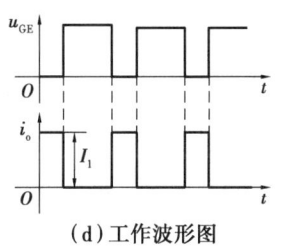

（b）V 导通的等效图　　　　　（d）工作波形图

图 3.3　升压斩波电路原理图及工作波形

当开关 V 在驱动信号下导通时,其等效原理图如图 3.3(b)所示,一方面,电源 E 向电感 L 充电储存能量,充电电流为 i_1,基本恒定为 I_1;另一方面,电容 C 上的电压向负载 R 供电,因为电容 C 值很大,基本保持输出电压 u_o 为恒值。在 V 处于通态的 t_{on} 时间内,电感上储存的能量为 $EI_1 t_{on}$。

当开关 V 处于断态时,其等效原理图如图 3.3(c)所示,二极管 VD 导通,由于电感中电流不能突变,产生的感应电动势阻止电流减小,此时电感 L 和电源 E 共同经 VD 给电容 C 充电,同时也向负载 R 提供能量。在 V 处于断态的时间内,电感 L 释放的能量为 $(U_o - E)I_1 t_{off}$。当电路处于稳定工作状态时,一个周期 T 中电感 L 储存的能量与释放的能量相等,即

$$EI_1 t_{on} = (U_o - E)I_1 t_{off} \tag{3.13}$$

化简得

$$U_o = \frac{t_{on} + t_{off}}{t_{off}}E = \frac{T}{t_{off}}E = \frac{1}{1 - \alpha}E \tag{3.14}$$

式中,$\frac{T}{t_{off}} \geq 1$,即输出电压高于电源电压。此电路称为升压斩波电路,又称为 Boost 变换器 (Boost Converter)。

升压斩波电路之所以能使输出电压高于电源电压,主要有两个原因:

① 电感 L 储能,使提供给负载的电压得以升高。

② 电容 C 可将输出电压保持住,在器件 V 通态时,提供能量给负载。

在分析电路时,认为电容 C 值很大,实际中电容 C 值不可能无穷大,其向负载放电,输出电压 U_o 将会降低,即实际输出电压是略低于式(3.14)理论结果的,但当电容值足够大时,误差很小,几乎可以忽略。

例 3.2　在图 3.3(a)所示的升压斩波电路中,已知电源电压 E = 100 V,R = 10 Ω,电感 L

值和电容 C 值极大,$T = 50 \ \mu s$,$t_{on} = 30 \ \mu s$,计算占空比,输出电压平均值 U_o,输出电流平均值 I_o。

解:占空比

$$\alpha = \frac{t_{on}}{T} = \frac{30}{50} = \frac{3}{5}$$

输出电压平均值为

$$U_o = \frac{T}{t_{off}}E = \frac{1}{1-\alpha}E = \frac{1}{1-\frac{3}{5}} \times 100 \ \text{V} = 250 \ \text{V}$$

输出电流平均值为

$$I_o = \frac{U_o}{R} = \frac{250}{10}\text{A} = 25 \ \text{A}$$

3.2.3 升降压斩波电路

升降压斩波电路(Buck-Boost Chopper)是一种输出电压平均值可大于也可小于输入电压平均值的直流-直流变换电路,其输出电压与输入电压极性相反,又称为 Buck-Boost 型变换器。

升降压斩波电路的原理图如图 3.4 所示,它主要用于要求输出与输入电压反相,其值可大于或小于输入电压的直流稳压电源。设电路中电感 L 值和电容 C 值很大,则流过电感的电流 i_L 基本上为恒值 I_L,电容电压基本为恒值。

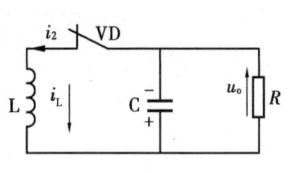

（a）电路原理图　　　　（c）V处于断态的等效图

（b）V处于通态的等效图　　　（d）工作波形图

图 3.4　升降压斩波电路原理图及工作波形

在升降压斩波电路中,随着开关 V 的通断,能量首先储存在电感 L 中,再由电感向负载释放能量。

当开关 V 处于通态时,即在 t_{on} 期间,直流电源 E 经器件 V 向电感 L 提供能量,此时电流为 i_1。同时,滤波电容 C 中的储能向负载 R 提供,其等效电路图如图 3.4(b)所示。

当开关 V 处于断态时,即在 t_{off} 期间,电感中储存的能量向电容 C 充电,并给负载 R 提供能量,其等效电路图如图 3.4(c)所示。可见,负载电压极性为上负下正,与电源极性相反,该电路也称为反极性斩波电路。

在此从能量的角度分析输出电压的大小。当电路处于稳定工作状态时,一个周期 T 内电感 L 储存的能量和释放的能量相等。当 V 处于通态时,$u_L = E$,电感中储存的能量为 EI_Lt_{on};而

当 V 处于断态期间，$u_L = -u_o$，电感释放的能量为 $U_o I_L t_{off}$，则有

$$EI_L t_{on} = U_o I_L t_{off}$$

故输出电压为

$$U_o = \frac{t_{on}}{t_{off}}E = \frac{t_{on}}{T - t_{on}}E = \frac{\alpha}{1 - \alpha}E \tag{3.15}$$

改变占空比 α 即可改变输出电压的大小，从式(3.15)可知，输出电压既可以比电源电压高，又可以比电源电压低。当 $0 < \alpha < \frac{1}{2}$ 时，该电路相当于降压斩波电路，当 $\frac{1}{2} < \alpha < 1$ 时，该电路相当于升压斩波电路。

升降压斩波电路的缺点是输入电流总是不连续的，流过二极管的电流也是不连续的，这对供电电源和负载都不利。为了减少对电源和负载的影响，即减少电磁干扰，要求在输入输出端增加低通滤波器。

3.2.4　库克斩波电路

前面几种斩波电路都具有直流电压变换功能，但在电流不连续情况下，电路输入输出端的电流是脉动的，会使电路的变换效率变低。为了克服上述缺点，美国加州理工学院的 Cuk 提出了库克斩波器，又称 Cuk 变换器。

库克斩波电路属于升降压斩波电路，如图 3.5(a)所示，图中电感 L_1 和 L_2 为储能电感，VD 是快恢复续流二极管，C 是传递能量的电容。这种电路的特点是，输出电压与输入电压极性相反，输出直流电压平稳，降低了对外部滤波器的要求。

当 V 处于通态时，等效电路图如图 3.5(b)所示，电容 C 上的电压使二极管 VD 反向截止，电流路径为 E→L_1→V 回路和 R→L_2→C→V 回路。当 V 处于断态时，等效电路图如图 3.5(c)所示，电流路径为 E→L_1→C→VD 回路和 R→L_2→VD 回路，输出电压与电源电压极性相反。

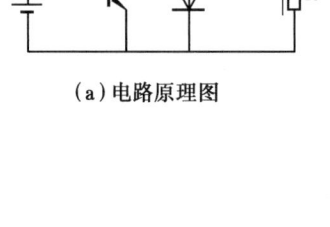

（a）电路原理图　　　　　（c）V处于断态的等效图

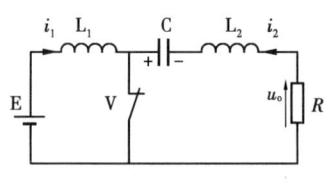

（b）V处于通态的等效图　　　（d）工作波形图

图3.5　库克电路及其工作波形

通过上述分析可知,在整个周期 T 中,电容 C 从输入端向输出端传递能量,只要 L_1、L_2 和 C 足够大,则可保证输入输出电流是平稳的,即在忽略所有元件损耗时,电容 C 电压基本不变,而电感 L_1 和 L_2 上的电压在一个周期内的积分都等于零。

对于电感 L_1 有

$$\int_0^{t_{on}} u_{L_1} dt + \int_{t_{on}}^T u'_{L_1} dt = 0 \tag{3.16}$$

根据图 3.5(b)、图 3.5(c)所示,在 t_{on} 期间,$u_{L_1} = E$;在 t_{off} 期间,$u'_{L_1} = E - U_C$。又 $t_{on} = \alpha T$,$t_{off} = (1-\alpha)T$,则式(3.16)可变为

$$E\alpha T + (E - U_C)(1-\alpha)T = 0$$

化简得

$$U_C = \frac{1}{1-\alpha}E \tag{3.17}$$

对于电感 L_2 有

$$\int_0^{t_{on}} u_{L_2} dt + \int_{t_{on}}^T u'_{L_2} dt = 0 \tag{3.18}$$

根据图 3.5(b)、图 3.5(c)所示,在 t_{on} 期间,$u_{L_2} = U_C - U_o$;在 t_{off} 期间,$u'_{L_2} = -U_o$,则式(3.18)可变为

$$(U_C - U_o)\alpha T + (-U_o)(1-\alpha)T = 0$$

化简得

$$U_C = \frac{1}{\alpha}U_o \tag{3.19}$$

由式(3.17)和式(3.19)可得

$$U_o = \frac{\alpha}{1-\alpha}E \tag{3.20}$$

当 $\alpha = 0.5$ 时,$U_o = E$;当 $0 \le \alpha < 0.5$ 时,$U_o < E$,为降压变换;当 $0.5 < \alpha < 1$ 时,$U_o > E$,为升压变换。

在不计器件损耗时,输出功率等于输入功率。

基本斩波电路有很多种,除了介绍的上述 4 种外,还有 Sepic 斩波电路、Zeta 斩波电路等。基本斩波电路的组合可以有多种形式,不同结构的基本斩波电路可以组合成复合斩波电路;相同结构的基本斩波电路可以组合成多相多重斩波电路,在此不一一详细介绍。

3.3 间接直流-直流变换电路

间接直流-直流变换电路即是在基本的斩波电路中引入隔离变压器,可以使变换器的供电电源与负载之间实现电气隔离,提高变换器运行的安全可靠性和电磁兼容性。当某些应用中需要相互隔离的多路输出,或者输出电压与输入电压的比例远小于 1 或远大于 1 时,都会采用这种结构较为复杂的电路来完成直流-直流的变换。间接直流-直流变换电路又称为带隔离的直流-直流变换电路或直-交-直变换电路。

间接直流-直流变换电路有很多种。如果变换器中变压器只需一个电力电子开关器件,

变压器的磁通只在单方向变化,则称为单端变换器,仅用于小功率电源变换电路;采用两个或4个电力电子开关器件时,变压器的磁通可在正反两个方向变化,称为双端变换器,这种变换器的铁芯利用率高,铁芯体积小。如果开关导通时电源将能量直接传送给负载则称为正激变换电路(Forward Converter);如果开关导通时电源将电能转为磁能存储在电感中,开关关断时再将磁能变为电能传送到负载则称为反激变换电路(Flyback Converter)。

间接直流-直流变换电路主要用于电子仪器的电源部分、电力电子系统的控制电源、计算机电源、通信电源等领域。

3.3.1　正激变换电路

典型的正激变换电路如图3.6(a)所示,图中S代表电力电子开关器件,VD_1 和 VD_2 是高频二极管,VD_3 是续流二极管,T是隔离变压器。

如图3.6所示,开关S闭合后,变压器T一次绕组 N_1 中随着电流的增加在其两端产生上正下负的电压,同时将能量传递到二次绕组,根据变压器对应端的感应电压极性,二次绕组 N_2 两端也产生上正下负的电压,二极管 VD_1 导通,VD_2 反向截止,电感L中的电流 i_L 逐渐增大,同时提供给负载;当开关S断开后,电感L通过 VD_2 续流,VD_1 关断,电流 i_L 逐渐减小,储存在电感L中的能量提供电流给负载。

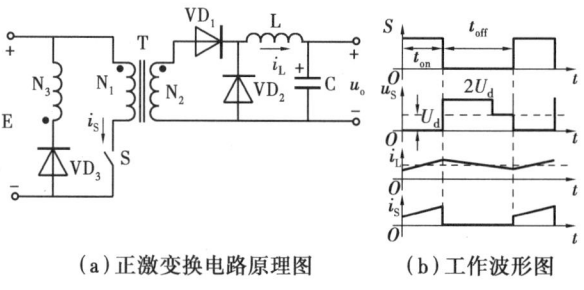

(a)正激变换电路原理图　　　　(b)工作波形图

图3.6　正激变换电路与工作波形

在正激变换电路中值得注意的是变压器在工作中的磁芯复位问题。在开关S闭合的 t_{on} 时间内,变压器的励磁电流由零开始增加,且随着时间的增加线性增长;在 t_{off} 时间内开关S关断,到下次再导通时必须使励磁电流下降到零,否则,在下一个开关周期中,励磁电流将在本周期结束时的剩余值基础上继续增加,并在以后的开关周期中不断累积,最后使变压器磁芯饱和,磁芯饱和后其中的电流迅速增大而损坏电路中的开关元件。

在S关断后,励磁电流降回零的过程称为磁芯复位。在电路中设置了变压器的第三绕组 N_3,称为箝位(或回馈)绕组,其匝数与一次绕组 N_1 相同。从开关S关断后,变压器励磁电流通过绕组 N_3 和二极管 VD_3 流回电源,并逐渐线性下降到零,从S关断到绕组 N_3 的电流下降到零所需的时间 t_r 见式(3.22),S处于断态时间必须大于 t_r,以保证励磁电流下降到零使磁芯复位。

开关S关断后其两端承受的电压为

$$u_s = E - U_{N_1} = E + \frac{N_1}{N_3}E = \left(1 + \frac{N_1}{N_3}\right)E \tag{3.21}$$

式中,U_{N_1} 为绕组 N_1 两端的感应电压;N_1、N_3 为绕组 N_1、N_3 的匝数。

$$t_r = \frac{N_3}{N_1} t_{on} \tag{3.22}$$

在输出滤波电感电流连续的情况下,即 S 开通时电感 L 的电流不为零,电路的输出电压为

$$U_o = \frac{N_2}{N_1} \alpha E \tag{3.23}$$

其中,α 为占空比,显然,输出电压仅决定于变压器的变比、占空比和输入电源电压。

如果输出滤波电感电流不连续,电路的输出电压将高于式(3.23)中的计算值,并随负载的减小而升高,在负载为零的极限情况下,有

$$U_o = \frac{N_2}{N_1} E$$

正激电路除了本节介绍的典型电路外,还有其他形式。正激变换电路的优点是:电路简单,成本低,可靠性高,驱动电路简单;缺点是:变压器单向励磁,利用率低。正激变换电路主要适用于输出功率范围较大(几百瓦至几千瓦)的场合,广泛应用在通信电源、各种中小功率电源中。

3.3.2 反激变换电路

典型的反激变换电路如图 3.7(a)所示,图中 S 代表电力电子开关器件,VD 是高频二极管,T 是隔离变压器。

当开关 S 闭合时,输入电源电压 E 加到变压器 T 一次绕组 N_1 上,变压器储存能量。根据变压器同名端的极性,可知变压器二次绕组 N_2 上的感应电动势为下正上负,二极管 VD 截止,二次绕组 N_2 中没有电流流过。

当开关 S 关断时,变压器二次绕组 N_2 中的感应电动势极性为上正下负,二极管 VD 导通,在 S 闭合期间储存在变压器中的能量通过 VD 向负载释放。

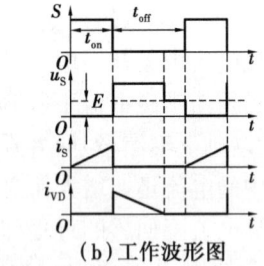

(a)反激变换电路原理图　　　(b)工作波形图

图 3.7　反激变换电路与工作波形

在上述工作过程中,变压器起着储存能量的作用,在开关 S 关断时,其两端承受的电压为

$$u_s = E + U_{N_1} = E + \frac{N_1}{N_2} U_o \tag{3.24}$$

反激电路有电流连续和电流断续两种工作模式:

①S 开通时,变压器二次绕组 N_2 中电流尚未下降到零,则称工作于电流连续模式。

②S 开通前,二次绕组 N_2 中的电流已经下降到零,则称工作于电流断续模式。

当工作于电流连续模式时

$$U_{\text{o}} = \frac{N_2}{N_1} \frac{t_{\text{on}}}{t_{\text{off}}} E \tag{3.25}$$

当电路工作在断续模式时,输出电压高于式(3.25)的计算值,并随负载减小而升高,在负载为零的极限情况下,$U_{\text{o}} \to \infty$,这将损坏电路中的元器件,因此,反激电路不应工作于负载开路状态。

反激式电路的优缺点和正激变换电路几乎相同,但反激式变换电路难以达到较大的功率。反激式电路广泛应用于几百瓦以下的小功率电子设备、计算机设备、消费电子设备的电源中。

3.3.3　推挽式变换电路

推挽式变换电路实际上就是由两个正激式变换电路组成的,只是它们工作的相位相反。在每个周期中,两个开关管交替导通和截止,在各自导通的半个周期内,分别将能量传递给负载,故称为“推挽”变换电路。

基本的推挽变换电路如图3.8所示,工作波形图如图3.9所示。当开关S_1闭合,S_2断开时,在一次绕组N_1中建立磁化电流,此时二次绕组N_2上的感应电压使二极管VD_1导通,将能量传递给负载。

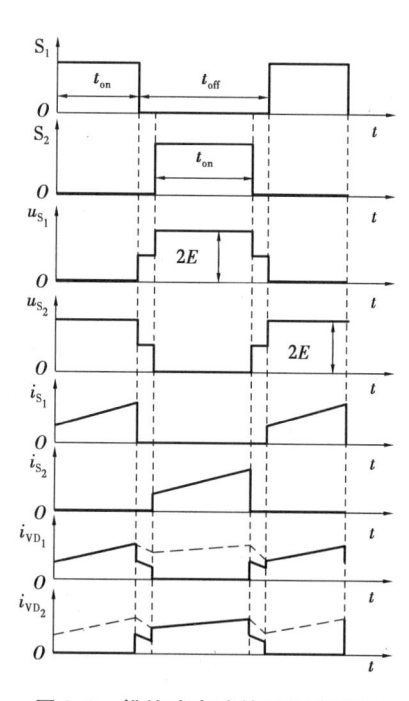

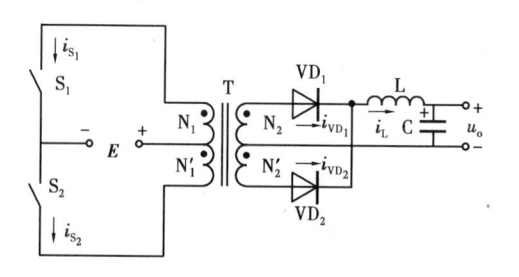

图 3.8　推挽式变换电路　　　　图 3.9　推挽式电路的工作波形图

当开关S_2闭合,S_1断开时,在一次绕组N_1'中建立磁化电流,此时二次绕组N_2'上的感应电压使二极管VD_2导通,向负载提供能量。

在开关S_1闭合,S_2关断时,忽略开关管的管压降,加在N_1绕组上的电压为E,由于N_1绕组和N_1'绕组的匝数相等,在N_1'上感应出极性上负下正大小为E的电压,开关管S_2所承受的电压为$2E$;同理,在S_1关断时,其所承受的电压也为$2E$。

当两个开关都关断时,二极管VD_1和VD_2都处于导通状态,各分担一半的电流。S_1或S_2导通时电感L中的电流逐渐上升,两个开关都关断时,电感中的电流逐渐降低。

当两个开关同时闭合时,相当于变压器一次绕组短路,因此,应避免两个电力电子开关器件同时导通的现象。

当滤波电感 L 的电流连续时,输出电压为

$$U_o = \frac{N_2}{N_1} \frac{2t_{on}}{T} E \qquad (3.26)$$

如果输出电感电流不连续,输出电压将高于式(3.26)的计算值,并随负载减小而升高,在负载为零的极限情况下

$$U_o = \frac{N_2}{N_1} E$$

推挽式电路的优点是变压器双向励磁,驱动简单,适用于几百瓦至几千瓦的低输入电压的电源中。

3.3.4 半桥式变换电路

半桥式变换电路由电力电子开关器件 S_1、S_2,二极管 VD_1、VD_2,容量相等的两个输入电容 C_1、C_2 以及高频变压器 T 等元件组成,如图 3.10 所示。

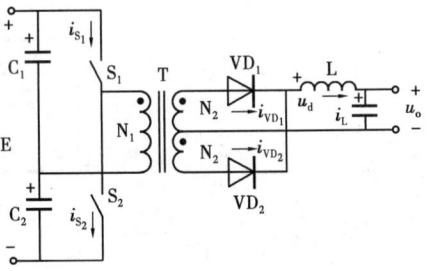

图 3.10 半桥式变换电路原理图

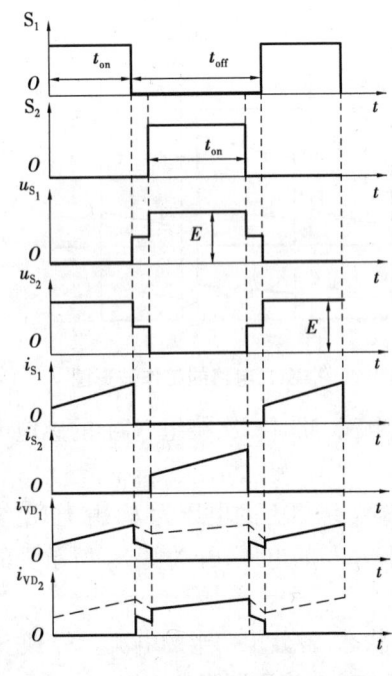

图 3.11 半桥式变换电路的工作波形

在半桥式变换电路中,变压器一次绕组的两端分别接在电容 C_1、C_2 的中点和开关 S_1、S_2 的中点。电容 C_1、C_2 的中点电压为 $\frac{E}{2}$。如图 3.11 工作波形图所示,开关 S_1 和 S_2 交替导通,使变压器一次侧形成幅值为 $\frac{E}{2}$ 的交流电压。改变开关的占空比,可改变变压器二次侧整流电压 u_d 的平均值,即改变了输出电压 U_o。

当开关 S_1 闭合,S_2 关断时,电容 C_1 将通过高频变压器 T 的一次绕组 N_1 放电,同时对电容 C_2 充电,在一次绕组 N_1 中建立磁化电流,此时二次绕组 N_2 上的感应电压使 VD_1 导通,向负载传递能量。

在开关 S_1 和 S_2 都关断时,变压器一次绕组 N_1 中电流为零,根据变压器磁动势平衡方程,变压器的两个二次绕组中的电流大小相等、方向相反,二极管 VD_1 和 VD_2 都导通,各分担一半的电流。

当开关 S_1 关断,S_2 闭合时,电容 C_1 充电,电容 C_2 放电,二极管 VD_2 导通。

　　根据以上分析可知:开关 S_1 或 S_2 其中一个闭合时,电感 L 中的电流逐渐上升;两个开关都关断时,电感 L 中电流逐渐下降。开关 S_1 和 S_2 关断时承受的峰值电压均为 E。半桥式变换电路的工作电压电流波形如图 3.11 所示。

　　注意:为了防止两个开关同时导通形成短路损坏开关,每个开关占空比不能超过 50%,还要留有裕量。

　　在滤波电感 L 中的电流连续的情况下,输出电压为

$$U_o = \frac{N_2}{N_1} \frac{t_{on}}{T} E \qquad (3.27)$$

　　当滤波电感 L 中的电流不连续时,输出电压将高于式(3.27)的计算值,并随负载较小而升高,在负载为零的极限情况下,输出电压为

$$U_o = \frac{N_2}{N_1} \frac{E}{2} \qquad (3.28)$$

　　半桥式变换电路的优点是:在前半个周期内流过变压器的电流与后半个周期流过的电流大小相等、方向相反,变压器的磁芯工作在磁滞回线的两端,磁芯得到充分利用;由于电容的充放电作用,会抑制由于开关导通时间长短不同而造成磁芯偏磁的现象;变压器双向励磁,开关较少,成本低。缺点是:可靠性低,需要复杂的隔离驱动电路。半桥式变换电路适用于数百瓦至数千瓦的低输入电压的电源中。

3.3.5　全桥式变换电路

　　将半桥式电路中的两个电容换成两个电力电子开关器件,即可组成如图 3.12 所示的全桥式变换电路。全桥电路工作波形如图 3.13 所示,开关 S_1 和 S_4 导通状况相同,S_2 和 S_3 导通状况相同,而且两组开关信号互为反相。

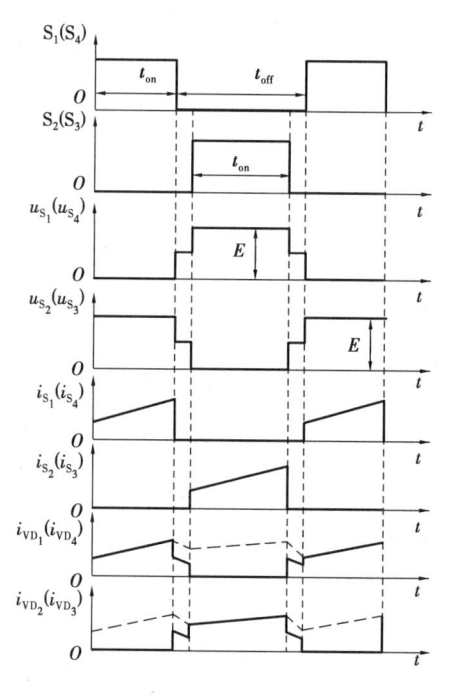

图 3.13　全桥式变换电路的工作波形

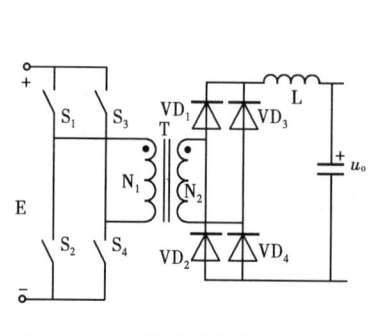

图 3.12　全桥式变换电路原理图

57

当开关 S_1 和 S_4 闭合，S_2 和 S_3 断开时，变压器一次侧绕组 N_1 中建立磁化电流，此时变压器二次绕组 N_2 上的感应电动势使二极管 VD_1 和 VD_4 导通，电感 L 中的电流逐渐上升，向负载传递能量。

当 4 个开关都关断时，二次侧 4 个二极管均导通，各承担一半的电感电流，流过电感 L 中的电流逐渐下降。

当开关 S_1 和 S_4 断开，S_2 和 S_3 闭合时，变压器一次侧绕组 N_1 中建立磁化电流，此时变压器二次绕组 N_2 上的感应电动势使二极管 VD_2 和 VD_3 导通，电感 L 中的电流逐渐上升，向负载传递能量。

由以上工作过程可知，互为对角的两个开关同时导通，同一侧半桥上下两开关交替导通，变压器一次侧两端的电压是交流电压，改变占空比可以改变输出电压。

当滤波电感 L 上的电流连续时，输出电压为

$$U_o = \frac{N_2}{N_1} \frac{2t_{on}}{T} E \qquad (3.29)$$

当滤波电感 L 中的电流不连续时，输出电压将高于式(3.29)的计算值，并随负载较小而升高，在负载为零的极限情况下，输出电压为

$$U_o = \frac{N_2}{N_1} E \qquad (3.30)$$

注意：如果开关 S_1、S_4 和 S_2、S_3 的导通时间不对称，则变压器一次侧交流电压中含有直流成分，很大的直流分量会造成磁路饱和，应避免电压直流分量的产生。可以在一次回路中串一电容，阻断直流电流。为了避免同一侧半桥中上下两个开关同时导通，每个开关占空比应不超过 50%，并留有一定的裕量。

全桥式变换电路的优点是：变压器双向励磁，容易达到大功率。缺点是：结构复杂，成本高，有直通问题，可靠性低，需要复杂的隔离驱动电路。全桥式变换电路适用于数百瓦至数百千瓦的场合，在大功率工业用电源、焊接电源、电解电源中都有应用。

3.4 直流-直流变换电路的应用

直流-直流变换电路早期主要应用于城市电车、地铁、电动汽车等直流牵引调速控制系统中。随着自关断电力电子开关器件和脉宽调制(Pulse Width Modulation，PWM)技术的不断发展，直流斩波器具有效率高、体积小、质量小、成本低等显著优点，广泛应用于开关电源、有源功率因数校正、超导储能等新技术领域。

在大多中小容量的直流调速控制系统中，一般采用调节直流电动机电枢电压达到调速目的。当电力拖动系统电源由电网交流电供电时，常用的调速方案有两种：一是采用可控整流电路得到可以调节的直流电压供给直流电动机；二是用不可控整流电路得到恒定的直流电压，再通过直流斩波的方式进行调压。整流电路的工作原理将在第 5 章介绍。当供电电源为不可调的直流电源时，可以用直接直流-直流变换电路进行调压。

3.4.1 降压斩波电路供电的直流调压调速

降压斩波电路的电源端接不可调的直流电源 E，如电池组，负载端接直流电动机，构成简

单的直流调压调速系统,如图 3.14 所示。

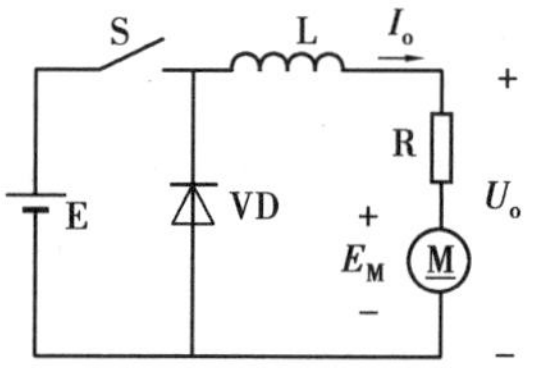

在图 3.14 中电子开关 S、续流二极管 VD、电感 L 组成降压型斩波电路,电路原理图中没有加起滤波作用的电容。因为电动机两端的电压 U_o 基本上等于电动机的感应电动势 E_M,而感应电动势正比于电动机的转速 n,电动机的转子部分有很大的惯性,机械时间常数比斩波器电子开关的工作周期要大得多,在若干个斩波周期中转速不会产生明显的变化,因此,转子的惯性本身就有良好的

图 3.14　降压直流调速系统

滤波作用,不必再加滤波电容。在图 3.14 中,电感 L 包含了直流电动机的电枢电感和斩波电流的电感,在实际电路中是否需要外接电感,需要根据具体情况而定。电动机的电枢回路相当于电感、电阻和感应电动势的串联电路。如果 α 为占空比,斩波电路的输出电压 U_o 应满足

$$U_o = \alpha E \tag{3.31}$$

由图 3.14 可以得出电动机的电枢电流 I_o 为

$$I_o = \frac{U_o - E_M}{R} \tag{3.32}$$

而 $E_M = C_e \Phi n$,故电动机的转速为

$$n = \frac{E_M}{C_e \Phi} = \frac{U_o - I_o R}{C_e \Phi} \tag{3.33}$$

其中,Ce 为电动势常数,磁通 Φ 保持不变,忽略电枢回路电阻 R,则

$$n \approx \frac{U_o}{C_e \Phi} = \frac{\alpha E}{C_e \Phi} \tag{3.34}$$

由式(3.34)可知,当电源电压 E、励磁磁通 Φ 不变时,调节占空比 α 即可调节电动机的转速。但由于占空比 α 小于 1,因此,这种调速只能在额定转速以下进行,并且不能控制电动机的电气制动。

电动机的电磁转矩为

$$T_e = C_T \Phi I_o \tag{3.35}$$

其中,C_T 为转矩常数。

如果电流可以反向流过,由式(3.35)可知,电磁转矩反向,形成制动转矩,可以实现电动机的制动运行。

3.4.2　电流可逆斩波电路供电的直流调压调速

由于直流电动机通常既要运行于电动状态,又可能要运行于再生制动状态,电流为双向流动。在上一节介绍的降压直流调速电路,电流为单向流动。本节介绍的控制直流电动机电动、制动运行的斩波电路是将降压斩波电路和升压斩波电路组合在一起,实现电流的双向流动。因为电压为单极性,所以只能工作于第 Ⅰ 和第 Ⅱ 象限。电流可逆斩波电路原理图如图 3.15(a)所示。图中 E_M 为直流电动机的电枢感应电动势,L、R 分别为电枢回路的等效电感和电阻,V_1 和 V_2 为全控型开关器件,如 IGBT,VD_1、VD_2 为续流二极管,E 为直流供电电源。

在该电路中,若 V_2 关断、V_1 周期性通、断,V_1 和 VD_2 构成降压斩波电路。V_1 导通期间,$u_{ab} = E$,直流电源向直流电动机供电;V_1 截止期间,由于电感 L 的作用,电流经二极管 VD_2 续流,$u_{ab} = 0$。电枢电流 i_o 的平均值 $I_o > 0$,即从电源 E 流向负载,电动机电动运行,工作于第 Ⅰ

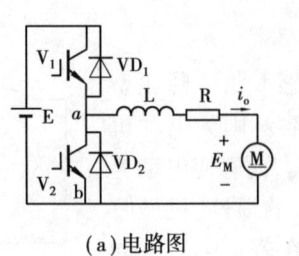 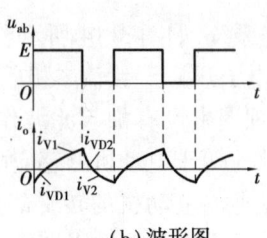

（a）电路图　　　　　　　　　（b）波形图

图3.15　电流可逆斩波电路及波形图

象限。改变控制 V_1 的占空比的大小即可改变负载电压 U_{ab} 和电流 I_o 的大小,以控制直流电动机的转矩和速度。

若 V_1 关断, V_2 周期性通、断, V_2 和 VD_1 构成升压斩波电路。在 V_2 导通期间, $u_{ab}=0$,电感 L 由 E_M 提供能量而储能,且电流 i_o 反向。在 V_2 截止期间,电流 i_o 经二极管 VD_1 续流而流向电源 E,电源成为负载而吸收能量,此时 $u_{ab}=E$ 。电流 i_o 的平均值 $I_o<0$,电磁转矩反向,但速度方向不变,电动机工作在第Ⅱ象限。电动机在反向电磁转矩作用下,减速运行,直流电动机的动能转变为电能反馈到电源,直流电动机工作于再生发电制动方式。

除上述的两种工作状态外,该电路还有第三种工作方式,即在一个开关周期内交替地在降压和升压状态下工作。在这种工作方式下,当降压斩波电路或升压斩波电路的电流断续而为零时,使另一个斩波电路工作,让电流反方向流过,这样,电动机电枢回路总有电流流过。电流方向、工作波形如图3.15(b)所示。

电动机既可以运行于电动的调速状态,又可以运行于制动再生发电状态,电动机分别工作于第Ⅰ和第Ⅱ象限。在不同象限系统的等效电路如图3.16所示。

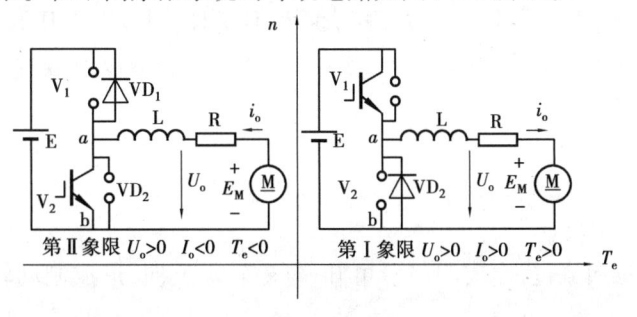

图3.16　两象限直流调速系统

3.4.3　桥式可逆斩波电路供电的直流调压调速

电流可逆斩波电路的特点是电动机的电枢电流可逆,但输出电压极性不变,只能实现两象限运行。当需要电动机进行正、反转运行又具有电动和制动特性时,除了要求输出电流的极性可逆外,还要求输出电压极性必须可逆。在这种情况下可以将两个可逆斩波电路组合起来,分别向电动机提供正向和反向电压,从而构成为桥式可逆斩波电路,如图3.17所示。

当使 V_3 保持断态, V_4 保持通态时, V_1 、 V_2 、 VD_1 、 VD_2 构成的斩波电路就等效为如图3.15(a)所示的电流可逆斩波电路,此时电压 $U_{ab}>0$,电源向直流电机提供正电压,而电流 I_o 可正可负,可使电机工作于第Ⅰ、Ⅱ象限,即正转电动和正转再生制动状态。

当使 V_1 保持断态, V_2 保持通态时, V_3 、 V_4 、 VD_3 、 VD_4 构成的斩波电路等效为又一组电流可逆斩波电路,此时电压 $U_{ab}<0$,电源向直流电机提供负电压,可使电机工作于第Ⅲ、Ⅳ象限。此时电机感应电动势 E_M 反向,对应于直流电动机反转。当 $U_{ab}<0,I_o<0$ 时,电路工作于第Ⅲ象限,当 $U_{ab}<0,I_o>0$ 时,电路工作于第Ⅳ象限,即反转电动和反转再生制动状态。

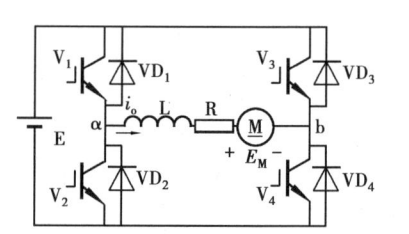

图 3.17　桥式可逆斩波电路

只要对 4 个开关器件进行实时而合理的控制,桥式可逆斩波电路就可以实现直流电动机的正反转电动运行和再生制动运行,有正向电动、正向再生制动、反向电动、反向再生制动 4 种工况。在正向电动、正向再生制动运行时,$U_o>0$,与电流可逆斩波电路调压调速一样。而在反向电动、反向再生制动时,电压 $U_o<0$,转速 n 反向,感应电动势 E_M 反向,转矩的极性与电流有关,可正可负。当电流 I_o 与电压 U_o 方向相同时,转矩 T_e 与转速 n 方向一致,电机工作于电动状态;当电流与电压 U_o 方向相反时,转矩 T_e 与转速 n 方向相反,电机工作于再生制动状态。各工作状态对应的象限如图 3.18 所示。

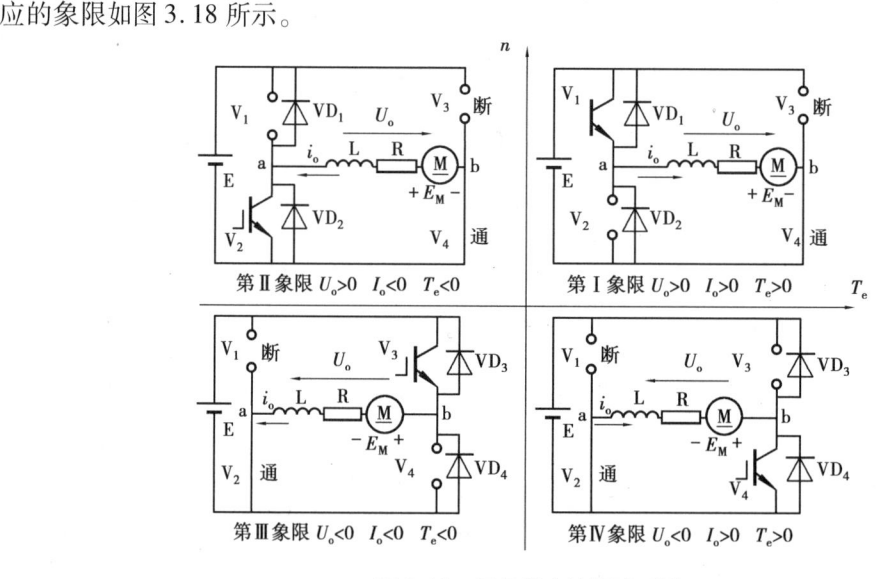

图 3.18　四象限直流调速系统

现在市场上有多种微型化的斩波器,内部集成了斩波电路。小功率直流电机的驱动已广泛采用这种集成斩波芯片,专用的电机驱动芯片具有效率高、稳定性好的特点。如 L298N 内部集成了两套桥式斩波电路,可以用于驱动两台直流电动机,接线电路如图 3.19 所示。

L298N 引脚 V_{ss} 接芯片工作电压 $4.5\sim7$ V,负载电源 V_s 的电压范围为 $2.5\sim46$ V,输出电流可达 2.5 A。引脚 OUT1 和 OUT2、OUT3 和 OUT4 分别是 L298N 内部两套桥式斩波电路的输出端,分别接连两台直流电动机 A 和 B。对直流电动机调压调速控制通过引脚 ENA,ENB 输入不同占空比的脉冲调制信号实现。输入信号端 IN1、IN2 控制电机 A 的正反转,如 IN1 接高电平,IN2 接低电平,电机 A 正转;IN1 接低电平,IN2 接高电平,则电机 A 反转。电机 B 正反转通过 IN3、IN4 输入信号控制,控制方式和电机 A 相同。L298N 输入信号端可以和单片机的 IO 口连接,输入不同控制信号实现电机的正反转和调压调速控制。

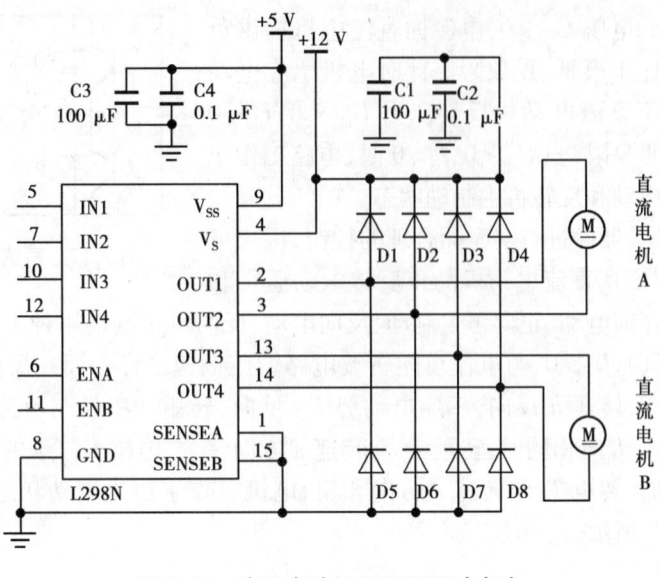

图 3.19 直流电动机 L298N 驱动电路

【复习思考】

1.画出降压斩波电路原理图并简述其工作原理。

2.画出升压斩波电路原理图并简述其基本工作原理。

3.试分别简述升降压斩波电路和库克斩波电路的基本原理,并比较其异同点。

4.试分析反激式和正激式变换器的工作原理。

5.在降压斩波电路中,已知 $E = 200$ V,$R = 10$ Ω,L 值极大,$E_m = 30$ V,$T = 50$ μs,$t_{on} = 20$ μs,计算输出电压平均值 U_o,输出电流平均值 I_o。

6.在 Boost 变换电路中,已知 $E = 50$ V,L 值和 C 值较大,$R = 20$ Ω,若采用脉宽调制方式,当 $T = 40$ μs,$t_{on} = 20$ μs 时,计算输出电压平均值 U_o 和输出电流平均值 I_o。

7.有一开关频率为 50 kHz 的库克变换电路,假设输出端电容足够大,使输出电压保持恒定,并且元件的功率损耗可忽略,若输入电压 $E = 10$ V,输出电压 U_o 调节为 5 V 不变。试求:

①占空比;

②电容器 C_1 两端的电压 U_{c1};

③开关管的导通时间和关断时间。

8.试分析正激、反激、推挽、全桥和半桥电路中的开关和整流二极管在工作时承受的最大电压。

9.全桥和半桥电路对驱动电路有什么要求?

10.画出可以控制直流电动机正反转的桥式可逆斩波电路的工作原理图,若使电动机工作于反转电动状态,试分析此时电路的工作情况,并绘制相应的电流流通路径图,同时标明电流流向。

【实践练习】

运用 MATLAB 软件中的可视化仿真工具 Simulink 构建降压斩波电路和升压斩波电路的仿真模型,改变控制脉冲占空比,观察分析负载电压波形。

第 **4** 章
逆变电路

【问题导入】

什么是逆变电路? 其作用是什么? 逆变电路是指将直流电变换为交流电的电路。逆变电路的应用十分广泛,例如,当需要采用各种直流电源(如蓄电池、干电池、太阳能电池等)给交流负载供电时,就需要逆变电路。由公用电网向交流负载供电是最普遍的方式,但越来越多的用电设备对交流电源有特殊要求,例如,要求交流电的频率或电压可调,这些要求是公用电网无法满足的。另外,也有部分设备在直接供电的情况下只能以低效率运行,造成了电能浪费。为了解决上述问题必须进行交-交变换,当采用间接变换(交-直-交变换)的时候,变换装置的核心就是逆变电路,例如,不间断供电电源 UPS、应急电源 EPS、交流电机变频调速、感应加热等电力电子装置的核心部分都是逆变电路。其中,交流电机变频调速技术的应用几乎涉及了工业生产的所有领域,并且在空调、洗衣机、电冰箱等家电产品中得到了广泛的应用。

逆变分为有源逆变和无源逆变两种。有源逆变是指将输出的交流电直接和电网连接,即将交流电反馈给交流电网。无源逆变是指输出的交流电直接给负载供电。通常所说的逆变电路,在不特别说明的时候,一般指的都是无源逆变电路。

逆变装置由直流电源、逆变电路主电路、控制回路、滤波器和负载组成。本章讨论的重点是逆变电路主电路的工作情况。

【学习目标】

1. 了解逆变电路的分类及其特点。
2. 掌握电压型逆变电路的工作原理。
3. 掌握电流型逆变电路的工作原理。
4. 理解 PWM 逆变电路的工作原理。
5. 了解逆变电路在实际工程中的应用。

【技能目标】

认知逆变电路的应用领域及应用实例,主要包括无换向器电动机调速系统、电动汽车空调系统的压缩机控制、SVG、UPS 等。

掌握电压型逆变电路、电流型逆变电路和 PWM 逆变电路的工作原理。

4.1 概　述

将输入电路的直流电变换为交流电输出的电路称为逆变电路,也称为逆变器(Inverter),如图4.1所示。

4.1.1　逆变的基本原理

逆变电路是如何实现将直流电变为交流电的呢? 以单相桥式逆变电路模型为例对逆变电路基本原理进行简要的说明。

(1)带电阻负载的工作情况

如图4.2(a)所示为典型逆变电路模型,图中 S_1、S_2、S_3、S_4 为理想开关,输入的直流电压为 U_d,负载左右两端的电压为输出电压 u_o。在实际应用中部分负载呈现为纯电阻特性,首先以电阻负载为例,对单相桥式逆变电路模型工作情况进行分析。

DC === 逆变电路 ~ AC

图4.1　逆变电路框图

①当开关 S_1、S_4 闭合,S_2、S_3 断开时,输入的电压 U_d 施加于负载两端,电压方向为左正右负,此时输出电压 $u_o = U_d$,即 u_o 为正值。

②当开关 S_1、S_4 断开,S_2、S_3 闭合时,输入的电压 U_d 施加于负载两端,电压方向为右正左负,此时输出电压 $u_o = -U_d$,即 u_o 为负值。

如果将以上两种工作状态各自保持 $T/2$ 的时间,则 u_o 的波形如图4.2(b)所示。这样就把输入的直流电 U_d 变换成了负载上的交流电 u_o。如果改变上述工作状态的周期 T,可改变输出交流电的周期,即改变了输出交流电的频率。

由于负载为电阻负载,其输出电流和电压成正比,输出电流 i_o 的波形如图4.2(b)所示,输出电压和电流的相位也相同。

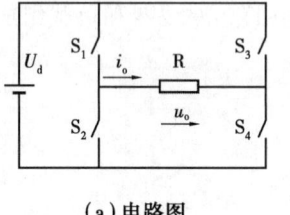
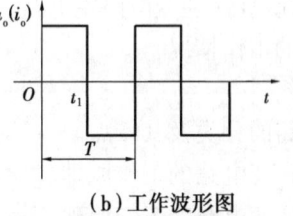

(a)电路图　　　　　　　　　　(b)工作波形图

图4.2　带电阻负载逆变电路模型及波形图

(2)带阻感负载的工作情况

在实际的应用中,大部分出现的负载既有电阻也有电感。电感有阻碍电流变化的作用,使得流过电感的电流不能发生突变。

如图4.3所示为带阻感负载时单相桥式逆变电路模型电路图及其波形。

①在 $t=0$ 时刻,开关 S_1、S_4 闭合,S_2、S_3 断开,$u_o = U_d$,此时电压变成了正值。如果没有电感的存在,电流 i_o 应跟随电压的变化,立即变为最大的电流值,但因为有电感的存在,电感两端产生的感应电动势要阻碍 i_o 的变化,所以 i_o 不能突变,i_o 的值只能逐渐上升,如图4.3(b)所示。

②在 t_1 时刻,开关 S_1、S_4 断开,S_2、S_3 闭合,输出电压 $u_o = -U_d$,此时电压已经变成了负值,但由于电感有阻碍电流变化的作用,使得电流 i_o 只能从最大值逐渐下降到零之后,再逐渐反向增大,如图4.3(b)所示。

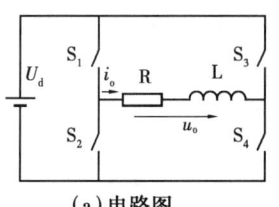 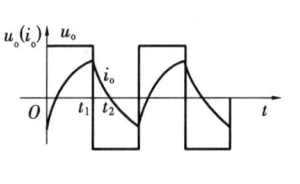

(a)电路图   (b)工作波形图

图4.3 带阻感负载逆变电路模型及波形图

根据以上电路的工作情况分析,得出当负载为阻感负载时,输出电压和电流的波形不同,并且电流相位滞后于电压。

上述分析的 S_1、S_2、S_3、S_4 均为理想开关,在实际电路的工作中,要根据具体的电力电子器件以及辅助电路,才能完成逆变的过程,故其实际电路的结构和工作过程要复杂一些。

4.1.2 逆变电路的分类

(1)按输入电源的特点分类

①输入电源(直流侧电源)为恒压源的逆变电路称为电压源型逆变电路或电压型逆变电路(Voltage Source Inverter,VSI),如图4.4(a)所示。

②输入电源(直流侧电源)为恒流源的逆变电路称为电流源型逆变电路或电流型逆变电路(Current Source Inverter,CSI),如图4.4(b)所示。

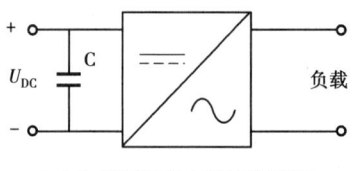 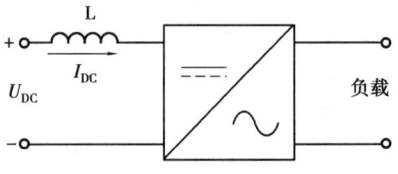

(a)电压型逆变电路结构框图   (b)电流型逆变电路结构框图

图4.4 电压型和电流型逆变电路结构框图

(2)按主电路的结构特点分类

①半桥式逆变电路。

②全桥式逆变电路。

③推挽式逆变电路。

(3)按输出相数分类

①逆变电路输出的交流电是单相电,称为单相逆变电路。

②逆变电路输出的交流电是三相电,称为三相逆变电路。

(4)按换流方式的不同分类

将电流从一个支路向另一个支路转移的过程,称为换流或换相。如图4.2所示的逆变电路,在 t_1 时刻,电流从 S_1 和 S_4 支路转移到 S_2 和 S_3 支路的过程,称为换流。为实现换流,必须让有的支路的器件从通态变为断态(如图4.2中 t_1 时刻的 S_1 和 S_4),让有的支路的器件从断态变为通态(如图4.2中 t_1 时刻的 S_2 和 S_3)。因此,研究换流方式的关键是研究器件的通断。

(5)常用的换流方式

1)器件换流

对于全控型器件而言,可以通过给控制端施加控制信号就可以控制其导通和关断,在采用全控型器件(GTO、IGBT、GTR 和电力 MOSFET 等)的电路中,其换流方式为器件换流(Device Commutation)。

2)外部换流

对于半控型器件晶闸管而言,只能通过控制端控制其导通,不能通过控制端控制其关断,在采用半控型器件的电路中,不能采用器件换流的方式。一般来说,要让晶闸管关断,需要对其施加反向电压使得流过晶闸管的电流下降到约为零。因此,有晶闸管的电路需要借助外部手段(施加反向电压)才能实现换流,一般将此类换流方式统称为外部换流。

外部换流又分为电网换流、负载换流和强迫换流 3 种。

①电网换流(Line Commutation)。利用电网提供的电压使晶闸管关断,从而实现换流的方式称为电网换流。例如,可控整流电路,无论其工作在整流状态还是有源逆变状态,都是利用电网提供的电压实现换流的,都属于电网换流。交流调压电路、相控式交-交变频电路的换流方式也属于电网换流。在换流时,利用电网电压给欲关断的晶闸管施加反向电压,即可使其关断。此类换流方式仅适用于和交流电网有连接的电路,不适用于没有交流电网的无源逆变电路。

②负载换流(Load Commutation)。利用负载提供的电压使晶闸管关断,从而实现换流的方式称为负载换流。只有当负载电流的相位超前于负载电压的相位时,才能使晶闸管关断,实现负载换流。这种换流方式适用于负载为容性负载的场合,且负载电流超前电压的时间应大于晶闸管的关断时间,才可以实现负载换流。

③强迫换流(Forced Commutation)。利用专门的附加换流电路使晶闸管关断,从而实现换流的方式称为强迫换流。强迫换流是通过电容储存的能量,在换流时刻提供一个反向电压,从而使晶闸关断。

强迫换流可使开关频率不受电网频率的限制,但需要附加庞大的换流装置,同时,还要增加晶闸管的电压、电流定额,对晶闸管的动态特性要求也高。

通过上述换流方式的分类可知换流方式并不是只在逆变电路中才有的概念,在整流电路、直流-直流变换电路、交流-交流变换电路中都涉及换流问题。

4.1.3 逆变装置的性能指标

由于逆变电路的输出交流波形总是偏离理想的正弦波,即除了含有基波分量外,还含有谐波分量。

(1)谐波的定义

通常总是希望交流电压和交流电流呈现出正弦波,正弦波电压可表示为

$$u(t) = \sqrt{2}U \sin(\omega t + \varphi_u) \tag{4.1}$$

式中,U 为电压有效值;φ_u 为初相角;ω 为角频率,$\omega = 2\pi f = 2\pi/T$;f 为频率;T 为周期。

当正弦波电压施加在线性无源元件电阻、电感和电容上时,其电流为同频率正弦波。当正弦波电压施加在非线性电路上时,电流就变为非正弦波。当然,当非正弦波电压施加在线性电路上时,其电流也为非正弦波。

对于非正弦电压,周期为 $T = 1/f(f = 50~\text{Hz}$ 为电网频率$)$,一般满足狄里赫利条件,则可分解为以下形式的傅里叶级数

$$u(\omega t) = a_0 + \sum_{n=1}^{\infty} (a_n \cos n\omega t + b_n \sin n\omega t) \tag{4.2}$$

其中　$n = 1, 2, 3, \cdots$;

$$a_0 = \frac{1}{2\pi} \int_0^{2\pi} u(\omega t) \mathrm{d}(\omega t);$$

$$a_n = \frac{1}{\pi} \int_0^{2\pi} u(\omega t) \cos n\omega t \mathrm{d}(\omega t);$$

$$b_n = \frac{1}{\pi} \int_0^{2\pi} u(\omega t) \sin n\omega t \mathrm{d}(\omega t)。$$

或

$$u(\omega t) = a_0 + \sum_{n=1}^{\infty} c_n \sin(n\omega t + \varphi_n) \tag{4.3}$$

其中　$c_n = \sqrt{a_n^2 + b_n^2}$;

$\varphi_n = \arctan(a_n / b_n)$;

$a_n = c_n \sin \varphi_n$;

$b_n = c_n \cos \varphi_n。$

在式(4.2)或式(4.3)中,频率与工频相同的分量称为基波分量($n = 1$);频率为基波频率整数倍($n > 1$)的分量称为谐波分量;谐波频率和基波频率的整数比值的大小称为谐波的次数。

以上公式的定义是以非正弦电压为例,对于非正弦电流也适用,只需要把式中的 $u(\omega t)$ 改为 $i(\omega t)$。

(2)谐波含有率 HF(Harmonic Factor)

为了表征一个实际波形中第 n 次谐波与基波相比的相对值,引入谐波含有率 HF。第 n 次谐波电压含有率 HFU_n 为

$$HFU_n = \frac{U_n}{U_1} \tag{4.4}$$

式中,U_n 为第 n 次谐波电压有效值;U_1 为基波电压有效值。

将式(4.4)中的电压改为电流即为谐波电流含有率 HFI_n。

(3)总谐波畸变系数 THD(Total Harmonic distortion Factor)

为了表征一个实际波形与基波分量的接近程度,引入总谐波畸变系数 THD。电压总谐波畸变系数为

$$THD_u = \frac{1}{U_1} \sqrt{\sum_{n=2,3,\cdots}^{\infty} U_n^2} \tag{4.5}$$

将式(4.5)中的电压改为电流即为电流总谐波畸变系数 THD_i。

显然,对于理想正弦波而言,$THD = 0$。

(4)畸变系数 DF(Distortion Factor)

为了表征一个实际波形中每一次谐波分量对波形畸变的影响程度,引入畸变系数 DF。

电压谐波畸变系数 DF_u 为

$$DF_u = \frac{1}{U_1}\sqrt{\sum_{n=2,3,\cdots}^{\infty}\left(\frac{U_n}{n^2}\right)^2} \tag{4.6}$$

将式(4.6)中的电压改为电流即为电流谐波畸变系数 DF_i。

(5)最低次谐波 LOH(Lowest-Order Harmonic)

最低次谐波 LOH 定义为与基波频率最接近的谐波。

(6)其他性能指标

对于逆变装置而言,除上述输出波形的性能指标外,还应包括逆变效率、额定容量、输出频率精度、输出直流分量等性能指标。

4.2 电压型逆变电路

在电压型逆变电路中,为给直流侧提供恒压源,在直流侧并联大电容,由于电容两端电压不能突变,使得直流侧电压基本无脉动,相当于恒压源。

4.2.1 电压型单相逆变电路

(1)电压型单相半桥逆变电路

电压型单相半桥逆变电路如图4.5(a)所示,它主要由两个导电桥臂构成,每个导电桥臂由一个全控型器件(这里选用IGBT)和反向并联的二极管构成。直流侧为提供恒压源,并联了大电容,由于负载只有一端可以接在两个导电桥臂连接点处,而负载的另一端只能接在直流侧的中点位置,于是直流侧的电容分为了两个电容 C_1 和 C_2,$C_1 = C_2$,负载的另一侧接在了两个电容的连接点处。输出电压为负载两端的电压,用 u_o 表示;输出电流为负载电流,用 i_o 表示。

如图4.5(b)、图4.5(c)所示,两个IGBT的栅极控制信号相互互补,并各自在一个周期内有半个周期正偏,半个周期反偏。

1)带纯电阻负载的工作情况

以下为带纯电阻负载的电压型单相半桥逆变电路的工作状态分析,其波形如图4.5(b)、图4.5(c)、图4.5(d)、图4.5(e)所示。

①0～π 期间:V_1 的栅极信号正偏,V_1 导通;V_2 的栅极信号反偏,V_2 关断,输出电压 $u_o = \dfrac{U_d}{2}$。

②π～2π 期间:V_1 的栅极信号反偏,V_1 关断;V_2 的栅极信号正偏,V_2 导通;输出电压 $u_o = \dfrac{-U_d}{2}$。

上述分析了一个周期中电路的工作情况,之后循环此工作过程。由于负载为电阻负载,其输出电流和电压成正比,输出电流 i_o 的波形和输出电压 u_o 的波形形状相同均为矩形波,输出电流幅值为 $i_o = i_R = \dfrac{u_o}{R}$,如图4.5(e)所示。

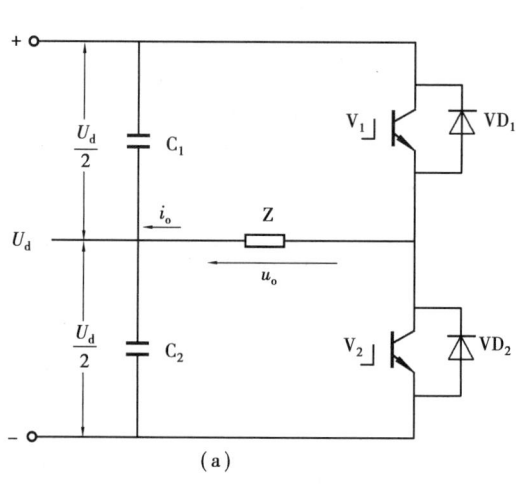

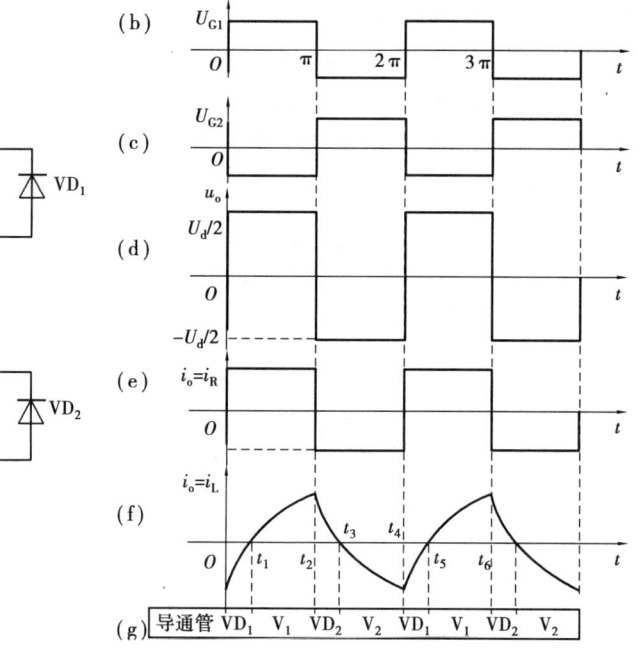

图4.5　电压型单相半桥逆变电路及其工作波形

2）带阻感负载的工作情况

以下为带阻感负载的电压型单相半桥逆变电路在一个周期内的工作状态的分析,其工作波形如图4.5(b)、图4.5(c)、图4.5(d)、图4.5(f)、图4.5(g)所示。

①$t_1 \sim t_2$期间:V_1的栅极信号正偏,V_2的栅极信号反偏,V_1导通,V_2为关断状态。输出电压$u_o = \dfrac{U_d}{2}$。但由于负载为阻感负载,流过电感的电流i_o不能发生突变,输出电流i_o逐渐上升。

②$t_2 \sim t_3$期间:V_1的栅极信号反偏,V_2的栅极信号正偏,V_1关断,但因为阻感负载的电流i_o不能立即改变方向,所以V_2暂时不能导通,由VD_2导通续流。此时,输出电压$u_o = \dfrac{-U_d}{2}$,即负载两端承受的电压反向了,输出电流i_o逐渐下降。

③$t_3 \sim t_4$期间:V_1的栅极信号反偏,V_2的栅极信号正偏,V_1保持关断,t_3时刻电流下降到零,续流二极管VD_2截止,V_2开始导通,输出电压$u_o = \dfrac{-U_d}{2}$,输出电流i_o开始反向增大。

④$t_4 \sim t_5$期间:V_1的栅极信号正偏,V_2的栅极信号反偏,V_2关断,但因为阻感负载电流i_o不能立即改变方向,所以V_1暂时不能导通,由VD_1导通续流。此时,输出电压$u_o = \dfrac{U_d}{2}$,输出电流i_o开始反向减小。

⑤t_5时刻之后循环此工作过程。

通过上述分析可知,当V_1或V_2导通时,负载电流和电压方向相同,直流侧向负载提供能量;而当VD_1或VD_2导通时,负载电流和电压方向相反,负载电感中储存的能量向直流侧反馈,即感性负载将其吸收的无功能量反馈回直流侧。反馈的能量暂时储存在直流侧的电容器

69

中，直流侧的电容器起着缓冲无功能量的作用。

二极管 VD_1 和 VD_2 是负载向直流侧反馈能量的通道，故称为反馈二极管；又由于 VD_1 和 VD_2 使负载电流连续，故又可称为续流二极管。

通过上述分析可知，电压型单相半桥逆变电路，无论是电阻负载还是阻感负载，如图 4.5 所示，其输出电压的波形均为 180°方波，其幅值为 $U_d/2$。输出电压的有效值为

$$u_o = \sqrt{\frac{2}{T}\int_0^{\frac{T}{2}}\left(\frac{U_d}{2}\right)^2 \mathrm{d}(t)} = \frac{U_d}{2} \tag{4.7}$$

将 u_o 展开为傅里叶级数，得

$$u_o = \frac{2U_d}{\pi}\left(\sin\omega t + \frac{1}{3}\sin 3\omega t + \frac{1}{5}\sin 5\omega t + \cdots\right) \tag{4.8}$$

其中，基波和各次谐波的幅值为

$$\begin{cases} U_{o1m} = \dfrac{2U_d}{\pi} = 0.637U_d \\ U_{onm} = \dfrac{2U_d}{n\pi} = \dfrac{1}{n}U_{o1m} \qquad n = 3,5,7,\cdots \end{cases} \tag{4.9}$$

基波和各次谐波的有效值为

$$\begin{cases} U_{o1} = \dfrac{\sqrt{2}\,U_d}{\pi} = 0.45U_d \\ U_{on} = \dfrac{\sqrt{2}\,U_d}{n\pi} = \dfrac{1}{n}U_{o1} \qquad n = 3,5,7,\cdots \end{cases} \tag{4.10}$$

可见，电压中仅含奇次谐波，各次谐波值与谐波次数成反比，且与基波值的比值为谐波次数的倒数。

电压型单相半桥逆变电路的优点是电路及工作原理简单，使用器件少，成本低；其缺点是输出交流电压的幅值较低，仅为输入电压 U_d 的一半，直流电源利用率低，且需要分压电容器，还需要控制两个电容器的电压均衡。此类逆变电路常用于几千瓦以下的小功率场合。

为了保证逆变电路正常工作，上桥臂（V_1、VD_1 构成）和下桥臂（V_2、VD_2 构成）不能同时导通，否则会造成直流侧短路，损坏开关器件。为防止此类情况出现，一般采取"先断后通"的方法，即先给应关断的器件关断信号，待其关断后留一定裕量，再给应导通的器件发出开通信号，即在两个开关器件的控制信号的切换过程中留一个短暂的死区时间。为了简化分析过程，在本书的电路分析中将这段死区时间忽略。

以下讲述的单相全桥逆变电路、三相桥式逆变电路都可看成由若干个半桥逆变电路组合而成，并且都必须采用"先断后通"的方法。因此，掌握分析半桥逆变电路的工作原理十分重要。

（2）电压型单相全桥逆变电路

单相逆变电路中应用最多的是单相全桥逆变电路。用全控型器件 IGBT 及与其反并联的二极管代替图 4.2(a) 中的理想开关后，得到如图 4.6 所示的电压型单相全桥逆变电路。它由 4 个桥臂组成，可以看成由两个半桥逆变电路构成。在工作时，V_1 和 V_4 为一组，同时通或断；V_2 和 V_3 为一组，同时通或断。组内的控制信号保持一致，两组之间的控制信号相互互补，且半个周期正偏，半个周期反偏，如图 4.7(a) 所示。

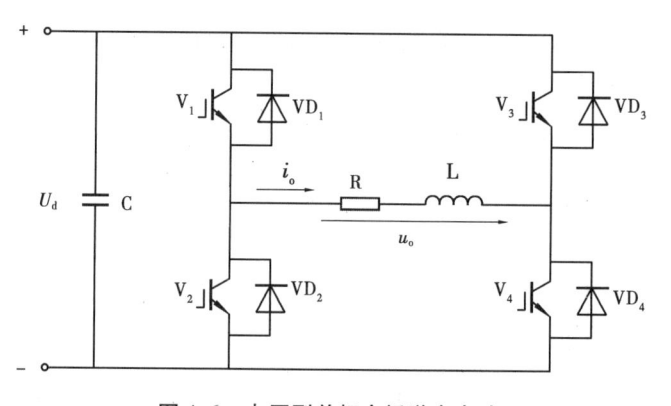

图 4.6　电压型单相全桥逆变电路

一个周期内带阻感负载时的工作情况如下：

①$t_1 \sim t_2$ 期间：V_1 和 V_4 的控制信号正偏，V_2 和 V_3 的控制信号反偏，V_1 和 V_4 导通，V_2 和 V_3 为关断状态。输出电压 $u_o = U_d$。由于电感电流 i_o 不能发生突变，电流 i_o 逐渐上升。

②$t_2 \sim t_3$ 期间：V_1 和 V_4 的控制信号反偏，V_2 和 V_3 的控制信号正偏，V_1 和 V_4 关断，因电流 i_o 不能立即改变方向，所以 V_2 和 V_3 暂时不能导通，由 VD_2 和 VD_3 导通续流。此时，输出电压 $u_o = -U_d$，即负载两端承受的电压反向了，输出电流 i_o 逐渐下降。

③$t_3 \sim t_4$ 期间：V_1 和 V_4 的控制信号反偏，V_2 和 V_3 的控制信号正偏，V_1 和 V_4 保持关断，t_3 时刻电流下降到零，续流二极管 VD_2 和 VD_3 截止，V_2 和 V_3 开始导通，输出电压 $u_o = -U_d$，输出电流 i_o 开始反向增大。

④$t_4 \sim t_5$ 期间：V_1 和 V_4 的控制信号正偏，V_2 和 V_3 的控制信号反偏，V_2 和 V_3 关断，因电流 i_o 不能立即改变方向，所以 V_1 和 V_4 暂时不能导通，VD_1 和 VD_4 导通续流。输出电压 $u_o = U_d$，输出电流 i_o 开始反向减小。

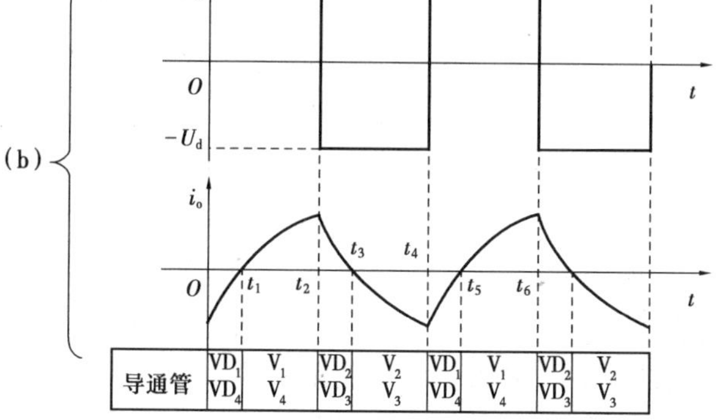

图 4.7　电压型单相全桥逆变电路工作波形

其工作波形如图 4.7(b) 所示，其输出电压 u_o 的波形和半桥逆变电路 u_o 的波形形状相同,均为180°方波,只是幅值增大一倍为 U_d。输出电压的有效值为 U_d。

将 u_o 展开为傅里叶级数,得

$$u_o = \frac{4U_d}{\pi}\left(\sin \omega t + \frac{1}{3}\sin 3\omega t + \frac{1}{5}\sin 5\omega t + \cdots\right) \tag{4.11}$$

其中,基波和各次谐波的幅值为

$$\begin{cases} U_{o1m} = \dfrac{4U_d}{\pi} = 1.27U_d \\ U_{onm} = \dfrac{4U_d}{n\pi} = \dfrac{1}{n}U_{o1m} \qquad n = 3,5,7,\cdots \end{cases} \tag{4.12}$$

基波和各次谐波的有效值为

$$\begin{cases} U_{o1} = \dfrac{2\sqrt{2}\,U_d}{\pi} = 0.9U_d \\ U_{on} = \dfrac{2\sqrt{2}\,U_d}{n\pi} = \dfrac{1}{n}U_{o1} \qquad n = 3,5,7,\cdots \end{cases} \tag{4.13}$$

例4.1 电压型单相全桥逆变电路如图4.6所示,其输出电压 u_o 为180°方波,输入直流电压为200 V,负载中 $R = 10\ \Omega$,$L = 0.04\ \text{H}$,逆变频率为工频。试求输出电压基波幅值和有效值、输出电压第5次谐波的有效值、输出电流基波的有效值。

解: 输出电压基波幅值为 $\qquad U_{o1m} = 1.27U_d = 1.27 \times 200\ \text{V} = 254\ \text{V}$

输出电压基波有效值为 $\qquad U_{o1} = 0.9U_d = 0.9 \times 200\ \text{V} = 180\ \text{V}$

输出电压第5次谐波有效值为 $\qquad U_{o7} = \dfrac{1}{5}U_{o1} = \dfrac{180}{5}\text{V} = 36\ \text{V}$

输出电流基波的有效值为 $\quad I_{o1} = \dfrac{U_{o1}}{Z} = \dfrac{U_{o1}}{\sqrt{R^2 + (\omega L)^2}} = \dfrac{180}{\sqrt{10^2 + (2\pi \times 50 \times 0.04)^2}}\text{A} = 11.21\ \text{A}$

改变逆变电路输出电压的频率,可以通过改变开关器件IGBT控制信号的周期长短来控制。而要改变输出交流电压有效值,只能通过改变输入直流电压 U_d 来实现;在阻感负载时,还可以采用移相调压法来改变输出电压的大小。移相调压的主电路和普通的电压型单相全桥逆变电路相同(见图4.6),只是IGBT的控制信号不同。如图4.8(a)所示,各个IGBT的控制信号仍为半个周期正偏,半个周期反偏,V_1 和 V_2 的控制信号互补,V_3 和 V_4 的控制信号互补,只是 V_3 比 V_1 的控制信号不是落后180°,而是落后 θ($0° \leqslant \theta \leqslant 180°$),即 V_1 和 V_4、V_2 和 V_3 不再同步通断。

一个周期内的工作过程如下:

① $t_1 \sim t_2$ 期间:V_2、V_3 的控制信号反偏,V_2 和 V_3 关断;V_1、V_4 的控制信号正偏,V_1 和 V_4 导通。输出电压 $u_o = U_d$,电流 i_o 逐渐上升。

② $t_2 \sim t_3$ 期间:V_2、V_4 的控制信号反偏,V_2 和 V_4 关断;V_1、V_3 的控制信号正偏,V_1 继续导通,因电流 i_o 不能立即改变方向,所以 V_3 暂时不能导通,由 VD_3 导通续流。输出电压 $u_o = 0$,电感中储存的能量消耗在电阻上,输出电流 i_o 逐渐下降。

③ $t_3 \sim t_4$ 期间:V_1、V_4 的控制信号反偏,V_1 和 V_4 关断;V_2、V_3 的控制信号正偏,因电流 i_o 方向依然为正,所以 V_2、V_3 暂时不能导通,由 VD_2 和 VD_3 导通续流。输出电压 $u_o = -U_d$,电感储存的能量向直流侧反馈,电流下降。当电流下降到零变为负时,V_2 和 V_3 开始导通,输出

电压 $u_o = -U_d$，输出电流 i_o 开始反向增大。

④$t_4 \sim t_5$ 期间：V_1、V_3 的控制信号反偏，V_1 和 V_3 关断；V_2、V_4 的控制信号正偏，V_2 继续导通，因电流 i_o 方向为负，所以 V_4 暂时不能导通，由 VD_4 续流导通。输出电压 $u_o = 0$，电感中储存的能量消耗在电阻上，输出电流 i_o 反向减小。

⑤$t_5 \sim t_6$ 期间：V_2、V_3 的控制信号反偏，V_2 和 V_3 关断；V_1、V_4 的控制信号正偏，因电流 i_o 方向为负，所以 V_1、V_4 暂时不能导通，由 VD_1、VD_4 导通续流。输出电压 $u_o = U_d$，输出电流 i_o 反向减小。

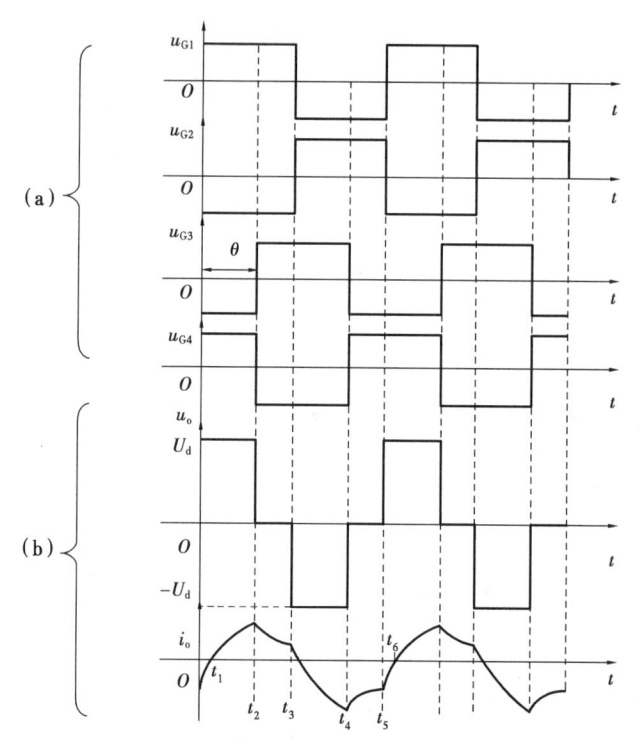

图 4.8　电压型单相全桥逆变电路的移相调压方式工作波形

通过上述分析可得其工作波形如图 4.8(b) 所示。输出的交流电压 u_o 的波形不再是 180°方波，而是宽度为 θ 的脉冲。改变 θ 的大小即可以调节输出电压 u_o 有效值的大小。

采用移相调压来控制输出电压的控制方式较为复杂，在容量较小的系统中有其应用价值，但目前应用更为广泛的为 PWM 控制方式。

(3) 带中心抽头变压器的逆变电路

如图 4.9 所示为带中心抽头变压器的逆变电路(也称为电压型推挽式单相逆变电路)，输入直流电压 U_d 通过两个电力电子器件(这里选用 IGBT) 的轮流导通变成交流电，并通过中心抽头的单相变压器的耦合，把原边的交流电输出给次边的负载，负载得到的交流电为矩形波。对于感性负载，电路中反并联的二极管起到给无功能量提供反馈通道的作用。

当变压器绕组 L_1、L_2、L_3 的匝数比为 1:1:1 时，负载为阻感负载时电路工作原理分析如下：

①当 V_2 的控制信号反偏，V_1 的控制信号正偏时，V_1 导通、V_2 关断。有电流流过线圈 L_1，电流途径是：$U_d + \rightarrow L_1 \rightarrow V_1 \rightarrow U_d -$，$L_1$ 产生左负右正的电动势，该电动势感应到 L_3 上，L_3 得到左负右正的电压供给负载。

②当 V_1 的控制信号反偏时，V_1 关断；当 V_2 的控制信号正偏时，V_2 暂时不能导通，因为 V_1 关断后，流过负载的电流突然减小，负载中的电感马上产生左正右负的感应电动势，该电动势送给 L_3，L_3 再感应到 L_2 上，L_2 感应电动势极性为左正右负。该电动势对电容 C 充电，将能量反馈给直流侧，充电途径是：L_2 左正 → C → VD_2 → L_2 右负。当 L_2 上的感应电动势降到与输入电压 U_d 相等时，无法继续对 C 充电，VD_2 截止，V_2 开始导通，有电流流过线圈 L_2，电流途径是：U_d + → L_2 → V_2 → U_d -，L_2 产生左正右负的电动势，该电动势感应到 L_3 上，L_3 上得到左正右负的电压供给负载。

③当 V_2 的控制信号反偏，V_1 的控制信号正偏时，V_2 关断，负载中的电感会产生左负右正的感应电动势，通过 L_3 感应到 L_1 上，L_1 感应电动势极性为左负右正，该电动势通过 VD_1 导通对电容 C 充电。待 L_1 上感应电动势降到与输入电压 U_d 相等后，VD_1 截止，V_1 导通。此后重复上述工作过程。

通过上述分析可知，当负载参数和 U_d 相同时，并且变压器绕组的匝数比为 1∶1∶1 时，输出电压 u_o、输出电流 i_o 波形及幅值和普通的全桥逆变电路的输出波形完全相同。

该电路所需的电力电子器件数量是全桥逆变电路的一半，但多了一个变压器，并且需要中心抽头，另外，电力电子器件承受的电压高（$2U_d$）。此电路适用于小功率、开关频率较高的负载。

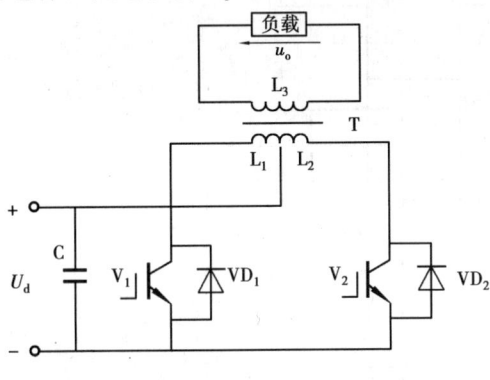

图 4.9　带中心抽头变压器的逆变电路

4.2.2　电压型三相逆变电路

电压型三相逆变电路由 3 个半桥逆变电路构成，共有 6 个桥臂，每个桥臂由开关器件（选用 IGBT）和反并联二极管构成，如图 4.10 所示。为了分析方便，设置假想中点 N′，将两个电容器串联，但在实际应用中只有一个电容器。

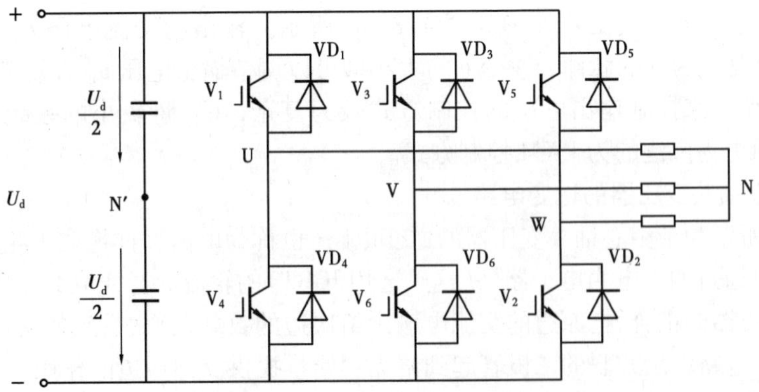

图 4.10　电压型三相逆变电路

电压型三相逆变电路的基本工作方式为 180° 导电方式，即同一相（同一半桥）的上下桥臂各自导通 180°。也就是说，换流是在上下桥臂之间进行，称为纵向换流。每相开始导电的角度互差 120°，任一瞬间总有 3 个桥臂参与导电。

　　为达到上述工作方式要求,同一相上下桥臂 IGBT 的栅极控制信号互补(和半桥、普通全桥逆变电路一致),三相的上桥臂之间的栅极控制信号互差 120°,如图 4.11(a)所示。可见,6个 IGBT 的栅极信号按 $V_1 \sim V_6$ 顺序控制器件导通,且依次相差 60°。

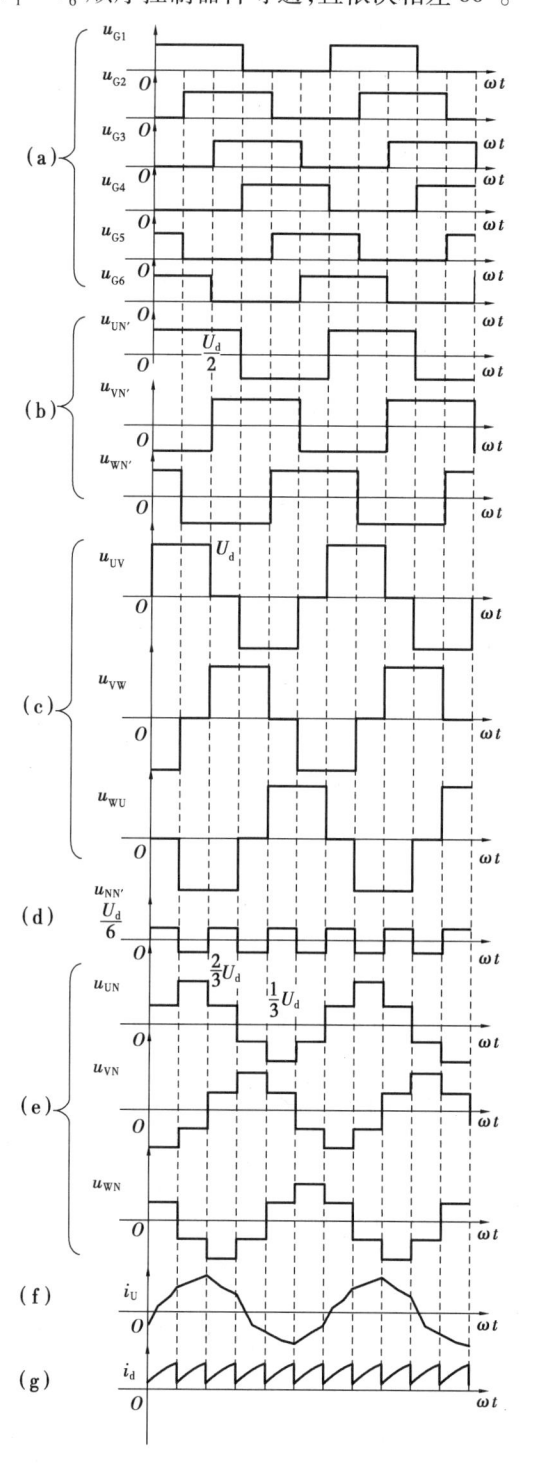

图 4.11　电压型三相逆变电路工作波形

对于 U 相来说,当其上桥臂(V_1 或 VD_1)导通时,电压 $u_{UN'} = \dfrac{U_d}{2}$,下桥臂(V_4 或 VD_4)导通时,则图中的 U 点和假想中点 N' 之间的电压 $u_{UN'} = \dfrac{-U_d}{2}$。因此,$u_{UN'}$ 的波形为 180°方波,幅值为 $\dfrac{U_d}{2}$。V、W 两相的分析类似,得到 $u_{VN'}$、$u_{WN'}$ 的波形和 $u_{UN'}$ 相同,只是相位依次相差 120°,如图 4.11(b)所示。

则线电压 u_{UV}、u_{VW}、u_{WU} 分别为

$$\begin{cases} u_{UV} = u_{UN'} - u_{VN'} \\ u_{VW} = u_{VN'} - u_{WN'} \\ u_{WU} = u_{WN'} - u_{UN'} \end{cases} \tag{4.14}$$

依照式(4.14)画出的波形图,如图 4.11(c)所示。

设负载中性点 N 和直流电源假想中点 N' 之间的电压为 $u_{NN'}$,则负载的相电压 u_{UN}、u_{VN}、u_{WN} 分别为

$$\begin{cases} u_{UN} = u_{UN'} - u_{NN'} \\ u_{VN} = u_{VN'} - u_{NN'} \\ u_{WN} = u_{WN'} - u_{NN'} \end{cases} \tag{4.15}$$

将式(4.15)中 3 个公式相加并整理得

$$u_{NN'} = \frac{1}{3}(u_{UN'} + u_{VN'} + u_{WN'}) - \frac{1}{3}(u_{UN} + u_{VN} + u_{WN}) \tag{4.16}$$

由于当负载为三相对称时,$u_{UN} + u_{VN} + u_{WN} = 0$,代入式(4.16)可得

$$u_{NN'} = \frac{1}{3}(u_{UN'} + u_{VN'} + u_{WN'}) \tag{4.17}$$

根据式(4.17)得到 $u_{UN'}$、$u_{VN'}$、$u_{WN'}$ 的波形,则可画出 $u_{NN'}$ 的波形,如图 4.11(d)所示。又根据式(4.15)可画出各相负载相电压的波形,如图 4.11(e)所示,3 个相电压的波形形状相同,只是相位依次相差 120°。

当负载为三相对称时,若负载参数已知,可由 u_{UN} 求出 U 相电流 i_U。当负载阻抗角 φ($\varphi = \arctan(\omega L/R)$)不同时,$i_U$ 的波形和相位都不同。如图 4.11(f)所示绘制出了阻感负载 $\varphi < \dfrac{\pi}{3}$ 时电流 i_U 的波形。对于 U 相桥臂来说,其上桥臂 1 和下桥臂 4 之间的换流工作过程和阻感负载的半桥电路相似。上桥臂的 V_1 从通态转换为断态时,由于阻感负载电流不能突变,下桥臂的 V_4 不能导通,只能由 VD_4 先续流导通,直到负载电流下降到零变为负,下桥臂的 V_4 才导通。当 $u_{UN'} > 0$ 时为上桥臂的导电时间,其中,$i_U < 0$ 时为 VD_1 导通,$i_U > 0$ 时为 V_1 导通;当 $u_{UN'} < 0$ 时为下桥臂的导电时间,其中,$i_U > 0$ 时为 VD_4 导通,$i_U < 0$ 时为 V_4 导通。负载阻抗角 φ 越大,续流二极管的导通时间就越长。

电流 i_V、i_W 的波形分析类似 i_U,三者波形形状相同,只是相位依次相差 120°。将桥臂 1、3、5 的电流相加就是直流侧的电流 i_d,如图 4.11(g)所示。

根据图 4.11(e)所示为相电压波形,以 U 相为例,输出相电压有效值 U_{UN} 为

$$U_{UN} = \sqrt{\frac{1}{2\pi}\int_0^{2\pi} u_{UN}^2 \, d\omega t} = 0.471 U_d \tag{4.18}$$

把 u_{UN} 按傅里叶级数展开,得

$$u_{UN} = \frac{2U_d}{\pi}\left(\sin \omega t + \frac{1}{5}\sin 5\omega t + \frac{1}{7}\sin 7\omega t + \frac{1}{11}\sin 11\omega t + \frac{1}{13}\sin 13\omega t + \cdots\right)$$

$$= \frac{2U_d}{\pi}\left(\sin \omega t + \sum_n \frac{1}{n}\sin n\omega t\right) \tag{4.19}$$

式中,$n = 6k \pm 1$,k 为自然数。

可知,相电压的基波幅值 U_{UN1m} 和基波有效值 U_{UN1} 分别为

$$U_{UN1m} = \frac{2U_d}{\pi} = 0.637U_d \tag{4.20}$$

$$U_{UN1} = \frac{U_{UN1m}}{\sqrt{2}} = 0.45U_d \tag{4.21}$$

其他各次谐波值与基波值的比值为谐波次数的倒数。

从图 4.11(c)中可知,输出线电压 u_{UV} 为 120°方波,其有效值 U_{UV} 为

$$U_{UV} = \sqrt{\frac{1}{2\pi}\int_0^{2\pi} u_{UV}^2 \mathrm{d}\omega t} = \sqrt{\frac{2}{3}}U_d = 0.816U_d \tag{4.22}$$

把输出线电压 u_{UV} 按傅里叶级数展开,得

$$u_{UV} = \frac{2\sqrt{3}U_d}{\pi}\left(\sin \omega t - \frac{1}{5}\sin 5\omega t - \frac{1}{7}\sin 7\omega t + \frac{1}{11}\sin 11\omega t + \frac{1}{13}\sin 13\omega t - \cdots\right)$$

$$= \frac{2\sqrt{3}U_d}{\pi}\left[\sin \omega t + \sum_n \frac{1}{n}(-1)^k\sin n\omega t\right] \tag{4.23}$$

式中,$n = 6k \pm 1$,k 为自然数。

可知,线电压的基波幅值 U_{UV1m} 和基波有效值 U_{UV1} 分别为

$$U_{UV1m} = \frac{2\sqrt{3}U_d}{\pi} = 1.1U_d \tag{4.24}$$

$$U_{UV1} = \frac{U_{UV1m}}{\sqrt{2}} = 0.78U_d \tag{4.25}$$

其他各次谐波值与基波值的比值为谐波次数的倒数。

电压型三相逆变电路是最基本的逆变电路,通常大、中功率的设备均要求采用三相逆变电路。但通过上述数量关系分析可知,无论是三相逆变电路还是单相逆变电路,当输入电压 U_d 一定时,输出电压的基波大小不可控,且输出电压的谐波频率低,幅值较大。

通过本节所述,可总结出电压型逆变电路有以下 3 个主要特点:

①直流侧为恒压源,或在直流侧并联大电容,使得直流侧电压基本无脉动,直流侧呈现为低阻抗。

②由于输入直流侧恒压源的钳位作用,在开关器件的控制下,使得输出电压的波形为矩形波,波形仅与控制信号相关而与负载性质无关。但输出电流的波形和相位与负载的阻抗角相关。

③负载为阻感负载时,需要将感性负载储存的无功能量反馈回直流侧,直流侧的电容器起着缓冲无功能量的作用,且逆变桥各臂都反并联了反馈二极管,作为反馈无功能量的通道。

4.3　电流型逆变电路

在电流型逆变电路中,为给直流侧提供恒流源,可在直流侧串联大电感。由于大电感中电流脉动很小,因此可以近似看成恒流源。

本节仍将电流型逆变电路分为单相逆变电路和三相逆变电路来介绍。与电压型逆变电路相比不同的是,电流型逆变电路的开关器件两端不用反并联二极管,因为输入直流侧为恒流源,电流方向不能反向,所以可省去续流二极管。还有不同的是,电压型逆变电路采用的多是全控型器件,换流方式为器件换流。采用半控型器件的电压型逆变电路应用已经很少,因此,前面举例的都是采用全控型器件的电压型逆变电路。而电流型逆变电路采用半控型器件的依然较多,换流方式有的为负载换流,有的为强迫换流。在学习本节各种逆变电路的时候,应对各种换流方式有进一步的认识和理解。

4.3.1　电流型单相逆变电路

(1)电流型单相逆变电路典型应用

如图 4.12 所示是一种电流型单相逆变电路。电路由 4 个晶闸管桥臂构成,每个桥臂均串联一个电抗器 L_T。L_T 电感量较小,其作用为限制晶闸管开关时的 $\mathrm{d}i/\mathrm{d}t$。这种逆变电路构成的中频感应加热炉主要用于炼钢、冶金场合。

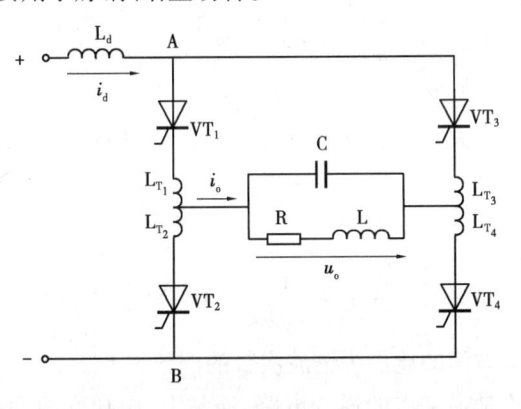

图 4.12　电流型单相逆变电路

如图 4.13 所示为中频感应加热炉的基本工作原理示意图。该逆变电路的负载为中频感应加热炉,实际是一个电磁感应线圈,用来加热置于线圈内的金属。图 4.12 中串联的 R 和 L 为感应线圈的等效电路。因功率因数低,需要进行无功补偿,故并联了补偿电容 C。于是 R、L、C 构成了并联谐振电路,也称图 4.12 所示的逆变电路为并联谐振逆变电路。该电路需采用负载换流,即要求负载电流超前电压,达到自动换流关断晶闸管的目的。在补偿电容时,要求过补偿,即使负载电路在工作时呈容性。

当桥臂 1、4 和桥臂 2、3 以 1 000 ~ 2 500 Hz 的中频交替导通时,负载感应线圈通入中频电流,在感应线圈中产生中频的交变磁场,处于此磁场中的金属材料(相当于导体)产生感应电动势,进而形成很大的涡流引起金属材料发热,这就是中频感应加热炉的基本工作原理,如图

4.13 所示。

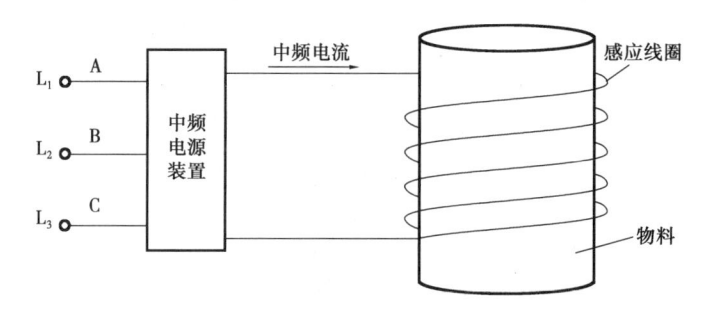

图 4.13　中频感应加热炉基本工作原理图

又因桥臂交替导通的频率和负载回路的谐振频率接近,负载电路工作在谐振状态,这样不仅可以得到较高的功率因数与效率,还可以使得外加在负载上的电压方波的基波呈现高阻抗,对谐波呈现低阻抗(可以看成短路),即谐波在负载两端产生的压降很小,所以负载的电压 u_o 的波形接近正弦波。因输入电流为恒流源,输入电流 i_d 为定值,使得负载电流 i_o 的波形近似矩形波。

(2)电流型单相逆变电路工作原理分析

对如图 4.12 所示的电流型单相逆变电路(并联谐振逆变电路)一个周期的工作情况进行分析:

①$t_1 \sim t_2$ 期间:晶闸管 VT_1、VT_4 已被触发,并且处于稳定导通阶段,负载电流 $i_o = i_d$,因直流侧串联大电感,i_d 近似恒值,流过晶闸管的电流 $i_{VT_1} = i_{VT_4} = i_d$。此阶段电容 C 两端建立的电压为左正右负,波形近似正弦波。

②$t_2 \sim t_4$ 期间:由于在 t_2 时刻之前负载两端的左正电压加于 VT_2 的阳极、右负的电压加于 VT_3 的阴极,因此,VT_2、VT_3 承受正向电压,又在 t_2 时刻给晶闸管 VT_2、VT_3 门极触发信号,于是 VT_2、VT_3 导通,逆变电路开始换流。此时负载电压(左正右负)加在 VT_1、VT_4 上,VT_1、VT_4 承受反向电压,晶闸管串联有电抗器 L_T,流过晶闸管电流不能突变,VT_1、VT_4 暂时不能关断。此期间 4 个晶闸管同时导通,i_{VT_1}、i_{VT_4} 逐渐减小,i_{VT_2}、i_{VT_3} 逐渐增大。在 t_4 时刻,流过晶闸管 VT_1、VT_4 的电流下降至零而关断,电流全部从 VT_1、VT_4 转移到 VT_2、VT_3,换流结束。$t_\gamma = t_4 - t_2$ 称为换流时间。负载电流 $i_o = i_{VT_1} - i_{VT_2}$,可得当 $i_{VT_1} = i_{VT_2}$ 时,i_o 过零,此时为 t_3 时刻,大约为 t_2 和 t_4 的中点。

③$t_4 \sim t_6$ 期间:晶闸管 VT_2、VT_3 处于稳定导通阶段。

④$t_6 \sim t_8$ 期间:电流从 VT_2、VT_3 换流到 VT_1、VT_4 阶段,分析过程与上述类似,这里不再赘述。

依据上述分析,可绘制出其工作波形如图 4.14 所示。

在换流阶段,虽然 4 个晶闸管同时导通,由于时间短和直流侧大电感的恒流作用,电源不会短路。换流结束后,即晶闸管电流减小到零后,还需要一段时间才能恢复晶闸管的正向阻断能力。以 $t_2 \sim t_4$ 换流阶段为例,在 t_4 时刻换流结束后,还要使晶闸管 VT_1、VT_4 承受一段时间(t_β)的反向电压,才能保证其可靠关断。$t_\beta = t_5 - t_4$ 应大于晶闸管的关断时间。如果 VT_1、VT_4 尚未恢复阻断能力就加上了正向电压,会重新导通,导致逆变失败。

为了保证可靠的换相,应在负载电压 u_o 过零前 t_δ 时刻去触发 VT_2、VT_3。$t_5 - t_2 = t_\delta$ 称为触发前引时间。

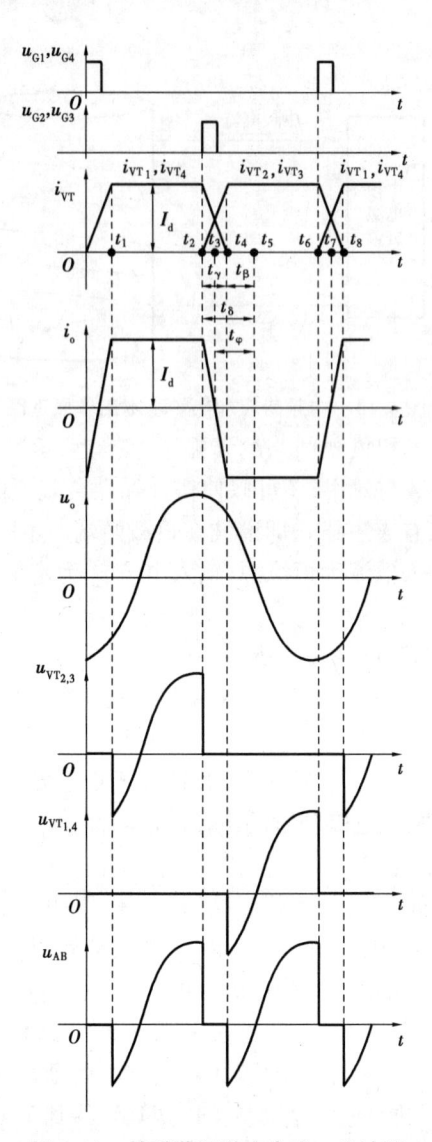

图 4.14 并联谐振逆变电路工作波形

由图 4.14 可得 $t_\delta = t_\gamma + t_\beta$，而负载电流 i_o 超前负载电压 u_o 的时间 $t_\varphi = \dfrac{t_\gamma}{2} + t_\beta$。

把 t_φ 表示为电角度 φ（弧度）可得

$$\varphi = \omega\left(\frac{t_\gamma}{2} + t_\beta\right) = \frac{\gamma}{2} + \beta \tag{4.26}$$

式中，φ 为负载的功率因数角；ω 为电路工作的角频率；γ、β 分别为 t_γ、t_β 对应的电角度。

如果忽略换流过程，则输出的负载电流 i_o 为 180°方波，将 i_o 分解为傅里叶级数得

$$i_o = \frac{4I_d}{\pi}\left(\sin \omega t + \frac{1}{3}\sin 3\omega t + \frac{1}{5}\sin 5\omega t + \cdots\right) \tag{4.27}$$

其基波的有效值为

$$I_{o1} = \frac{2\sqrt{2}I_d}{\pi} = 0.9I_d \tag{4.28}$$

逆变电路的输入有功功率为

$$P_i = U_d I_d \tag{4.29}$$

逆变电路的输出有功功率为(当电压为正弦波,电流为非正弦波时)

$$P_o = U_o I_{o1} \cos \varphi \tag{4.30}$$

如忽略逆变电路的功率损耗,则 $P_i = P_o$,可得

$$U_o = \frac{U_d I_d}{I_{o1} \cos \varphi} = \frac{\pi}{2\sqrt{2}} \frac{U_d}{\cos \varphi} = 1.11 \frac{U_d}{\cos \varphi} \tag{4.31}$$

根据式(4.31)可知,调节输入直流电压 U_d 或改变负载功率因数角 φ,可以改变输出电压有效值的大小。

4.3.2 电流型三相逆变电路

(1)采用全控型器件的电流型三相逆变电路

如图4.15所示为典型的电流型三相逆变电路,和电压型三相逆变电路类似,都可看成由3个半桥构成的。这里选用全控型开关器件 GTO,换流方式为器件换流。交流侧电容是为吸收换流时负载电感中储存的能量而设置的。

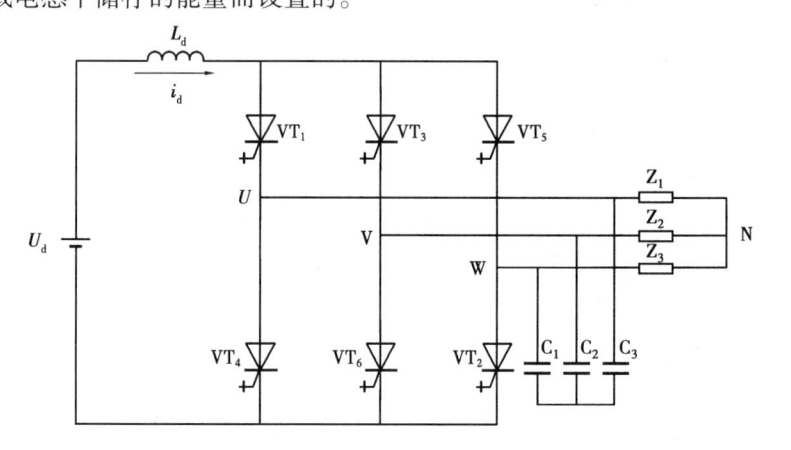

图4.15 电流型三相逆变电路

电流型三相逆变电路的基本工作方式为120°导电方式,即一个周期中同一相(同一半桥)的上下桥臂各自导通120°,其余120°上下桥臂都截止(即每个 GTO 在一个周期内导通120°)。$VT_1 \sim VT_6$ 每隔60°按顺序导通。一个周期分6个时间区,每个时间区为60°,则每个时间区导通的 GTO 的情况见表4.1。

表4.1 电流型三相逆变电路开关器件导通情况

时间区	I	II	III	IV	V	VI
上桥臂组中导通的 GTO	VT_1	VT_1	VT_3	VT_3	VT_5	VT_5
上桥臂组中导通的 GTO	VT_6	VT_2	VT_2	VT_4	VT_4	VT_6

依据上述分析,可得各 GTO 的驱动信号波形及各相输出电流的波形如图4.16所示。可知,换流是在上桥臂或下桥臂组内依次换流,称为横向换流。

输出电流的波形为120°方波,将其傅里叶级数展开得

$$i_U = \frac{2\sqrt{3}I_d}{\pi}\left(\sin\omega t - \frac{1}{5}\sin 5\omega t - \frac{1}{7}\sin 7\omega t + \frac{1}{11}\sin 11\omega t + \frac{1}{13}\sin 13\omega t - \cdots\right) \quad (4.32)$$

其基波有效值 I_{U1} 为

$$I_{U1} = \frac{\sqrt{6}I_d}{\pi} = 0.78I_d \quad (4.33)$$

可见,电流型三相逆变电路输出电流波形含有很多谐波成分,如果负载为电阻性负载,则负载上电压波形与电流波形一致,实际应用中大部分为阻感负载,负载上的电压近似正弦波。

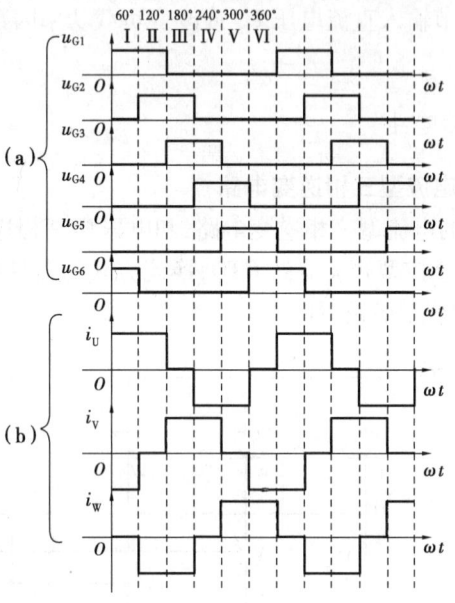

图 4.16　电流型三相逆变电路工作状态

(2)采用半控型器件的电流型三相逆变电路

随着全控型器件的不断进步,电流型逆变电路大多采用全控型器件,但在中大功率交流电动机调速系统等场合,电流型逆变电路还是采用半控型器件晶闸管。如图 4.17 所示为串联二极管式晶闸管逆变电路,此电路仍为电流型三相逆变电路,可看成由 6 个桥臂构成的,每个桥臂由晶闸管和电力二极管串联组成。各桥臂之间的换流方式为强迫换流,图中电容 $C_1 \sim C_6$ 为换流电容。此电路采用的基本工作方式仍为 120°导电,$VT_1 \sim VT_6$ 每隔 60°按顺序导通,其输出电流波形和图 4.16 所示的波形大体相同。

以电流从桥臂 1 换流到桥臂 3 为例,分析此电路换流的工作原理如下:

①假设换流前 VT_1 和 VT_2 导通,直流电压加到 U、W 相,C_1、C_3、C_5 这 3 个电容用等效电容 C_{13}(C_3 与 C_5 串联再与 C_1 并联)表示,充电极性为左正右负,等效电路如图 4.18(a)所示。

②晶闸管换流。给 VT_3 门极施加触发脉冲,在电容电压 C_{13} 的作用下,VT_3 承受正向电压而导通,VT_1 承受反向电压而关断。由于 C_{13} 两端电压不能突变,使 VT_1 在一段时间内持续承受反向电压,保证其可靠关断(不会重新导通)。此时,实现了电流 i_d 从 VT_1 换流到 VT_3,如图 4.18(b)所示,在直流侧恒流源的作用下,电流 i_d 保持不变,电容处于恒流放电阶段。当 C_{13} 电容电压下降到零时,放电阶段结束。

③二极管换流。C_{13} 电容电压下降到零之后,开始对 C_{13} 反向充电,C_{13} 两端电压反向(变为

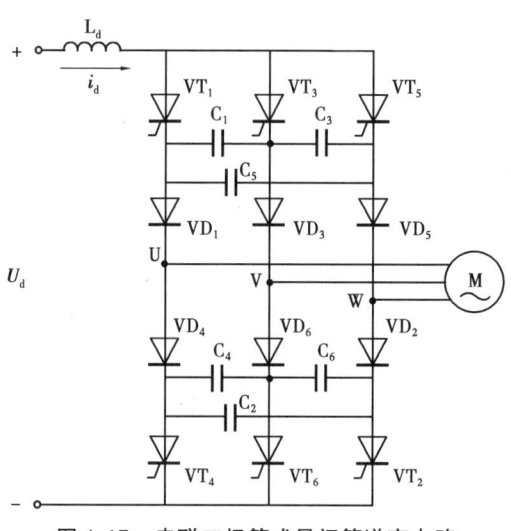

图 4.17　串联二极管式晶闸管逆变电路

右正左负），当电容电压与电动机反向电动势相等后，VD_3 才承受正向电压而导通。在电动机漏感的作用下，绕组中电流 i_U 和 i_V 不能突变，VD_1 和 VD_3 同时导通，进入二极管换流阶段，如图 4.18（c）所示。可知 $i_U + i_V = i_d$，随着充电电压逐渐升高，i_V 逐渐增大，由于 i_d 恒定，i_U 逐渐减小。当 i_U 减小到零时，i_V 增大到 i_d，VD_1 承受反向电压关断，二极管换流阶段结束。

④正常运行。二极管换流阶段结束后，进入桥臂 2 和桥臂 3 稳定导通阶段，如图 4.18（d）所示。此时，C_{13} 两端电压为右正左负，为下一次换流作好了准备。

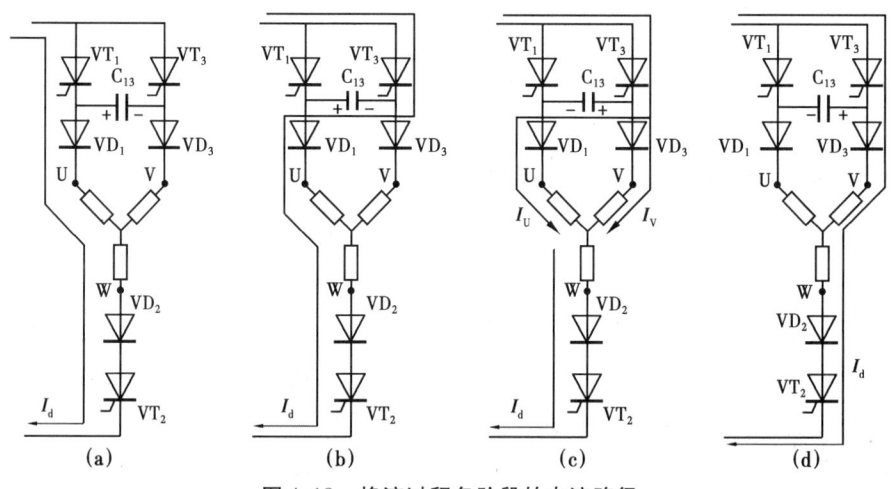

图 4.18　换流过程各阶段的电流路径

采用 120°导电方式时，由于同一相上下桥臂之间有 60°导电间隙，对换流安全较有利，但电力电子器件利用率低。

通过本节所述，可总结出电流型逆变电路有以下 3 个主要特点：

①直流侧为恒流源，或在直流侧串联大电感，使得直流侧电流基本无脉动，直流侧呈现为高阻抗，短路的危险性相比电压型逆变电路小得多。

②输入直流侧为恒流源，在开关器件的控制下只是改变了直流电流的通道路径，使得输出电流的波形为矩形波，与负载性质无关。但输出电压的波形和相位与负载的阻抗角相关。

③负载为阻感负载时需要提供无功能量，直流侧的大电感起着缓冲无功能量的作用。因

为输入直流侧为恒流源,电流方向不能反向,所以可不必给开关器件反并联二极管,电路相对电压型逆变电路较简单。

电流型逆变装置直流侧串联的电感一般都较大,才能维持输入电流的基本恒定,因此,其系统的质量体积一般远比电压型逆变装置大,这一缺点限制了电流型逆变装置的应用,特别是在中小容量的场合其应用不如电压型逆变电路广泛。

前述的逆变电路无论是电压型还是电流型逆变电路,采取的控制方式都使输出波形为方波,也可以统称为方波逆变电路。根据本节和前一节分析可知,方波逆变电路可以通过控制信号改变开关器件的通断调节输出波形的频率,但输出波形的幅值不能通过控制信号来调节,只有改变输入直流电源的大小来调节,使逆变装置变得比较复杂,提高了逆变装置的成本。

方波逆变电路输出的方波中含有较多的谐波,对负载产生不利的影响。在某些场合中可以直接应用这种方波,如在驱动交流电机等应用中;在另一些场合中,输出方波必须进行滤波,才能满足应用的需要。通常在输出和负载之间安装 LC 滤波器,滤除高次谐波,使输出波形更接近正弦波,如图 4.19 所示,将 LC 滤波器置于方波逆变器输出和负载之间。

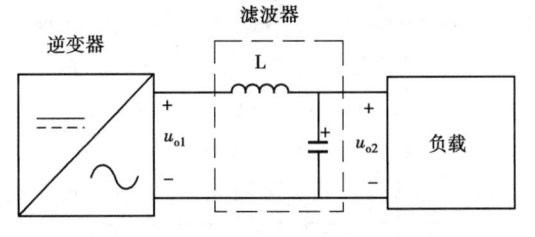

图 4.19　采用 LC 滤波器的方波逆变器

但 LC 滤波器滤除低次谐波困难,又由于低次谐波和基波的频率差小,LC 滤波器设计相对困难,即使能设计出来,其体积也较庞大。因此,在输出波形要求较高的场合,通常对逆变电路采用脉冲宽度调制技术(PWM 控制技术)。

4.4　逆变电路的脉冲宽度调制技术——PWM 逆变电路

脉冲宽度调制技术(Pulse Width Modulation,PWM),是指对脉冲的宽度进行调制的技术,即通过对一系列脉冲的宽度进行调制,来等效地获得所需要的波形(包含形状和幅值)。PWM 波形可以是等幅的,也可以是不等幅的。

PWM 控制技术在逆变电路中的应用较为广泛,在大量应用的逆变电路中,大部分都是PWM 逆变电路。可以说 PWM 控制技术正是有赖于在逆变电路中的应用,才得到快速的发展,才确立了它在电力电子技术中的重要地位。

PWM 逆变电路是指利用全控型器件的通断,按一定的规律对逆变电路输出的脉冲宽度进行调制,既可以改变输出电压的大小,也可以改变输出电压的频率。这种电路的主要特点是,可以得到和正弦波近似等效的输出波形,减少了谐波,功率因数高,动态响应快,而且逆变电路结构简单。

4.4.1　PWM控制的基本原理

PWM控制技术的理论基础是面积等效原理,即当冲量相等而形状不同的窄脉冲加在具有惯性的环节上时,其效果基本相同。其中的"冲量"是指窄脉冲的面积。如图4.20所示,4个窄脉冲的面积(即冲量)都相等,但是4个窄脉冲的形状都不同。将它们分别加在具有惯性的环节上时,输出响应基本相同(将输出波形进行傅里叶变换分析,其低频段特性非常接近,仅在高频段略有差异)。脉冲宽度越窄,差异越小。

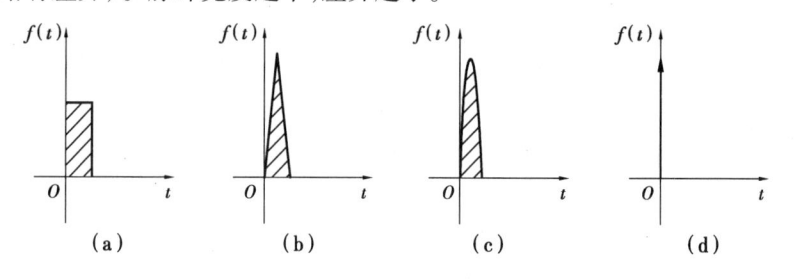

图4.20　冲量相同而形状不同的各种窄脉冲

为了得到和正弦波等效的一系列幅值相等而宽度不相等的脉冲。把如图4.21(a)所示的正弦波(半个周期)等分为N份,那么可以将正弦波看成由N个相连的脉冲组成。这些脉冲宽度相等,但面积不等,其幅值是按照正弦波规律变换的曲线。将上述脉冲用N个对应面积相等的脉冲来替代,使替代的脉冲中点和对应的正弦波每一份的中点重合,要求替代的脉冲要求幅值相等,就得到如图4.21(b)所示的宽度不等且按正弦规律变化。图中所示的脉冲序列,就是PWM波形。其正弦波负半周的PWM波形,可以用相同的方法来等效。可见,该PWM波形的脉冲宽度按正弦规律变化,也称为SPWM(Sinusoidal PWM)波形。等分的N越大,SPWM波形就越接近正弦波。

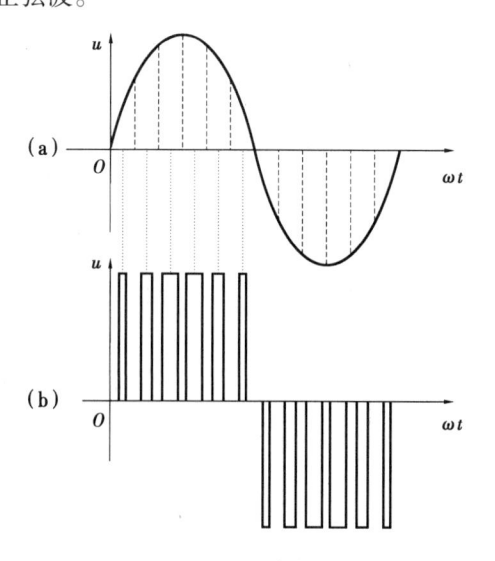

图4.21　用PWM波代替正弦波

采用SPWM控制方式的逆变电路,就是以面积等效原理为理论基础,对逆变电路中的开关器件的通断进行控制,使输出波形为一系列幅值相等而宽度不等的脉冲,用这些脉冲来代替所需要的正弦波形,即逆变电路输出SPWM波形。

4.4.2 逆变电路 PWM 波形产生的方法

逆变电路如果确定了所需输出正弦波的值,产生相应等效的 SPWM 波形的方法主要有直接计算法和载波调制法两种。

(1)直接计算法

直接计算法也称为开关预置法,是指如果确定了逆变电路输出正弦波的幅值、频率和半个周期内的脉冲数,那么 SPWM 波形的各脉冲的宽度和间隔就可以准确地计算出来。还可进一步计算出每个脉冲的前后沿时刻,在这些时刻控制逆变电路中开关器件的通断,便可在逆变电路输出端得到所需产生的 SPWM 波形。这种方法一般适用于输出频率要求较低的场合。

但在逆变电路工作时,当需要改变输出正弦波的幅值、频率或相位时,就要对所有的数据重新计算(重新设定开关点),计算任务十分繁重,特别是难以满足需要实时改变输出波形的场合,因此,直接计算法在实际应用中很少采用。

(2)载波调制法

在实际的应用中,主要采用载波调制法。将期望输出的波形称为调制波(Modulation Wave),将接受调制的信号称为载波(Carrier Wave),通过对载波的调制得到和期望输出波形等效的 PWM 波形,这就是载波调制法。常用的载波信号有等腰三角波或者锯齿波(其中等腰三角波应用最多)。当调制波是正弦波时,所得到的就是 SPWM 波形。当调制波不是正弦波时,也可得到其等效的 PWM 波形。

以图 4.22 为例来说明三角波调制 PWM 波形的原理。图中正弦波 u_r 为所期望输出的波形(即调制波),等腰三角形波 u_c 为载波。因等腰三角波左右对称,且三角波上的任一点的水平宽度和高度呈线性关系,当它和调制波相交时,可得到一组宽度正比于调制波幅值的脉冲。如图 4.22(a)所示,将调制波 u_r 和载波 u_c 分别送入比较器的两个输入端。在 u_r 的正半周时,当 $u_r > u_c$ 时,比较器输出高电平;当 $u_r < u_c$ 时,比较器输出低电平。这样在比较器的输出端便可得到 PWM 调制电压脉冲 u_{PWM}。用 u_{PWM} 去控制逆变电路开关器件的通断,即可在其输出端得到所需的 SPWM 电压波形。

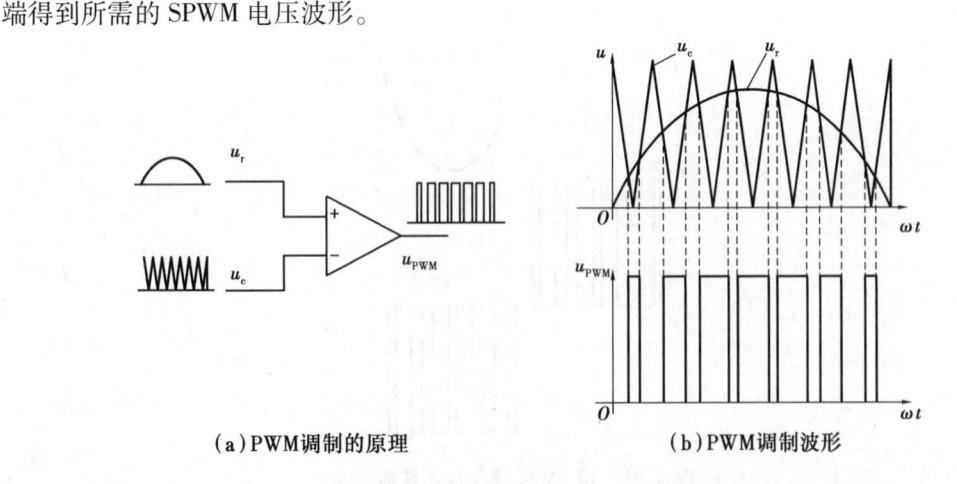

(a)PWM调制的原理　　　　　　　　(b)PWM调制波形

图 4.22　三角波调制 PWM 波形的原理图

在 PWM 逆变电路的应用中,常采用载波调制法产生 SPWM 波形,可结合下述的桥式逆变电路进一步理解调制法的工作原理。

4.4.3　桥式 SPWM 逆变电路

(1)单相桥式 SPWM 逆变电路

如图 4.23 所示为电压型单相桥式 SPWM 逆变电路,开关器件采用全控型器件 IGBT,负载为阻感负载。当采用载波调制法生成 SPWM 波形时,又分为单极性和双极性两种控制方式,在两种控制方式下电压型单相桥式 SPWM 逆变电路的工作原理如下:

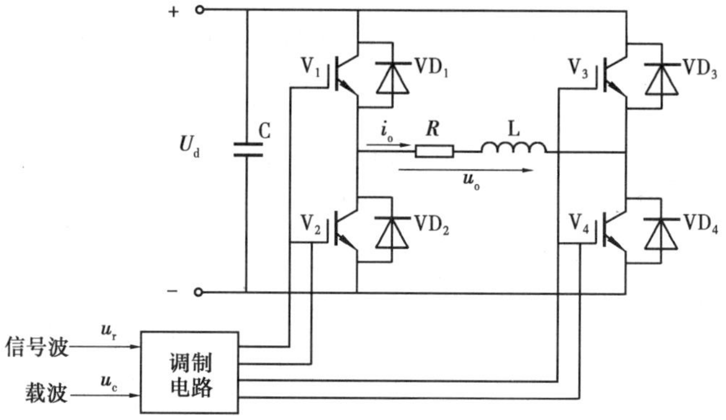

图 4.23　采用调制法的单相桥式 SPWM 逆变电路

1)单极性 SPWM 控制方式

如图 4.24 所示为单相桥式逆变电路采用单极性 SPWM 控制方式时的原理波形,图中 u_r 为正弦调制波,u_c 为等腰三角形载波。载波 u_c 在调制波 u_r 的正半周为正极性的三角波,在调制波 u_r 的负半周为负极性的三角波。通过比较载波 u_c 和调制波 u_r 的波形,对电路中开关器件的通断进行控制,从而在主电路输出端获得所需的 SPWM 电压波形。对逆变桥具体的控制方式如下:

①在 u_r 波形的正半周,给 V_1 始终施加开通信号,即 V_1 一直保持导通状态;给 V_2 始终施加关断信号,即 V_2 一直保持关断状态。当 $u_r > u_c$ 时,使 V_4 导通,此时,输出电压 $u_o = U_d$。当 $u_r < u_c$ 时,使 V_4 关断,给 V_3 施加开通信号使 VD_3(或 V_3)导通,此时,输出电压 $u_o = 0$。

②在 u_r 波形的负半周,给 V_2 始终施加开通信号,即 V_2 一直保持导通状态;给 V_1 始终施加关断信号,即 V_1 一直保持关断状态。当 $u_r < u_c$ 时,使 V_3 导通,此时,输出电压 $u_o = -U_d$。当 $u_r > u_c$ 时,使 V_3 关断,给 V_4 施加开通信号使 VD_4(或 V_4)导通,此时,输出电压 $u_o = 0$。

通过上述控制方式,逆变电路输出电压 u_o 为 SPWM 波形,如图 4.24(b)所示,u_{o1} 为 u_o 的基波分量,与调制波 u_r 的波形相同。这种在 u_r 的半个周期内三角形载波只在单一的正极性或负极性范围变化,所得到的 SPWM 波形也只在单个极性范围内变化的控制方式称为单极性 SPWM 控制方式。

2)双极性 SPWM 控制方式

其电路图依然是如图 4.23 所示的单相桥式 SPWM 逆变电路。双极性 SPWM 控制方式的载波与调制波如图 4.25(a)所示,u_r 仍为正弦调制波,而载波信号 u_c 不再是单极性的,而是有正有负的双极性等腰三角波。具体的控制方式如下:

①当 $u_r > u_c$ 时,给 V_2、V_3 施加关断信号,V_2、V_3 关断,给 V_1、V_4 施加开通信号,若 $i_o > 0$,则 V_1、V_4 导通;若 $i_o < 0$,则 VD_1、VD_4 导通。两种情况下输出电压 u_o 都为 U_d。

②当 $u_r < u_c$ 时,给 V_1、V_4 施加关断信号,V_1、V_4 关断,给 V_2、V_3 施加开通信号,若 $i_o < 0$,

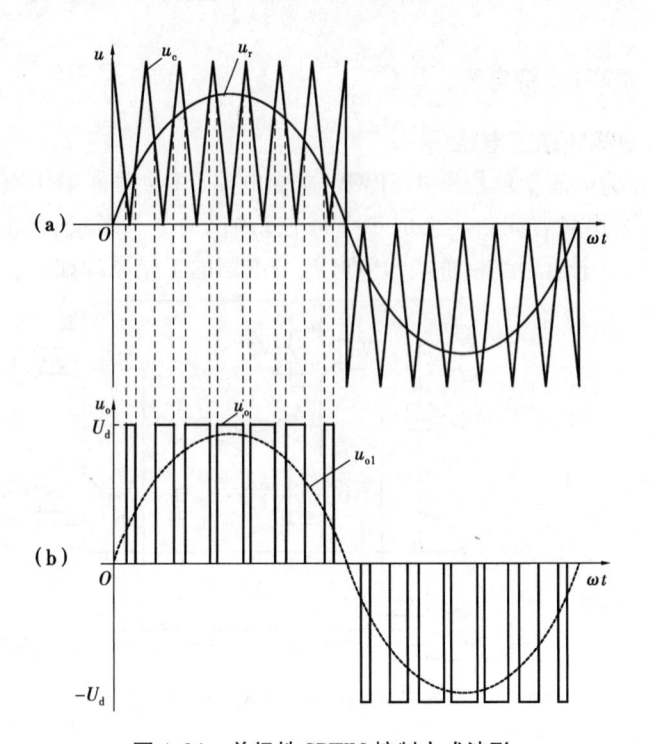

图 4.24　单极性 SPWM 控制方式波形

则 V_2、V_3 导通;若 $i_o > 0$,则 VD_2、VD_3 导通。两种情况下输出电压 u_o 都为 $-U_d$。

可见,在 u_r 为正(或负)的半个周期内,输出的 SPWM 波形既有正极性,又有负极性。如图 4.25(b)所示,u_{o1} 为 u_o 的基波分量,与调制波 u_r 的波形相同。

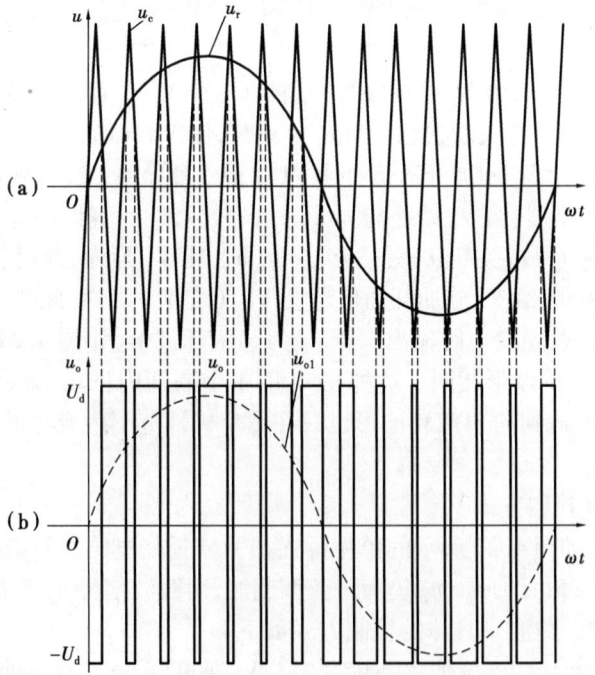

图 4.25　双极性 SPWM 控制方式波形

(2)三相桥式 SPWM 逆变电路

如图4.26所示为电压型三相桥式 SPWM 逆变电路,此电路控制方式一般采用双极性控制方式。三相调制信号 u_{rU}、u_{rV}、u_{rW} 为相位依次相差120°的正弦波,U、V、W 三相的载波信号 u_c 为同一个双极性等腰三角波,如图4.27所示。U、V、W 三相的控制规律相同,现以 U 相为例进行说明。

①当 $u_{rU} > u_c$ 时,给 V_1 施加开通信号,桥臂1(V_1 或 VD_1)导通;给 V_4 施加关断信号,V_4 关断。U 相相对于直流电源假想中性点 N' 的输出电压为 $u_{UN'} = \dfrac{U_d}{2}$。

②当 $u_{rU} < u_c$ 时,给 V_1 施加关断信号,V_1 关断;给 V_4 施加开通信号,桥臂4(V_4 或 VD_4)导通。输出电压为 $u_{UN'} = -\dfrac{U_d}{2}$;$V_1$、$V_4$ 的控制信号始终互补。

于是,可得输出电压 $u_{UN'}$ 波形如图4.27所示。V、W 两相的分析原理与 U 相类似,可得 $u_{VN'}$、$u_{WN'}$ 波形。

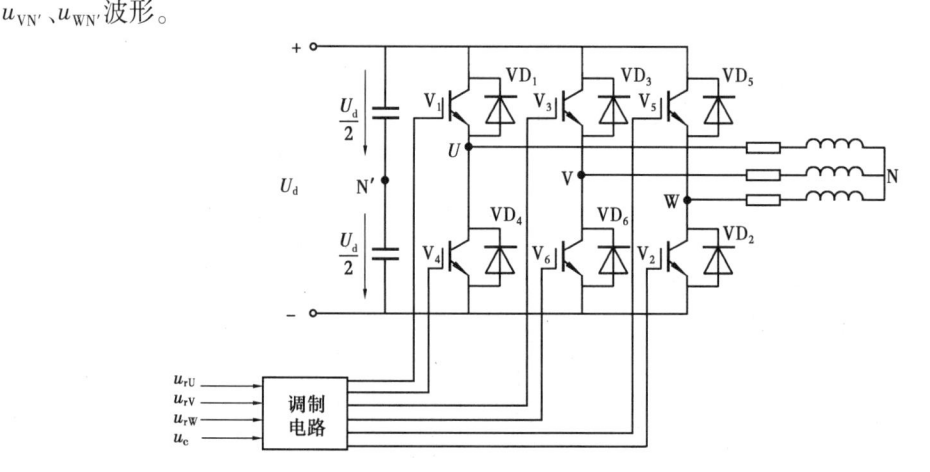

图 4.26 采用调制法的三相桥式 SPWM 逆变电路

根据4.2节式(4.14),可得出各线电压 u_{UV}、u_{VW}、u_{WU} 的波形。又依据式(4.15)—式(4.17),可得出各相电压 u_{UN}、u_{VN}、u_{WN} 波形。如图4.27所示,以 u_{UV}、u_{UN} 为例绘制出了相应的波形图。

综上所述,电压型桥式 SPWM 逆变电路,无论是单相桥式还是三相桥式,同一半桥的上下桥臂的控制信号互补。但上下桥臂不能同时导通,否则会造成直流侧短路,需采取"先断后通"的方法,即留一小段死区时间,其长短由开关器件的关断时间来决定。死区时间使输出的 SPWM 波形稍微偏离正弦波。为减小不利影响,在保证安全可靠换流的前提下,死区时间尽可能取小。

逆变器输出电压的频率与正弦调制波频率相同。当逆变器输出电压需要变频时,只要改变调制波的频率即可。

4.4.4 SPWM 逆变电路调制信号的调制方式

在 SPWM 逆变电路中,载波频率 f_c 与调制波频率 f_r 的比值称为载波比 M,即

$$M = \frac{f_c}{f_r} \tag{4.34}$$

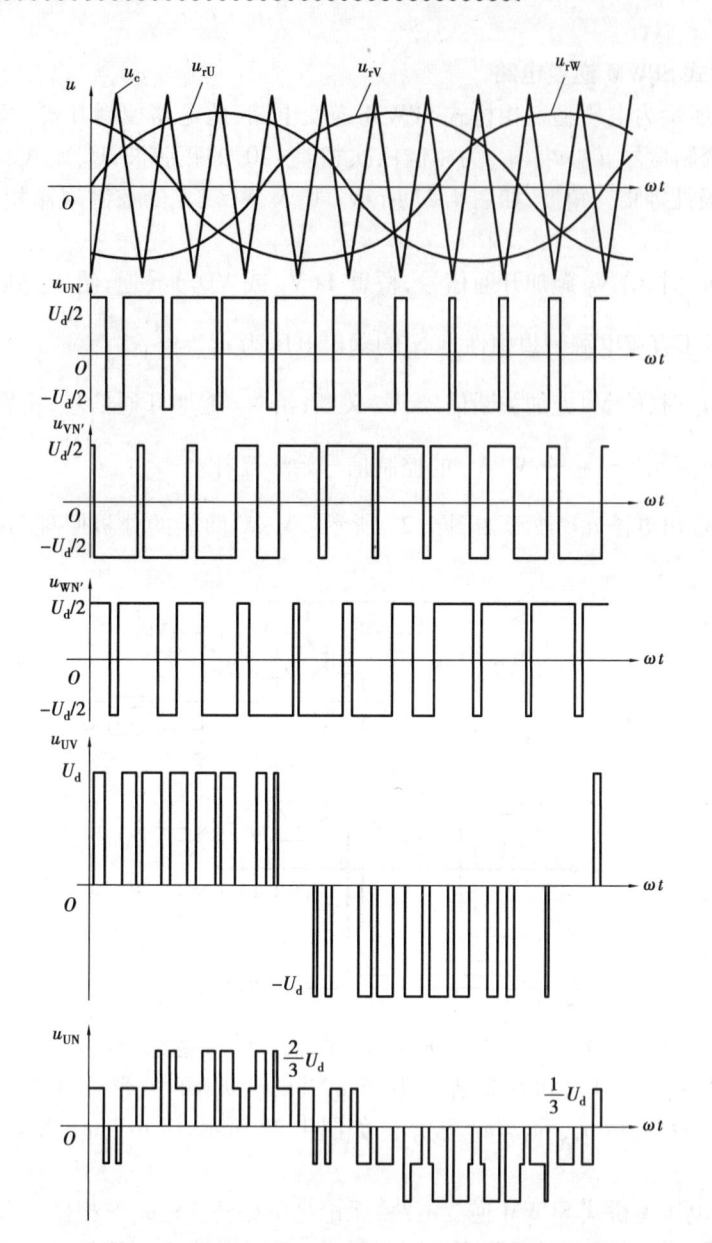

图 4.27　三相桥式 SPWM 逆变电路调制信号与输出波形

载波比 M 决定在每个调制周期中输出 SPWM 脉冲的个数。载波比 M 值越大,输出的脉冲个数越多,SPWM 波形就越接近正弦波。如图 4.24 所示波形中,载波比 $M = \dfrac{f_c}{f_r} = 14$,即每半个调制周期中,输出 SPWM 脉冲 7 个。

载波比根据载波和调制波是否同步及载波比的变化情况,PWM 调制方式分为异步调制、同步调制和分段同步调制。

(1) 异步调制

异步调制是指在频率变化过程中,载波频率 f_c 保持固定不变,即载波信号与调制信号不是同步变化。当调制波频率 f_r 变化时,载波比 M 随之发生变化。异步调制的优点是:当逆变电路输出频率较低(即调制波频率 f_r 较低)时,载波比 M 较大,半个周期内脉冲数较多,低频时输出特性好,当负载为电动机时,低频转矩脉动和噪声小。缺点是:当调制波频率 f_r 变化时,载波频率 f_c 不变,载波比 M 可能不为整数,使得输出 SPWM 波形正负半周期的脉冲不对称,其相位也出现变化,难以保证输出三相之间的对称性。特别是当调制波频率 f_r 变高时,载波比 M 变小,半个周期内脉冲数变少,对输出脉冲的不对称性影响变大,同时,使得输出 SPWM 波形和正弦波之间的差异也变大,三相输出的对称性也变差,当负载为电动机时,会使电动机工作不平稳。

（2）同步调制

同步调制是指在频率变化过程中,保持载波比 M 不变,即载波信号与调制信号保持同步变化。在此调制方式中,载波比 M 不变,逆变电路输出 SPWM 脉冲的个数是固定的。

在三相逆变电路中,为了保证三相之间互差 120° 相位角的对称性,通常取载波比 M 为 3 的整数倍。同时,为了保证双极性调制时输出 SPWM 波形正负半周期的脉冲对称,载波比必须是奇数,这样在调制波 u_r 的 180° 处,载波 u_c 的正负半周恰好分布在 180° 的左右两侧。由于波形对称,避免了偶次谐波的出现。

同步调制的缺点是:当逆变电路输出频率较低（即调制波频率 f_r 较低）时,载波频率 f_c 也很低,相邻两脉冲间的间距增大,谐波会显著增大,当负载为电动机时,产生较大的转矩脉动和噪声。相反,当要求逆变电路输出频率过高时,载波频率 f_c 会随着调制波频率 f_r 同样升高,过高的 f_c 可能会超出开关器件的频率极限。

（3）分段同步调制

由上述分析可知,异步调制和同步调制各有优缺点,为了扬长避短,将两种调制方式结合起来,成为分段同步调制。具体结合方式所述如下:

在一定频率范围内采用同步调制,以保持输出波形对称的优点。当频率较低时,如果仍采用同步调制,载波比 M 不变,输出波形谐波会增大。为了避免此缺点,可使载波比分段有级地增大,以吸取异步调制的优点,这就是分段同步调制。具体来说,就是把逆变器输出的整个变频范围划分为若干个频段,在每个频段内都维持载波比 M 不变,而不同的频段取不同的 M 值,如图 4.28 所示。这样,在输出频率的高频段采用较低的载波比,使载波频率不致过高,以满足开关器件对开关频率的限制;在输出频率的低频段采用较高的载波比,使载波频率不致过低,而对负载产生不利影响。各频段的载波比都应该取 3 的整数倍且为奇数。

另外,为了防止载波频率在切换点附近来回跳动,在各频率切换点处设置一定的切换频率滞环。如图 4.28 所示中切换点处的实线表示输出频率增高时的切换频率,虚线表示输出频率降低时的切换频率,前者略高于后者而形成滞环切换。

为了使逆变电路输出的波形更接近正弦波,应尽可能增大载波比 M,但在同一频率段内,增大 M 值必然增大载波频率,而载波频率受到开关器件的频率限制,因此,载波比不能太大,应受到限制,即载波比 M 应受到下列条件的制约:

$$M = \frac{功率开关器件的允许开关频率}{频段内最高的调制信号频率} \tag{4.35}$$

4.4.5　PWM 逆变电路控制信号的产生

通过控制逆变电路主电路中开关器件的通断,产生输出所需的 SPWM 波形。通过得到 PWM 调制电压脉冲 u_{PWM} 去控制逆变电路开关器件的通断,控制信号 u_{PWM} 其实就是一个

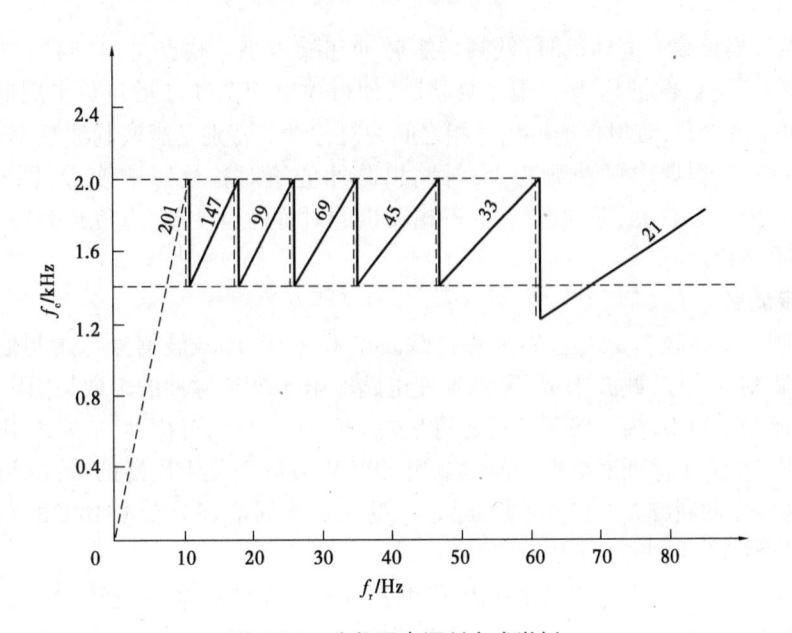

图 4.28　分段同步调制方式举例

SPWM波形。

控制信号 SPWM 波形的产生实现方法可分为 3 类:采用模拟电路产生、采用微处理器软件产生和采用专门的 SPWM 芯片产生。

(1)采用模拟电路产生

原始的 SPWM 信号波形是通过模拟控制来实现的。如图 4.22(a)所示其实就是由模拟控制产生单相的 SPWM 信号波形的原理。以三相系统为例进行说明,如图 4.29 所示为三相 SPWM 逆变电路由模拟电路控制的原理框图。由参考信号发生器产生三相对称的调制正弦波 u_{rU}、u_{rV}、u_{rw},其频率和幅值可调。三角波发生器产生三相共用三角载波 u_c,分别与每相的调制波比较后,给出"正"或"零"的输出,产生 SPWM 脉冲序列波 u_{pwmU}、u_{pwmV}、u_{pwmW} 作为逆变电路开关器件的控制信号。

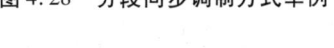

图 4.29　模拟电路产生三相 SPWM 波形原理框图

(2)采用微处理器软件产生

在采用微处理器软件产生 SPWM 控制信号的方式中,又可以分为以下两大类方法来实现 SPWM 波形的产生:

①采用表格法生成 SPWM 波形。即在整个变频范围内,根据不同的载波比,离线计算出幅值为 1 的正弦波相应的通断时刻点,作为表格存入计算机内存中。运行时按照一定时间间

隔读取数据,并输出得到 SPWM 波形。正弦波频率的改变通过读取数据和时间间隔实现,正弦波幅值的改变通过查已经存入计算机内存中的表格数据上一个幅值调制系数来实现。但是这样在调频范围内有多少个 N 值就需要多少张基准正弦函数表,使得占用内存大。

②通过软件实时计算生成 SPWM 波形。它是根据数学模型,实时计算出开关器件的通断时刻。它又可以分为自然采样法和规则采样法。

自然采样法是指依照模拟控制方式,在正弦调制波和三角载波的交点时刻控制功率开关器件的通断,从而生成 SPWM 脉冲,如图 4.30 所示。这种方法得到的 SPWM 波很接近正弦波,在具体的计算过程中需要解超越方程,求解需要花大量时间,很难用软件在实时控制中在线计算,在工程上很少使用。

规则采样法是目前工程上常采用的方法,效果非常接近自然采样法,但计算更便捷且易于实现。在规则采样法中,载波可为锯齿波或者三角波,这里以三角波为例进行说明。如图 4.31 所示,三角波的负峰值的时刻为 t_D,正弦调制波在 t_D 时刻对应的点为 D 点,过 D 点作一水平直线和三角波分别相交于 A、B 点。在 A、B 点对应时刻控制功率开关器件的通断,从而生成 SPWM 脉冲。通过与图 4.30 对比可知,规则采样法得到的脉冲宽度和自然采样法得到的脉冲宽度非常接近。

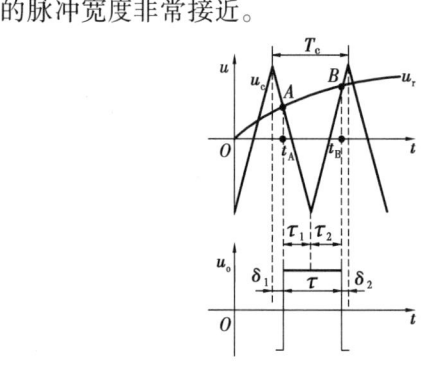

图 4.30　自然采样法

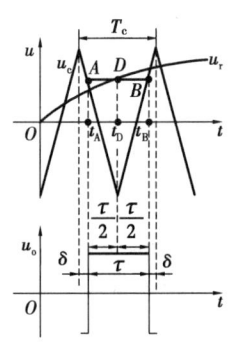

图 4.31　规则采样法

若正弦调制波为

$$u_r = a \sin \omega_r t \tag{4.36}$$

式中,ω_r 为正弦信号波角频率;a 为调制比,其值为正弦调制波电压幅值与三角载波电压幅值之比,即 $a = \dfrac{U_{rm}}{U_{cm}}(0 \leqslant a < 1)$。

从图 4.31 中可得以下关系式

$$\frac{1 + a \sin \omega_r t_D}{\tau/2} = \frac{2}{T_c/2} \tag{4.37}$$

式中,τ 为脉冲宽度,T_c 为三角载波的周期。

通过上式变换,可得

$$\tau = \frac{T_c}{2}(1 + a \sin \omega_r t_D) \tag{4.38}$$

(3)采用专门的 SPWM 芯片产生

应用微处理器软件产生 SPWM 波形,其效果受到指令功能、储存容量、运算速度和兼顾系统控制算法的限制,有时难以很好地实现实时性,特别是很难适应高频开关的要求。随着微电子技术的发展,很多厂商都开发研制了多种专门产生 SPWM 控制信号的集成芯片。如 HEF4752、SLE4520、MA818(828/838)、SA4828(8281/8282)、SM2001、ZPS-101 等。采用这些芯片可以很方便地得到 SPWM 控制信号,且比微处理器软件产生 SPWM 控制信号的系统响应时间更快、控制精度更高。

4.5 逆变电路的应用

4.5.1 逆变技术的应用领域

无源逆变电路的应用十分广泛,在交通运输、工业生产、家用电器、电力系统等各个领域都有大量的应用。

(1)交通运输

无源逆变电路广泛应用于电气化铁路中,对于交流传动机车,采用交-直-交供电方式,把牵引网的交流变为直流,如动车、高铁等交流传动机车都是采用的三相异步电动机,这需要三相交流变频电源,需要通过逆变器将直流电变换为交流电,并起到调速的作用。另外,交流传动机车或直流机车都需要通过逆变器将直流变换为 50 Hz 工频的交流电,给列车上其他交流电器设备供电。

在航天、船舶上,需要将直流电变换为 220 V、115 V 等电压等级交流电,供各类交流用电设备使用,因此,需要逆变器进行电能变换。

在汽车(特别是新能源汽车)中也大量使用无源逆变电路,比如,车载空调系统的压缩机控制、电动汽车电机驱动装置等。

(2)工业生产

在工业生产中有大量交流电动机,例如,在使用风机、水泵、机床、轧机、电梯等场合中,交流电机需要由变频器通过控制交流电机的电压、电流和频率来调节交流电动机转速,其中,变频器的核心部分正是无源逆变电路。

在工业中的感应加热由逆变电路产生中高频交流电,利用涡流效应使金属被感应加热,达到加热和融化的目的,中频炉、高频炉等设备就是感应加热的典型应用。

(3)家用电器

在大量的家用电器中,逆变电路的使用越来越广泛,例如,变频空调、洗衣机、电冰箱、电磁炉、微波炉等家用电器,采用了以逆变技术为核心的变频装置的家用电器设备,能有效地提高效率,降低能耗,节能环保。

(4)电力系统

电力系统的高压直流输电(HVDC)、交流柔性输电(FACTS)、风力发电、太阳能发电、不间断供电电源 UPS、应急电源 EPS 等也应用了逆变电路。

①风力发电。受风力变化的影响,风力发电机所发出来的交流电很不稳定,并网或直接供给用电设备都非常危险。为此,先将风力发电机产生的交流电整流为直流电,再利用逆变器将其逆变为幅值和相位都稳定的交流电,回馈送入电网或供用电设备使用。

②太阳能发电。太阳能电池阵列所发出的电能为直流电,对于离网系统,直接给用电设

备供电,但大多数用电设备是交流设备,需要逆变器将直流电变换为交流电;对于并网系统,更是需要逆变器将直流电变换为符合电网要求的交流电,以实现并网。

③有源滤波和无功补偿。为了消除电网谐波污染,抑制谐波电流,提高供电系统功率因数,必须对工频交流电网进行有源滤波和无功补偿,而有源滤波和无功补偿的核心技术就是逆变技术。

4.5.2　逆变电路在静止无功发生器中的应用

在电力系统中,由于存在大量的感性负载(如感应电动机、变压器、电焊机等),这些负载从电力系统中吸收无功功率,使得功率因数降低,对电力系统造成电压损失增大、功率损耗等不良影响,因此,必须安装无功补偿装置。无功补偿装置可分为稳态无功功率补偿设备和动态无功功率补偿设备两大类。

稳态无功功率补偿设备主要有同步补偿机和并联电容器。同步补偿机是空载运行的同步电动机,为旋转设备,其安装、运行、维护都很复杂,应用较少。并联电容器无旋转部分,其安装、运行、维护都较简单,并且还具有组装灵活、扩充方便等优点。其缺点是不能跟随负荷对无功功率的变化而自动调节,即不能实现对无功功率的动态补偿。

动态无功功率补偿设备又称为"静止型无功功率自动补偿装置",简称"静补装置"(Static Var Compensator,SVC)。

随着逆变技术的发展,出现了更为先进的静止无功发生器(Static Var Generator,SVG),也可称为静止补偿器(Static Compensator,STATCOM),如图 4.32 所示,SVG 主电路为电压型桥式结构,其电路工作原理和三相桥式 PWM 逆变电路类似,通过控制 6 个 IGBT 的通断将直流电压变换为输出电压、频率及相位均可控的三相交流电压 $\dot{U}_\circ$。

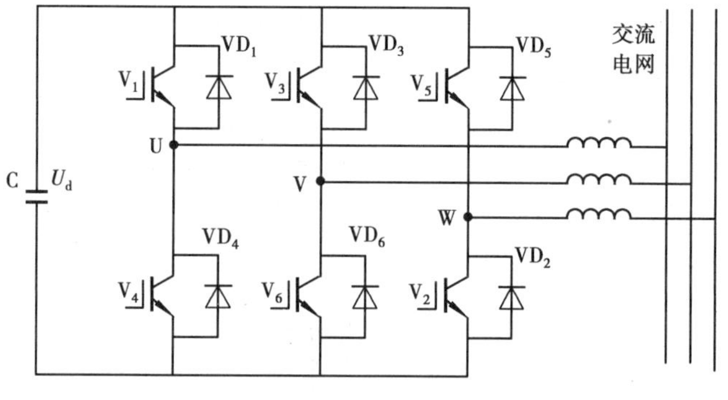

图 4.32　SVG 主电路原理图

将 SVG 的输出经过电感接到三相电网中,控制 $V_1 \sim V_6$ 使 $\dot{U}_\circ$ 与电网电压 $\dot{U}_s$ 同频率、同相位,改变 $\dot{U}_\circ$ 的幅值大小即可控制 SVG 从电网吸收的电流 $\dot{I}$ 是超前还是滞后90°,并且还能控制该电流的大小。其工作原理可以用如图 4.33(a)所示的单相等效电路来说明,可见,连接电感两端的电压 $\dot{U}_L = \dot{U}_s - \dot{U}_\circ$。其工作向量图如图 4.33(b)所示,当 $\dot{U}_\circ$ 大于 $\dot{U}_s$ 时,$\dot{U}_L$ 与 $\dot{U}_s$ 反方向,流过电感的电流 $\dot{I}$ 滞后 $\dot{U}_L$90°,可得电流 $\dot{I}$ 超前电网电压 $\dot{U}_s$90°,SVG 发出无功功率;当 $\dot{U}_\circ$ 小于 $\dot{U}_s$ 时,$\dot{U}_L$ 与 $\dot{U}_s$ 同方向,流过电感的电流 $\dot{I}$ 滞后 $\dot{U}_L$90°,可得电

流 $\dot{I}$ 滞后电网电压 $\dot{U}_s$ 90°,SVG 吸收无功功率。

综上所述,通过控制开关器件控制输出电压 $\dot{U}_o$ 的幅值及相对于电网电压 $\dot{U}_s$ 的相位,可以改变连接电感上的电压,可以使 SVG 吸收或者发出满足要求的无功功率,实现动态无功补偿的目的。

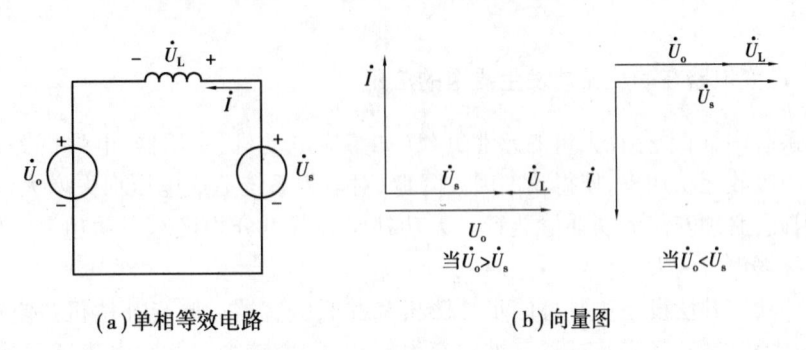

(a)单相等效电路   (b)向量图

图 4.33　SVG 等效电路及工作原理图

SVG 中的连接电感,除了连接电网和逆变器两个电压源外,还起到滤除高次谐波的作用,因此,所需的电感值并不大,远小于补偿容量相同的其他 SVC 装置所需的电感量。与 SVC 相比,SVG 避免了采用体积庞大的电抗器和电容器。

4.5.3　无换向器电动机调速系统

无换向器电动机即交流同步电动机,同步电动机的原理与有电刷直流电动机相似,仅是电枢与励磁换了位置,并且定子以三相电源供电。因为同步电动机电枢三相绕组在定子上,可以用逆变器代替直流电动机电刷和整流片组成的机械换向器,所以称之为无换向器电动机。无换向器电动机调速系统也称自控式变频电动机调速系统。

无换向器电动机控制原理如图 4.34 所示,与方波逆变器相似,采用电流型逆变电路,但无换向器电动机电路的逆变器不需要电容和二极管组成的强迫换流电路,无换向器电动机采用负载换流方式,由晶闸管组成的逆变器也采用 120°导电控制方式,由整流电路提供可控直流电源。当电机转子(磁场)旋转时,定子绕组感应三相电动势 e_a、e_b、e_c。如果晶闸管在三相电动势的交点 K 前换流,则可以利用定子感应电动势换流,故称为负载换流方式或感应电动

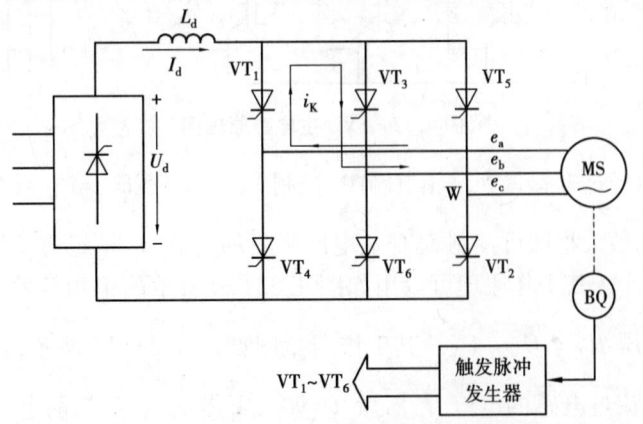

图 4.34　无换向器电动机的控制原理电路图

势换流。如图 4.35 所示,在 ωt_1 时 VT_1 与 VT_3 换流,触发 VT_3, $e_a > e_b$,产生换流 i_K, i_K 抵消了 VT_1 的正向电流,使 VT_1 关断, VT_3 导通。领先交点 K 换流的电角度 δ 称为提前换流角。

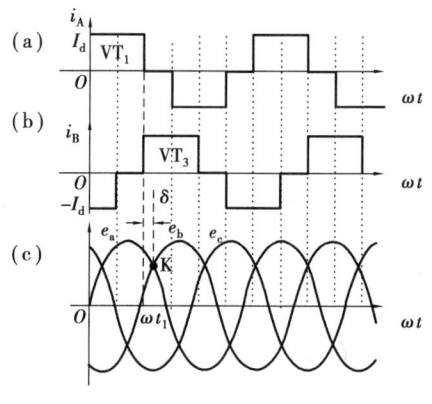

图 4.35　无换向器电动机工作原理波形图

无换向器电动机逆变器输出电流频率 f 必须与转子旋转速度同步,即 $n = 60f/n_p$。通过检测器 BQ 检测转子位置,在一周中依次产生 6 个晶闸管的触发脉冲(电动机为两极时 $n_p = 1$)。如果改变整流器控制角,直流回路电流 I_d 变化,电动机转矩随之变化,电动机转速也改变,触发脉冲发生器输出脉冲频率同时改变。这种自控方式,在启动时电机尚在静止状态,会因为不能产生触发脉冲而无法工作,所以无换向器电动机需要由其他动力帮助启动,首先将电动机带到一定转速,再转入自控工作方式,并且在低速时,定子感应电动势较小,可能不足以保证逆变器安全换流。无换向器电机逆变器一般采用晶闸管,适用于高电压、大电流、大容量同步电动机调速系统。

4.5.4　电动汽车空调系统的压缩机控制

汽车空调控制系统不仅能调节车内空气的温度和湿度,还能按需调节出风风量、风速大小和方向,涉及压缩机、鼓风机、风门电动机和加热器等空调零部件的控制。如图 4.36 所示为纯电动汽车非热泵式电动空调系统的空气调节控制系统框图。电动空调控制系统的传感器有车外环境温度传感器、车内空气温度传感器、风门位置传感器等,传感器信号处理、新风温度控制算法和执行信号输出则由空调控制器的硬件和软件完成,而如电动压缩机、鼓风机、风门电动机和加热器等执行元件的内部控制则由自身的功率控制单元完成。

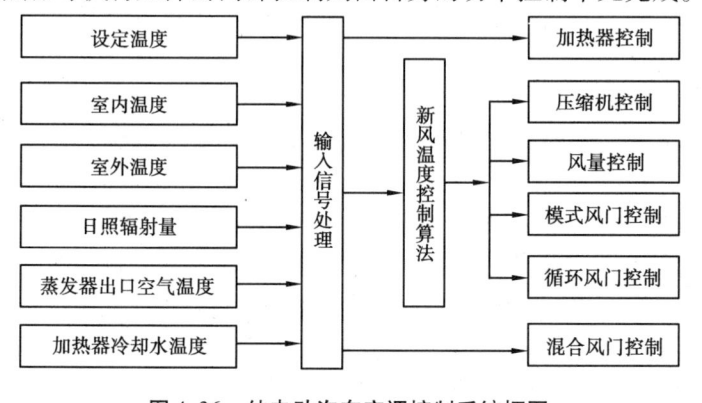

图 4.36　纯电动汽车空调控制系统框图

电动压缩机采用基于逆变电路的变压变频控制技术,电动压缩机的转速在其允许范围内可以任意变化。根据汽车空调系统的工作原理,电动压缩机在第一象限工作。车载动力蓄电池组的电源可直接输入逆变电路,逆变器将直流电变为电压和频率受控的交流电,输出给压缩电动机,压缩电动机可在大范围内变速。压缩电动机的控制系统由功率模块和控制模块组成,其结构如图 4.37 所示。压缩电动机在排风口附近设置温度传感器,当控制模块检测温度高于预定值时,禁止功率模块输出交流电,压缩机停止运转,这样压缩机具有热保护功能。压缩电动机有不同的转速,这样空调系统的冷媒容量可控,以适应汽车空调系统的工况变化。在控制模式上,压缩电动机区别于电动汽车驱动电动机的控制,前者属于转速控制,后者为转矩控制。冷媒容量是电动压缩机控制系统的目标控制量,它是根据人为设定的温度和新风温度控制算法演绎出的一个命令。

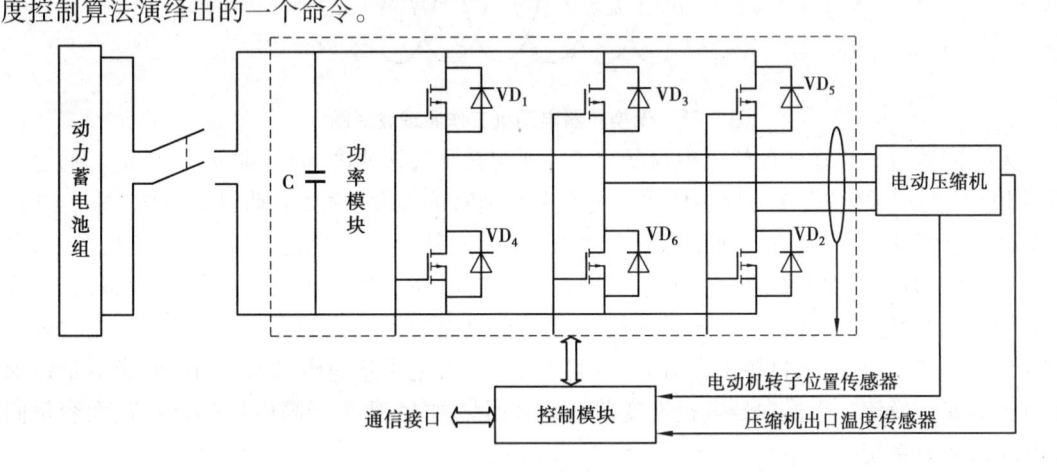

图 4.37　电动压缩机的控制系统结构

4.5.5　不间断电源中逆变技术的应用

不间断电源(Uninterruptible Power Supply,UPS)是当市电中断(停电或异常)时,立即将储存的电能向负载继续供电,使负载维持正常工作,并保护负载软、硬件不受损坏的装置。随着科技的发展、社会的进步和信息处理量的加大,对用电质量的要求越来越高,UPS 的功能不仅是不中断供电,还能提供稳压、稳频和波形失真度极小的高质量正弦波电源。UPS 广泛地应用于各种对交流供电可靠性和供电质量要求高的场合,如用于互联网数据中心、银行清算中心、证券交易系统、通信网管中心等的计算机网络系统,或者用于工业控制、医疗、交通、通信等领域。

(1)UPS 的基本结构

按主电路结构进行分类,UPS 可分为后备式 UPS 和在线式 UPS。

后备式 UPS 的优点是:结构简单、成本低、运行费用低,在正常情况下逆变器处于非工作状态,电网电能直接供给负载。其缺点是:当电网中断供电时,由电网供电转换到蓄电池经逆变器供电存在一定的开关转换时间。对于那些对供电连续性要求较高的设备来说,这一转换时间的长短至关重要。后备式 UPS 一般应用在一些非关键性的小功率设备上。

在线式 UPS 的逆变器总是处于工作状态,从根本上消除了来自电网的电压波动和干扰对负载的影响,真正实现了对负载的无干扰、稳压、稳频及零转换时间。目前,大多数 UPS,特别是大功率 UPS,均为在线式,但其成本相对较高。本书只介绍在线式 UPS 的基本结构及原理。

在线式 UPS 的基本结构原理图如图 4.38 所示,它由整流器、蓄电池组、逆变器、静态开关等部分组成。当电网供电正常时,整流器将市电变换为直流电,对蓄电池进行充电,同时,通过逆变器将交流电变换为稳压、稳频的交流电供负载使用;当电网中断或异常时,由蓄电池组向逆变器提供直流电,再由逆变器把直流电转换为交流电供给负载,以保证负载不间断供电。可见,不管市电故障与否,负载的供电均由逆变器供电,当市电中断供电时,UPS 的输出不需要一定的开关转换时间,其转换时间为零,能实现对负载真正的不间断供电。当逆变器出现故障时,则通过静态开关转换到旁路,负载直接由市电供电;当逆变器故障消失后,UPS 又重新切换到由逆变器向负载供电。

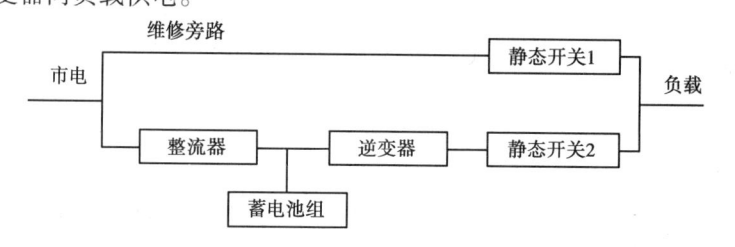

图 4.38 在线式 UPS 的基本结构原理图

(2) UPS 中的逆变器

为了获得稳压、稳频且波形畸变较小的正弦波电压,通常采用谐波系数 HF 和总谐波畸变系数 THD 来衡量输出电压波形质量的好坏。

正弦波输出 UPS 通常采用 SPWM 逆变器,以单相输出的 UPS 为例,其主电路和控制系统原理图分别如图 4.39、图 4.40 所示。主电路采用单相桥式 SPWM 逆变电路,对于小功率 UPS,开关器件一般采用电力 MOSFET,对于中大功率 UPS,则采用 IGBT。为了滤去高次谐波,输出采用 LC 滤波电路;输出隔离变压器实现逆变器与负载之间的电气隔离,从而减小干扰;为了节约成本,大多数的 UPS 省去了如图 4.39 所示中滤波电感 L,利用隔离变压器的漏感来充当输出滤波电感。

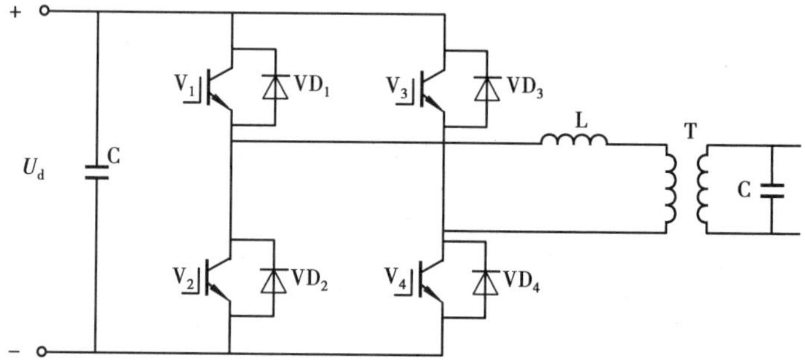

图 4.39 单相 UPS 逆变器主电路

为了保证逆变器供电和维修旁路供电之间能可靠无间断切换,逆变器必须时刻跟踪市电,使输出电压与维修旁路电压同频率、同相位、同幅值。如图 4.40 所示,市电经同步锁相电路得到与市电同步的 50 Hz 方波,将其输入标准正弦波发生器,便能产生与市电同步的标准正弦波信号。该标准正弦波信号与有效值调节器的输出相乘后便得到输出电压瞬时值,即给定信号 u^*,再与输出电压瞬时值反馈信号 u_f 相减,误差信号经 P 比例调节器调节后,与三角载波信号相比较,得到 PWM 信号。PWM 信号经驱动电路后,去控制逆变主电路中的开关器件的通断,从而达到控制输出电压的目的。

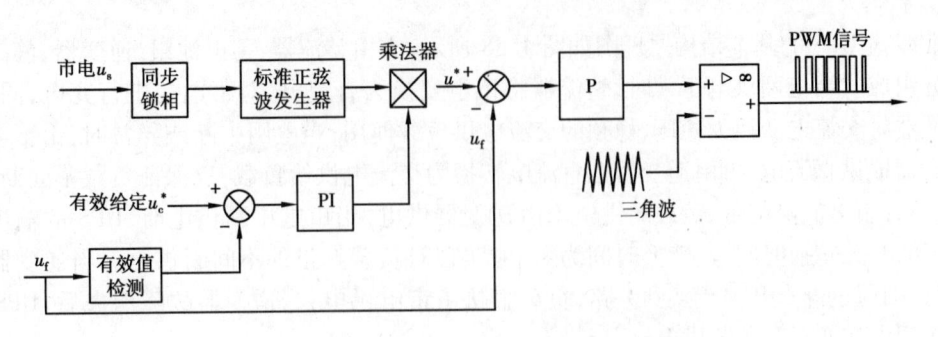

图 4.40 单相 UPS 逆变器控制系统框图

【复习思考】

1.什么是有源逆变？什么是无源逆变？两者有何区别？

2.常用的换流方式有几种？各自有何特点？

3.逆变电路根据输入电源的特点不同,可以分为哪几种？各自有何特点？

4.单相电压型逆变电路中分别为电阻负载和阻感负载时,对输出电压、电流有何影响？电路结构有哪些变化？

5.180°导电方式的电压型三相逆变电路 $V_1 \sim V_6$ 应该按怎样的顺序导通？每 60°导通区间有哪些管子导通？

6.电压型三相桥式逆变电路,采用180°导电方式,输入直流电压为220 V。试求输出相电压的基波幅值 U_{UN1m} 和基波有效值 U_{UN1},输出线电压的基波有效值 U_{UV1},输出线电压第 5 次谐波的有效值 U_{UV5},输出线电压的总谐波畸变系数。

7.简述电压型三相逆变电路的导电方式和电流型三相逆变电路的导电方式。试分别说明两种方式下电力电子器件的换流顺序。

8.全控型器件组成的电压型三相桥式逆变电路能否采用120°导电方式？为什么？

9.为什么电流型逆变电路中没有反馈二极管？

10.PWM 控制技术的基本工作原理是什么？

11.在 PWM 控制技术中,单极性和双极性的控制方式有什么区别？

12.在 SPWM 逆变电路中,载波信号和调制信号常采用什么波形？什么是载波比？什么是异步调制？什么是同步调制？什么是分段同步调制？

13.什么是 SPWM 波形的自然采样法？什么是规则采样法？规则采样法与自然采样法相比有什么优缺点？

14.试绘制出当调制比为 0.5,载波比为 10 时,单相桥式 SPWM 逆变电路的载波信号、调制信号和输出电压的波形。

15.什么是 SVG？其功能是什么？

16.无换向器电动机逆变器采用的是什么换流方式？

17.简述在线式 UPS 的基本工作原理。

【实践练习】

4.1 观察日常生活中的车载逆变器,分析其电路设计及工作原理。

4.2 查阅资料,了解并网或离网光伏发电系统逆变器设计实例。

第5章 整流电路

【问题导入】

什么是整流电路,其作用是什么? 整流电路就是将交流电变换为直流电的电路,其应用十分广泛。公用电网提供的电能为交流电,而各种直流用电设备需要的供电电源为直流电,因此必须将电网提供的交流电通过整流电路变换为直流电后,才能供电给直流设备,如电解、电镀、通信设备的基础电源、直流电动机调速、直流发电机的励磁调节、蓄电池充电等。

整流装置通常由电源(公用电网提供)、变压器(设置与否视情况而定)、整流电路主电路、控制回路、滤波器、负载等构成。本章讨论的重点是整流电路主电路的工作情况,并在本章最后列举了一些整流电路在实际工程中的应用实例。

【学习目标】

1. 了解整流电路的分类及性能指标。
2. 掌握相控式单相整流电路的工作原理。
3. 掌握相控式三相整流电路的工作原理。
4. 理解整流电路的谐波、功率因数问题及其改善方法。
5. 了解整流电路在实际工程中的应用。

【技能目标】

认知整流电路在实践中的应用,如直流电动机调速系统、在电气化铁路及城市轨道交通中的应用、在 UPS 中的应用、在开关电源中的应用等。

掌握各类整流电路工作原理,特别是相控式单相全控桥整流电路、相控式三相全控桥整流电路等。

5.1 概　述

将输入电路的交流电变换为直流电输出的电路称为整流电路,如图 5.1 所示。

图 5.1　整流电路框图

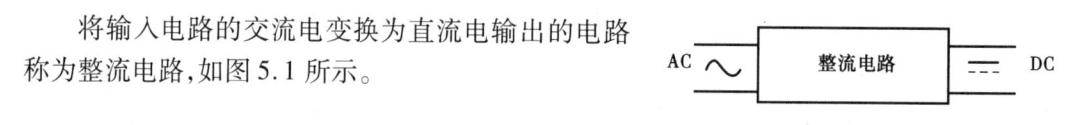

101

5.1.1　整流电路的分类

整流电路按照不同的角度可以有不同的分类方法。

(1)按使用的电力电子器件类型分类

1)不可控整流电路

它是指整流电路中使用的电力电子器件完全为不可控器件(如电力二极管)。其特点为,当输入端交流电压的值为定值时,输出的直流电压的值为定值,不可改变。

2)可控整流电路

它是指整流电路中使用了可控型电力电子器件(如晶闸管、GTO、IGBT 等)。其特点为,当输入端交流电压的值为定值时,输出的直流电压的值可以调节。它又可进一步分为半控整流电路和全控整流电路两种。

①半控整流电路中既包括可控器件,又包括不可控器件,其功率由电源流向负载。

②全控整流电路中全部器件都可控,其功率既可由电源流向负载,也可由负载反馈给电源(即工作在有源逆变状态)。

(2)按输入电源相数分类

①整流电路输入的交流电源是单相电时,称为单相整流电路。

②整流电路输入的交流电源是三相电时,称为三相整流电路。

③整流电路输入端电源由多相电(如十二相、二十四相等)供电时,称为多相整流电路。

(3)按主电路的结构特点分类

①桥式整流电路。

②零式整流电路。

(4)按控制方式的不同分类

①相控方式整流电路。

②脉冲宽度调制(PWM)整流电路。

5.1.2　整流电路的性能指标

整流电路的输入端和公用电网相连,其性能将影响电网的运行和电能质量。

各种整流器电路性能差异很大,除其体积、功率、质量、效率、电磁兼容性等评价指标以外,其性能和控制方式还需满足的基本要求为:输出稳定和可控的直流电压;输出直流侧电压的纹波都限制在允许范围内;输入交流侧电流的谐波限制在允许范围内;输入侧功率因数尽可能高。

(1)功率因数(Power factor)

对于非正弦电路(电压为正弦波,电流为非正弦波)有功功率 P 与视在功率 S 之比称为功率因数,即

$$\lambda = \frac{P}{S} \tag{5.1}$$

$$S = UI \tag{5.2}$$

式中,U 为正弦波电压有效值,I 为非正弦波总电流有效值。而有功功率 $P = UI_1\cos\varphi_1$,整理可得

$$\lambda = \frac{P}{S} = \frac{U I_1 \cos \varphi_1}{U I} = \frac{I_1}{I} \cos \varphi_1 = \upsilon \cos \varphi_1 \tag{5.3}$$

式中,I_1 为基波电流有效值;φ_1 为基波电流与电压的相位差;$\cos \varphi_1$ 为位移因数或基波功率因数。

基波因数 υ 定义为

$$\upsilon = \frac{I_1}{I} = \frac{I_1}{\sqrt{I_1^2 + \sum_{n=2}^{\infty} I_n^2}} = \frac{1}{\sqrt{1 + \sum_{n=2}^{\infty} \frac{I_n^2}{I_1^2}}} = \frac{1}{\sqrt{1 + THD^2}} \tag{5.4}$$

式中,THD 为电流总谐波畸变系数。

通过式(5.4)可知波形畸变越严重,υ 越小。

将式(5.4)代入式(5.3)可得

$$\lambda = \frac{\cos \varphi_1}{\sqrt{1 + THD^2}} \tag{5.5}$$

式(5.5)表明,功率因数由基波电流相移和电流波形畸变这两个因素共同决定。

(2)电压纹波系数 RF(Ripple Factor)

整流电路输出直流电压是脉动的,除了有主要的直流成分外,还包含有交流谐波成分。

电压的纹波系数定义为

$$RF = \frac{U_R}{U_d} \tag{5.6}$$

式中,U_d 为脉动电压中的直流平均值;U_R 为脉动的电压中除了直流成分以外的所有交流谐波电压的有效值,也可表示为

$$U_R = \sqrt{U^2 - U_d^2} \tag{5.7}$$

式中,U 为脉动电压的总有效值。

故

$$RF = \frac{\sqrt{U^2 - U_d^2}}{U_d} = \sqrt{\left(\frac{U}{U_d}\right)^2 - 1} \tag{5.8}$$

5.2　相控式单相可控整流电路

5.2.1　相控式整流电路的基本概念

(1)单相半波可控整流电路工作原理及波形分析

在日常的生活生产中,电炉、电解设备、电灯等都属于电阻性负载。电阻负载的特点是其负载两端的电流和电压成正比,电压和电流的波形形状也相同。

如图 5.2(a)所示为单相半波可控整流电路,图中 T 为变压器,其作用为隔离和变换交流电压,其原边和副边的电压瞬时值分别为 u_1 和 u_2,其有效值分别为 U_1 和 U_2。负载两端的电压即输出电压为 u_d,负载电流即输出电流为 i_d。晶闸管两端的电压为 u_{VT}。当该电路的负载

为电阻性负载时,其工作原理及波形分析如下:

①$0 \sim \omega t_1$ 期间:如图 5.2(b)所示,此期间电压 u_2 处于正半周期,此时 u_2 为正值,晶闸管 VT 承受正向电压,但晶闸管没有得到门极触发信号,因此,VT 不导通(截止状态),电压 u_2 施加在 VT 两端,$u_{VT} = u_2$,输出电压 $u_d = 0$,输出电流 $i_d = 0$。

②$\omega t_1 \sim \pi$ 期间:此期间电压 u_2 还是处于正半周期,晶闸管 VT 承受正向电压,在 ωt_1 时刻给晶闸管 VT 门极触发信号,满足晶闸管导通条件,VT 导通,$u_{VT} = 0$,输出电压 $u_d = u_2$,输出电流 $i_d = u_d / R$。

③$\pi \sim 2\pi$ 期间:当 $\omega t = \pi$ 时刻,电压 u_2 下降到零,u_d、i_d 也下降到零,即流过晶闸管的电流为零,晶闸管 VT 关断。电压 u_2 施加在 VT 两端,$u_{VT} = u_2$,此期间晶闸管始终承受反向电压,输出电压 $u_d = 0$,输出电流 $i_d = 0$。

上述分析了一个周期中电路的工作情况,之后循环此工作过程,于是得到相应的波形图,如图 5.2(b)所示。由于输出电压 u_d 只在电源电压 u_2 的正半周出现,因此,该电路称为半波整流电路;又由于 u_d 波形在一个周期中只脉动一次,因此,也称为单脉波整流电路。

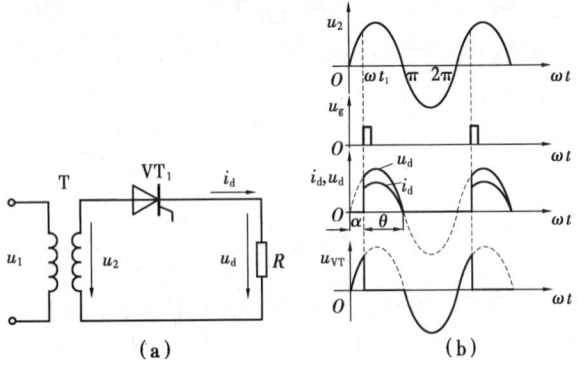

图 5.2 相控式单相半波可控整流电路及工作波形

(2)整流电路的常用术语

①触发角 α。从晶闸管开始承受正向阳极电压起到被触发导通之间的电角度,称为触发角 α,又称触发延迟角或控制角。如图 5.2(b)所示,$0 \sim \omega t_1$ 之间的电角度就是触发角 α。

②导通角 θ。晶闸管在一个周期中处于导通的电角度,称为导通角 θ。如图 5.2(b)所示,$\omega t_1 \sim \pi$ 的电角度就是导通角 θ。可见,在单相半波可控整流电路带电阻性负载时,$\theta = \pi - \alpha$。

③移相。改变触发角 α 的大小,即改变晶闸管触发脉冲 u_g 出现的相位,称为移相。

④移相控制。通过改变触发角 α 的大小,从而调节整流电路输出电压大小的控制方式称为移相控制或相位控制,简称"相控"。

⑤移相范围。是指触发角 α 的允许调节范围。当触发角 α 从 α_{min} 到 α_{max} 变化时,整流电路的输出电压也完成从最大值到最小值的变化。移相范围和整流电路的结构、负载性质有关。

⑥自然换相点。当整流电路中的可控元件全部由不可控元件(电力二极管)代替时,各元件开始导通的时刻点,称为自然换相点。如图 5.2(b)所示,$\omega t = 0$ 时刻就是该电路的自然换相点,可见,自然换相点是晶闸管可能导通的最早时刻,也可以说是触发角 α 的起点位置,即此时 $\alpha = 0°$。整流电路的结构不同,自然换相点也可能不同。

⑦同步。要使整流电路的输出电压稳定,要求触发脉冲信号和交流电源电压(即晶闸管阳极电压)在频率和相位上要协调配合。

(3)单相半波可控整流电路的数量关系

整流输出电压平均值 U_d 是输出电压 u_d 在一个周期内面积的平均值。在实际应用中,直流电压表测负载两端电压为此值。依据图 5.2(b)中输出电压 u_d 的瞬时值波形,可得

$$U_d = \frac{1}{2\pi}\int_\alpha^\pi \sqrt{2}U_2\sin\omega t\,\mathrm{d}(\omega t) = \frac{\sqrt{2}U_2}{2\pi}(1+\cos\alpha) = 0.45U_2\frac{1+\cos\alpha}{2} \tag{5.9}$$

根据式(5.9)可知,当 $\alpha = 0$ 时,输出电压平均值 U_d 最大为 $0.45U_2$;随着触发角 α 的增大,输出电压平均值 U_d 逐渐减小;当 $\alpha = \pi$ 时,输出电压平均值 U_d 最小为 0。因此,该电路的移相范围为 $0 \sim \pi$。

式(5.9)表明,通过移相控制,即改变控制角 α 大小(即改变触发时刻),可以改变整流输出电压的平均值。这种通过控制触发脉冲的相位来控制直流输出电压大小的方式称为相位控制方式,简称相控方式,相应的整流电路称为相控式整流电路。

5.2.2　相控式单相全控桥整流电路

相控式单相半波可控整流电路因其性能较差,在工程实践中很少应用,在小容量场合更多地应用相控式单相全控桥整流电路。

(1)带电阻负载的工作情况

相控式单相全控桥整流电路如图 5.3(a)所示,该电路为桥式结构。

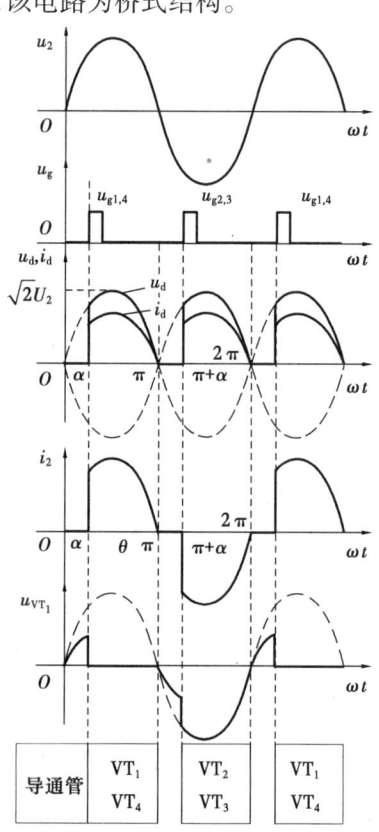

（a）电路图　　（b）工作波形图及晶闸管导通情况

图 5.3　带电阻负载的相控式单相全控桥整流电路及其工作波形

1) 工作原理及波形分析

当输入交流电压 u_2 在正半周期时,a 点比 b 点的电位高,此时,VT_1 和 VT_4 串联承受正向电压,VT_2 和 VT_3 承受反向电压;当输入交流电压 u_2 在负半周期时,b 点比 a 点的电位高,VT_2 和 VT_3 承受正向电压,此时,VT_1 和 VT_4 串联承受反向电压。该电路具体的工作情况分析如下:

① $0 \sim \alpha$ 期间:在 u_2 正半周,VT_2 和 VT_3 承受反向电压,VT_2 和 VT_3 不导通。VT_1 和 VT_4 虽然承受正向电压,但没有得到触发信号,VT_1 和 VT_4 不导通,VT_1 和 VT_4 共同承受电压 u_2,每个晶闸管承受的电压为 $u_2/2$。此期间 4 个晶闸管都处于截止状态,输出电压 $u_d = 0$,输出电流 $i_d = 0$,流过 VT_1 和 VT_4 的电流 $i_{VT_1} = i_{VT_4} = 0$,流过变压器二次侧的电流 $i_2 = 0$。

② $\alpha \sim \pi$ 期间:仍在 u_2 正半周期,VT_2 和 VT_3 承受反向电压保持截止状态,VT_1 和 VT_4 承受正向电压,当 $\omega t = \alpha$ 时给 VT_1 和 VT_4 门极施加触发信号,VT_1 和 VT_4 导通,电流途径为:a 点 $\rightarrow VT_1 \rightarrow R \rightarrow VT_4 \rightarrow$ b 点 $\rightarrow$ 变压器二次侧 $\rightarrow$ a 点。此期间,$u_{VT_1} = u_{VT_4} = 0$,输出电压 $u_d = u_2$,$i_d = u_d/R$,$i_2 = i_{VT_1} = i_{VT_4} = i_d$。

③ $\pi \sim (\pi + \alpha)$ 期间:当 $\omega t = \pi$ 时,电压 u_2 下降到零,u_d、i_d、i_{VT_1}、i_{VT_4} 也下降到零,晶闸管 VT_1 和 VT_4 关断。在 u_2 负半周期,VT_2 和 VT_3 承受正向电压,但它们没有得到触发信号,VT_2 和 VT_3 不导通。此期间,$u_d = 0$,$u_{VT_1} = u_{VT_4} = u_2/2$,$i_d = i_{VT_1} = i_{VT4} = i_2 = 0$。

④ $(\pi + \alpha) \sim 2\pi$ 期间:仍在 u_2 负半周期,VT_1 和 VT_4 承受反向电压保持关断状态,VT_2 和 VT_3 承受正向电压,当 $\omega t = \pi + \alpha$ 时给 VT_2 和 VT_3 门极施加触发信号,VT_2 和 VT_3 导通,负载上下两端承受 b、a 两点之间的电位差,$u_d = -u_2$,$u_{VT_1} = u_{VT_4} = u_2$。此期间电流途径为:b 点 $\rightarrow VT_3 \rightarrow R \rightarrow VT_2 \rightarrow$ a 点 $\rightarrow$ 变压器二次侧 $\rightarrow$ b 点,$i_d = i_{VT_2} = i_{VT_3} = u_d/R$,$i_2 = -i_d$,$i_{VT_1} = i_{VT_4} = 0$。

以上为电路在一个周期内具体的工作情况分析,从 $\omega t = 2\pi$ 时刻开始循环重复此工作过程。通过分析可得波形如图 5.3(b)所示。由于输出电压 u_d 在电源电压 u_2 的正负半周都出现,故该电路也可称为全波整流电路。

2) 基本数量关系

整流输出电压平均值 U_d 为

$$U_d = \frac{1}{\pi}\int_\alpha^\pi \sqrt{2}U_2\sin\omega t\,\mathrm{d}(\omega t) = \frac{2\sqrt{2}U_2}{\pi}\frac{1 + \cos\alpha}{2} = 0.9U_2\frac{1 + \cos\alpha}{2} \quad (5.10)$$

通过波形图可知,全控桥整流电路比半波可控整流电路的输出电压多了一倍的波形面积(当 α 为同一值时),输出电压平均值也比半波整流电路的平均值多一倍。从数量关系式(5.9)和式(5.10)对比也可得到此结论。

从波形图或数量关系均可得出:当触发角 α 逐渐增大时,U_d 逐渐减小,该电路 α 的移相范围为 $0 \sim \pi$。

输出电流平均值 I_d 为

$$I_d = \frac{U_d}{R} = 0.9\frac{U_2}{R}\frac{1 + \cos\alpha}{2} \quad (5.11)$$

输出电流有效值 I 为

$$I = \sqrt{\frac{1}{\pi}\int_\alpha^\pi \left(\frac{\sqrt{2}U_2}{R}\sin\omega t\right)^2 \mathrm{d}(\omega t)} = \frac{U_2}{R}\sqrt{\frac{\sin 2\alpha}{2\pi} + \frac{\pi - \alpha}{\pi}} \quad (5.12)$$

根据图 5.3(b)波形图分析,可知 i_{VT_1} 所包围的面积是 i_d 面积的一半,晶闸管电流的平均

值 I_{dVT} 为 I_d 的一半,即

$$I_{dVT} = \frac{1}{2}I_d = 0.45\frac{U_2}{R}\frac{1+\cos\alpha}{2} \tag{5.13}$$

晶闸管电流的有效值为

$$I_{VT} = \sqrt{\frac{1}{2\pi}\int_\alpha^\pi\left(\frac{\sqrt{2}U_2}{R}\sin\omega t\right)^2\mathrm{d}(\omega t)} = \frac{U_2}{\sqrt{2}R}\sqrt{\frac{\sin 2\alpha}{2\pi}+\frac{\pi-\alpha}{\pi}} = \frac{1}{\sqrt{2}}I \tag{5.14}$$

晶闸管承受的最大正向电压为 $\frac{\sqrt{2}}{2}U_2$,最大反向电压为 $\sqrt{2}U_2$。

变压器二次侧电流有效值 I_2 为

$$I_2 = \sqrt{\frac{1}{\pi}\int_\alpha^\pi\left(\frac{\sqrt{2}U_2}{R}\sin\omega t\right)^2\mathrm{d}(\omega t)} = \frac{U_2}{R}\sqrt{\frac{1}{2\pi}\sin 2\alpha+\frac{\pi-\alpha}{\pi}} = I \tag{5.15}$$

当不考虑变压器的损耗时,要求变压器的容量为

$$S = U_2I_2。$$

(2)带阻感负载的工作情况

在实际应用中,负载既有电阻又有电感,为了使输出电流波形较为平滑,也会在负载回路串入大电抗器,电感值越大,滤波效果越好。当负载的感抗与电阻的数值相比不可忽略时称为阻感负载。

1)工作原理及波形分析

如图5.4(a)所示为带阻感负载的相控式单相全控桥整流电路。假设电感量 $\omega L \gg R$,负载电流连续且近似为一条水平线,如图5.4(b)所示。该电路在一个周期中,各个时间段具体的工作情况如下:

①$\alpha \sim (\pi+\alpha)$ 期间:在 u_2 正半周,VT$_2$ 和 VT$_3$ 承受反向电压而关断,VT$_1$ 和 VT$_4$ 承受正向电压且在 $\omega t = \alpha$ 时刻得到触发信号而导通,电流途径为:a 点→VT$_1$→R→L→VT$_4$→b 点→变压器二次侧→a 点。从 $\omega t = \alpha$ 时刻开始,电压、电流瞬时值关系式为 $u_d = u_2$,$u_{VT_1} = u_{VT_4} = 0$,$i_2 = i_{VT_1} = i_{VT_4} = i_d$,$i_{VT_2} = i_{VT_3} = 0$。在 $\omega t = \pi$ 时刻,电压 u_2 下降到零,虽然 u_d 也下降到零,但由于电感有阻碍电流变化的作用,使得晶闸管 VT$_1$ 和 VT$_4$ 继续流过电流 i_d,VT$_1$、VT$_4$ 继续导通,$\omega t = \pi$时刻之后电路导通情况和之前保持一致,电压、电流瞬时值关系式也和前述一致。

②$(\pi+\alpha) \sim (2\pi+\alpha)$ 期间:在 u_2 负半周,VT$_2$ 和 VT$_3$ 承受正向电压,在 $\omega t = \pi+\alpha$ 时刻,VT$_2$ 和 VT$_3$ 得到触发信号而导通,VT$_1$ 和 VT$_4$ 分别承受 u_2 提供的反向电压而迫使其关断,完成换相。在 $\omega t = 2\pi$ 时刻,电压 u_2 下降到零,由于大电感的作用,使得晶闸管 VT$_2$ 和 VT$_3$ 继续流过电流 i_d,VT$_2$ 和 VT$_3$ 继续导通。此期间电流途径为:b 点→VT$_3$→R→L→VT$_2$→a 点→变压器二次侧→b 点。$u_d = -u_2$,$i_{VT_2} = i_{VT_3} = i_d$,$i_2 = -i_d$,$i_{VT_1} = i_{VT_4} = 0$,$u_{VT_1} = u_{VT_4} = u_2$。

$\omega t = 2\pi+\alpha$ 开始循环上述工作过程,假设电路在 $\omega t = 0$ 之前就已经工作于稳态,那么,$0 \sim \alpha$ 期间的工作情况和上述 $2\pi \sim (2\pi+\alpha)$ 期间的工作情况一致,可得如图5.4(b)所示波形。

2)基本数量关系

根据上述分析可知,由于大电感负载,当 u_2 过零变负时,晶闸管继续导通,使得输出电压出现了负值,因此,当 α 为同一值时,带阻感负载的整流电路比纯电阻负载的电路输出电压平均值要低。根据波形图5.4(b)可得以下数量关系:

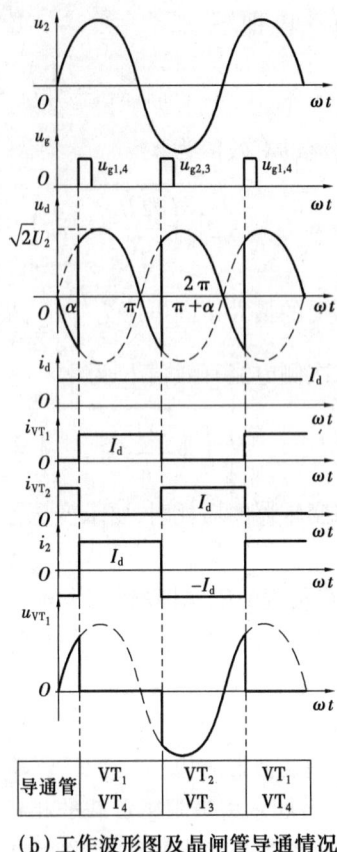

（a）电路图　　　　（b）工作波形图及晶闸管导通情况

图 5.4　带阻感负载的相控式单相全控桥整流电路及其工作波形

整流输出电压平均值 U_d 为

$$U_d = \frac{1}{\pi} \int_\alpha^{\pi+\alpha} \sqrt{2} U_2 \sin \omega t\, d(\omega t) = \frac{2\sqrt{2}}{\pi} U_2 \cos \alpha = 0.9 U_2 \cos \alpha \tag{5.16}$$

由式(5.16)可知,当 $\alpha = 0$ 时,U_d 最大为 $0.9U_2$;当 $\alpha = \pi/2$ 时,输出电压平均值 U_d 最小为 0,该电路 α 的移相范围为 $0 \sim \pi/2$。

由于电感不能消耗能量,其两端的平均电压为零,因此,输出电流的平均值为

$$I_d = \frac{U_d}{R} = \frac{0.9 U_2 \cos \alpha}{R} \tag{5.17}$$

因负载电流连续且近似为一条水平线,故输出电流的有效值和平均值相等,即 $I = I_d$。

晶闸管的电流平均值和有效值分别为

$$I_{dVT} = \frac{1}{2} I_d \tag{5.18}$$

$$I_{VT} = \sqrt{\frac{1}{2\pi} \int_\alpha^{2\pi} i_d^2 d(\omega t)} = \frac{1}{\sqrt{2}} I = \frac{1}{\sqrt{2}} I_d \tag{5.19}$$

晶闸管承受的最大正向电压均为 u_2 的峰值电压 $\sqrt{2} U_2$。

变压器二次侧电流有效值 I_2 为

$$I_2 = I_d \tag{5.20}$$

（3）带反电动势负载的工作情况

蓄电池、直流电动机电枢等这类负载本身就具有一定的电动势,当整流电路为这类负载时,相当于为反电动势负载。

如图 5.5(a)所示为带反电动势负载的相控式单相全控桥整流电路(忽略负载回路中的电感)。在 u_2 正半周,当 $u_2 > E$ 时,VT_1 和 VT_4 承受正向电压;在 u_2 负半周,当 $-u_2 > E$ 时,VT_2 和 VT_3 承受正向电压。即当 $|u_2| > E$ 时,晶闸管才有导通的可能。在晶闸管导通期间,$u_d = |u_2| = E + i_d R$,$i_d = \dfrac{u_d - E}{R}$,可见,当 $|u_2| = E$ 时,i_d 下降为零,使晶闸管关断。此后进入 4 个晶闸管都关断期间,$u_d = E$。

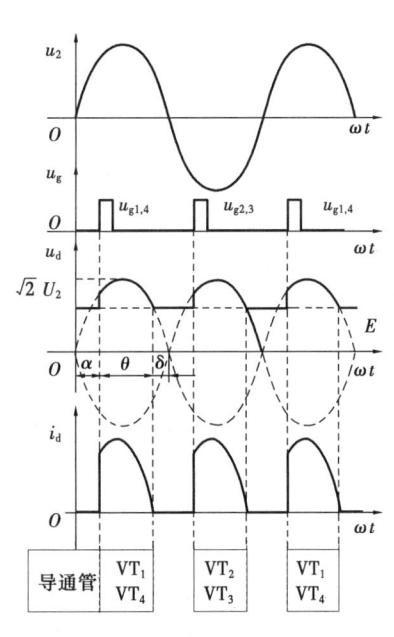

（a）电路图　　　　　（b）工作波形图及晶闸管导通情况

图 5.5　带反电动势负载的相控式单相全控桥整流电路及其工作波形

根据上述分析可得该电路工作波形如图 5.5(b)所示,与带电阻负载工作情况相比,晶闸管提前了电角度 δ 停止导电,δ 称为停止导电角,$\delta = \arcsin\dfrac{E}{\sqrt{2}\,U_2}$。

根据波形图可知,当 $\alpha < \delta$ 时,若触发脉冲到来,晶闸管承受反向电压不可能导通。为了使晶闸管可靠导通,要求触发脉冲有足够的宽度,保证当 $\omega t = \delta$ 时刻晶闸管触发脉冲仍然存在,或者要求触发角 $\alpha \geqslant \delta$。

当 α 角相同时,带反电动势负载的全控桥整流输出电压比带电阻负载时大。

从波形图可知,i_d 波形在一周期内有部分时间为 0 的情况,称为电流断续。当整流电路负载为直流电动机时,电流断续,使得电动机的机械特性较软。

为了保证输出电流连续,一般在反电动势负载回路中串联一个平波电抗器,就能在 $|u_2| = E$ 时,继续有 i_d 流过晶闸管使其继续导通,起到了延长晶闸管的导通时间、平稳电流脉动的作用。

只要电感量足够大,就能使晶闸管导通角 $\theta = \pi$,输出电流连续平直,从而改善整流装置和直流电动机的工作条件。在这种条件下,整流输出电压、输出电流、晶闸管电流等波形和阻感负载时工作波形都相同,u_d 的计算公式一样,只是输出电流 $I_d = \dfrac{U_d - E}{R}$。

例 5.1 单相全控桥整流电路的电阻 $R = 1\ \Omega$,变压器二次侧电压有效值 $U_2 = 110\ V$,反向电动势 $E = 19.5\ V$,电感量 $\omega L \gg R$。当 $\alpha = 60°$ 时,①画出输出电压 u_d、输出电流 i_d、流过晶闸管电流 i_{VT_1}、变压器二次侧电流 i_a 的波形图;②求输出电压、电流的平均值,变压器二次侧电流的有效值;③试确定该电路应选取的晶闸管元件的额定电压和额定电流;④求整流装置电源侧的功率因数。

解:①u_d、i_d、i_{VT_1}、i_a 的波形图如图 5.6 所示。

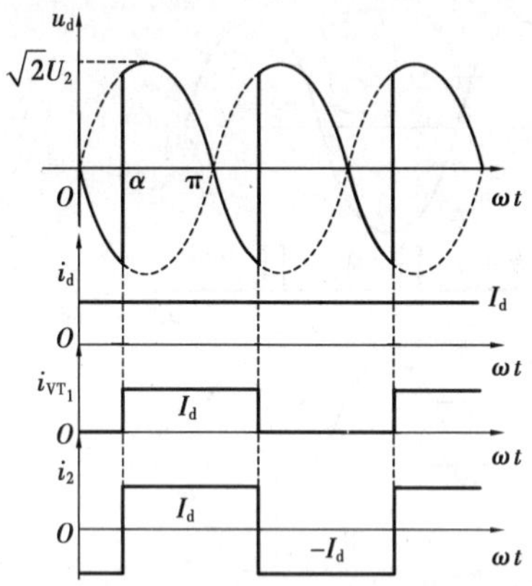

图 5.6 例 5.1 附图

②输出电压、电流的平均值分别为

$$U_d = 0.9 U_2 \cos \alpha = 0.9 \times 110 \times \cos 60° = 49.5\ V$$

$$I_d = \frac{U_d - E}{R} = \frac{49.5 - 19.5}{1} = 30\ A$$

变压器二次侧电流有效值 $I_2 = I_d = 30\ A$。

③晶闸管电流有效值为

$$I_{VT} = \sqrt{\frac{1}{2}} I_d = 21.21\ A$$

在考虑安全裕量情况下,晶闸管的额定电流、额定电压分别为

$$I_{T(AV)} = (1.5 \sim 2) \frac{21.21}{1.57} = 20.27 \sim 27.02\ A$$

$$U_M = (2 \sim 3) \sqrt{2} U_2 = (2 \sim 3) \times \sqrt{2} \times 110 = 310.2 \sim 465.3\ V$$

根据以上具体数值可按晶闸管产品系列具体参数选取型号,如这里可选取型号为 KP30-5(即额定电流 30 A,额定电压 500 V)的晶闸管。

④装置的输出有功功率

$$P_d = I_d^2 R + E I_d = 30^2 \times 1 + 19.5 \times 30 = 1\ 485\ W$$

电源侧的视在功率为

$$S = U_2 I_2 = 110 \times 30 = 3\ 300\ V \cdot A$$

如果忽略功率损耗,装置的输出有功功率 P_d 等于电源侧有功功率 P,可得电源侧功率因数为

$$\lambda = \frac{P}{S} = \frac{1\ 485}{3\ 300} = 0.45$$

5.2.3 相控式单相半控桥整流电路

通过上述分析可知,在单相全控桥整流电路中,同时给两个串联的晶闸管触发信号(如 VT_2 和 VT_3),才能形成导通的电流回路。实际上,为了使导电回路导通,只需要控制一个晶闸管就可以了,另一个用电力二极管替代,将图 5.3 中晶闸管 VT_2 和 VT_4 改为电力二极管 VD_2 和 VD_4,如图 5.7 所示。这种电路就称为单相半控桥整流电路,它比全控桥电路成本低、控制电路简单。

（1）带电阻负载的工作情况

带电阻负载的相控式单相半控桥整流电路如图 5.7 所示，该电路与带电阻负载的全控桥电路的工作情况相同，VT_1 和 VT_3 的触发脉冲互差 180°。在 u_2 正半周，VT_1 和 VD_4 承受正向电压，VT_1 得到触发信号，VT_1 和 VD_4 导通，当 u_2 过零时，VT_1 关断，导通的电流回路被关断；在 u_2 负半周，VT_3 和 VD_2 承受正向电压，VT_3 得到触发信号，VT_3 和 VD_2 导通，当 u_2 过零时，VT_3 关断，导通的电流回路被关断。电路输出电压、输出电流、器件电流波形和图 5.3（b）中相应波形完全一样，这些参数的计算公式也相同。

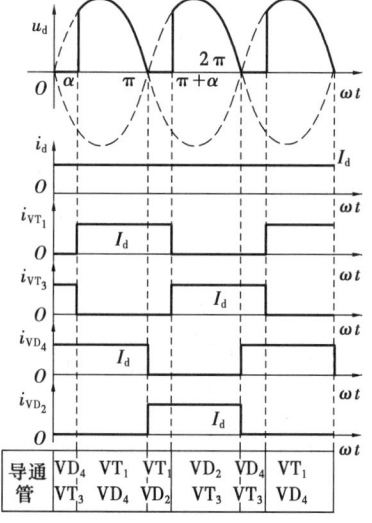

图 5.7　带电阻负载的相控式
单相半控桥整流电路

（2）带阻感负载的工作情况

1）能自然续流的电路工作原理分析

如图 5.8 所示为带阻感负载的相控式单相半控桥整流电路，在分析该电路工作原理时，应注意电力二极管只要承受正向电压就可以导通，而晶闸管不仅要承受正向电压而且要有触发信号才能导通。假设电感量 $\omega L \gg R$，负载电流连续且近似为一条水平线。该电路具体的工作情况如下：

①在 u_2 正半周，在 $\omega t = \alpha$ 时刻 VT_1 得到触发信号，VT_1 和 VD_4 导通，形成相应电流导通回路，$u_d = u_2$。

②当 u_2 过零时，由于大电感的作用，VT_1 继续导通，此时 b 点将比 a 点电位高，二极管 VD_2 导通，VD_4 关断。电流途径为：$VT_1 \rightarrow R \rightarrow L \rightarrow VD_2 \rightarrow VT_1$，输出电压 $u_d = 0$。这时 VD_2 和 VT_1 起到续流作用，也称为自然续流现象。

③在 u_2 负半周，当 $\omega t = \pi + \alpha$ 时刻 VT_3 得到触发信号而导通，c 点和 b 点电位相同，c 点比 a 点电位高，VT_1 承受反向电压而关断，电流途径为：$VT_3 \rightarrow R \rightarrow L \rightarrow VD_2 \rightarrow VT_3$，$u_d = -u_2$。

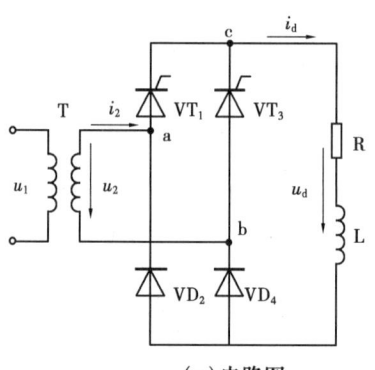

（a）电路图

（b）工作波形图及晶闸管导通情况

图 5.8　带阻感负载的相控式单相半控桥整流电路及工作波形图

④当 u_2 过零时，由于大电感的作用，VT_3 继续导通，此时 a 点电位将高于 b 点，二极管

VD_2 关断,VD_4 导通。电流途径为:$VT_3 \rightarrow R \rightarrow L \rightarrow VD_4 \rightarrow VT_3$,输出电压 $u_d = 0$。

此后循环以上过程,得到波形如图5.8(b)所示。

上述单相半控桥整流电路虽然具有自然换流能力,但在实际运行中,当触发脉冲突然丢失(或 α 突然增大到 $180°$),正在导通的晶闸管将一直导通,而另外两个二极管轮流导通。此现象称为失控。例如,$\omega t = 2\pi$ 之后,突然切断触发脉冲,由于此之前 VT_3 已经导通,大电感的作用使得 VT_3 继续导通,二极管 VD_4 续流导通。当 $\omega t = 3\pi$ 之后,u_2 过零变负,a 点电位低于 b 点,VD_4 关断,VD_2 导通,因大电感作用 VT_3 继续导通。如此就产生了 VT_3 一直导通,VD_4 和 VD_2 两个二极管轮流导通,失控之后电路的输出电压为完整的正弦半波,如图5.9所示。

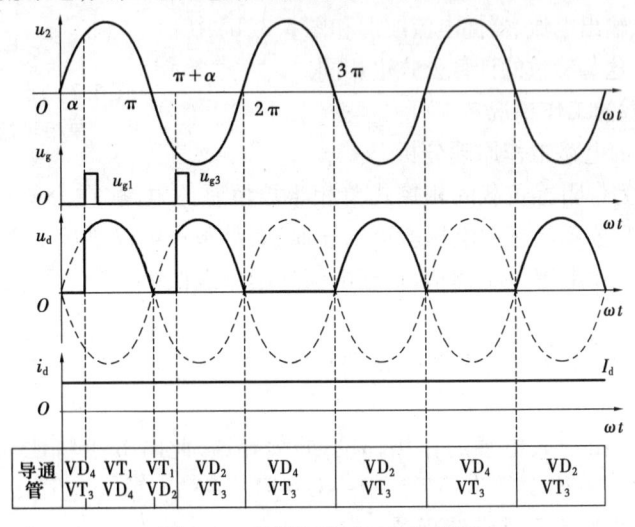

图5.9　出现失控时工作波形图

2)接续流二极管的电路工作原理及数量关系

为了避免出现上述的失控现象,一般在半控桥整流电路的负载两端并联续流二极管,如图5.10(a)所示。

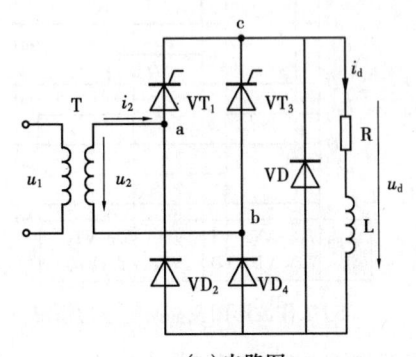

（a）电路图

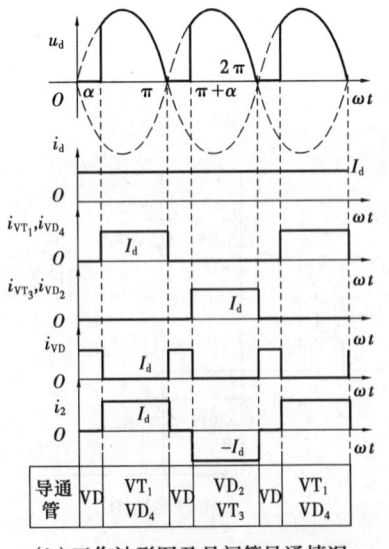

（b）工作波形图及晶闸管导通情况

图5.10　并联续流二极管的阻感负载相控式单相半控桥整流电路及工作波形图

并联续流二极管后,当 u_2 过零变负时,负载电流经续流二极管 VD 续流,使得晶闸管的电流下降到维持电流以下而关断,从而避免了失控现象。其工作波形如图 5.10(b) 所示。

依据波形图可知其 u_d 波形和不加续流二极管时相同,并且与全控桥纯电阻负载时一致,整流输出电压平均值 $U_d = 0.9U_2 \dfrac{1 + \cos\alpha}{2}$,输出电流平均值 $I_d = \dfrac{U_d}{R}$。

晶闸管的电流平均值和有效值分别为

$$I_{dVT} = \frac{\pi - \alpha}{2\pi}I_d \tag{5.21}$$

$$I_{VT} = \sqrt{\frac{\pi - \alpha}{2\pi}}I_d \tag{5.22}$$

电力二极管 VD_4 和 VD_2 的电流平均值和有效值分别与晶闸管相同。

续流二极管 VD 的电流平均值和有效值分别为

$$I_{dVD} = \frac{2\alpha}{2\pi}I_d = \frac{\alpha}{\pi}I_d \tag{5.23}$$

$$I_{VT} = \sqrt{\frac{\alpha}{\pi}}I_d \tag{5.24}$$

晶闸管和电力二极管承受的最大电压均为 u_2 的峰值电压 $\sqrt{2}\,U_2$。

(3)单相半控桥的其他接法

单相半控桥除了如图 5.7 所示的接法外,还有其他接法。如图 5.11 所示的接法,相当于将图 5.3(a) 中晶闸管 VT_3 和 VT_4 改为电力二极管 VD_3 和 VD_4。

这种接法的优点是两个串联的二极管除了起到整流作用外,还起到了续流二极管的作用,避免了出现失控现象,从而省去了一个续流二极管。缺点是两个晶闸管这样连接就没有公共阴极,两个晶闸管的触发脉冲必须彼此隔离。

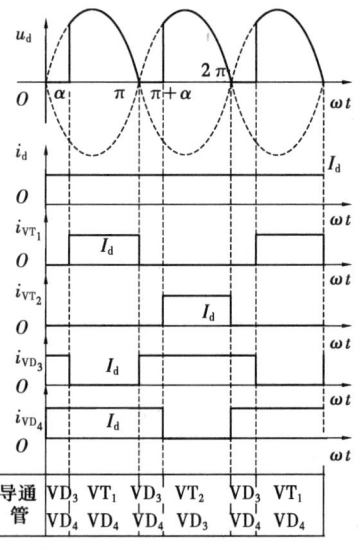

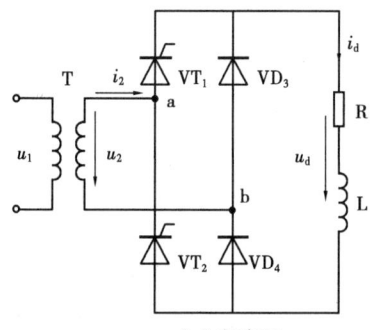

（a）电路图　　　　　（b）工作波形图及晶闸管导通情况

图 5.11　相控式单相半控桥整流电路的其他接法

此电路的工作原理分析和前述分析方法类似,得到的波形图如图 5.11(b) 所示。可见,输出电压的波形和前一种接法的相同,晶闸管的导通角也同样为 $\pi - \alpha$,但电力二极管的导通角增大为 $\pi + \alpha$。

5.3 相控式三相可控整流电路

单相可控整流电路一般在小容量场合得到广泛的应用。在容量较大的场合,或者要求输出直流电压脉动较小、容易滤波时,应采用三相可控整流电路。三相可控整流电路形式很多,包括三相半波(三相零式)、三相桥式、双反星形等,三相半波是最基本的形式,其他形式的电路都可以看成由它串联或者并联构成。

5.3.1 相控式三相半波可控整流电路

(1)电路分析基础

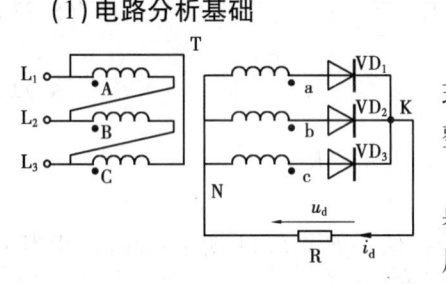

图5.12 三相半波不可控整流电路

为了说明相控式三相半波可控整流电路的基本原理,首先分析三相半波不可控整流电路,建立分析三相整流电路的方法及自然换相点的基本概念。

如图5.12所示为三相半波不可控整流电路,变压器由三相公用电网供电,三相变压器采用 Dy 联结。变压器一次侧接为三角形,使得 $3n$ 次谐波在一次侧形成环流,避免其注入公用电网中。变压器二次侧接为星型,从而得到零线。二次侧得到的相电压的有效值为 U_2,各相的电压瞬时值分别为

$$u_a = \sqrt{2}\,U_2\sin \omega t \tag{5.25}$$

$$u_b = \sqrt{2}\,U_2\sin(\omega t - 120°) \tag{5.26}$$

$$u_c = \sqrt{2}\,U_2\sin(\omega t - 240°) \tag{5.27}$$

依据式(5.25)—式(5.27)可分析出整流电路输入端的三相电压 u_2 的波形如图5.13所示。三相半波不可控整流电路的3个电力二极管阴极接在一起,称为共阴极接法。电力二极管导通的唯一条件是承受正向电压,即二极管的阳极电位高于阴极电位即可导通。该电路在一个周期中的工作情况如下:

①$\omega t_1 \sim \omega t_2$ 期间:如图5.13所示,ωt_1 时刻起 u_a 的瞬时值最大,即a点电位最高,VD_1 导通,忽略管压降,a点和K点同电位,K点也电位最高,导致 VD_2、VD_3 承受反向电压而截止。此期间输出电压 $u_d = u_a$。

②$\omega t_2 \sim \omega t_3$ 期间:ωt_2 时刻起 u_b 的瞬时值变为最大,即b点电位变为最高,VD_2 导通,导致 VD_1、VD_3 承受反向电压而关断。此期间输出电压 $u_d = u_b$。

③$\omega t_3 \sim \omega t_4$ 期间:ωt_3 时刻起 u_c 的瞬时值变为最大,即c点电位变为最高,VD_3 导通,导致 VD_2、VD_3 承受反向电压而关断。此期间输出电压 $u_d = u_c$。

之后循环上述过程,可得输出电压波形如图5.13所示。

通过上述分析可知,一个周期中3个管子轮流导通,每个二极管导通120°。与3个管子连接的各个相电压,哪一个的值最大,则该相所对应的二极管导通。每个二极管开始导通的

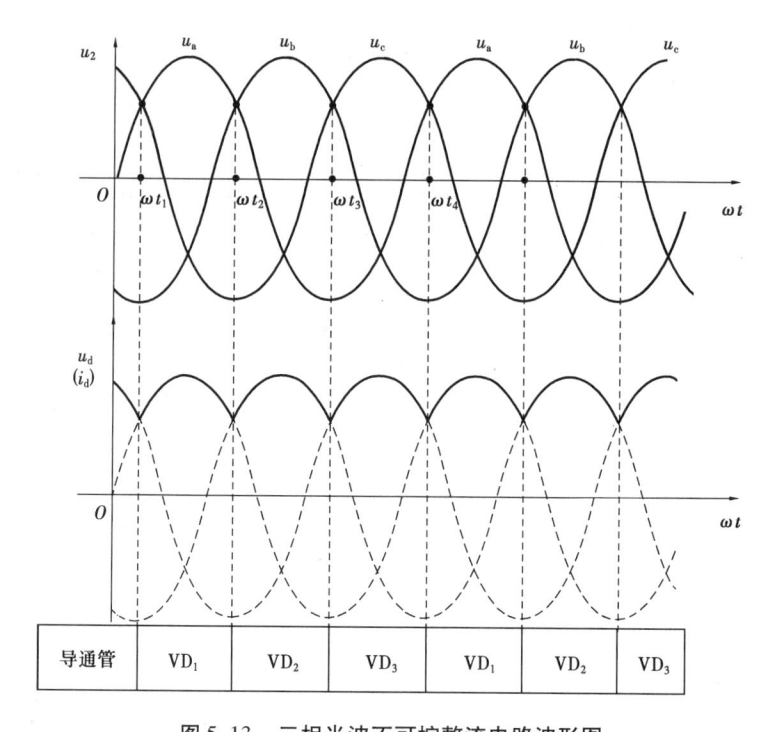

图 5.13　三相半波不可控整流电路波形图

初始时刻为各相电压即将变为最大值的时刻，即 ωt_1、ωt_2、ωt_3 这些时刻，这些时刻就是自然换相点。由于二极管承受正向电压就可以导通，把二极管换为晶闸管(见图 5.14)，晶闸管承受正向电压的初始时刻就是这些自然换相点，也就是晶闸管触发角 α 的起点位置，即 $\alpha = 0°$。

如图 5.14(a)所示的电路图即为相控式三相半波可控整流电路，根据上述分析可知该电路的自然换相点就是相电压在正半周上的交点。

(2)带电阻负载的工作情况

1)触发角 $\alpha = 0°$ 时的工作情况

对于带电阻负载的相控式三相半波可控整流电路，如图 5.14(a)所示。首先分析晶闸管触发角 $\alpha = 0°$ 时的工作情况。当 $\alpha = 0°$ 时，是在自然换相点时刻给晶闸管触发脉冲信号，即晶闸管一承受到正向电压，就立即被触发导通。电路的工作情况就和三相不可控整流电路情况一样，输出电压波形如图 5.14(b)所示，触发脉冲之间互差 120°。由于为电阻负载，输出电流 $i_d = u_d/R$，其波形形状和 u_d 相同。在 VT_1 导通区间，流过晶闸管的电流就是流过变压器二次侧 a 相绕组的电流，即负载电流，$i_{VT_1} = i_d = i_a$，如图 5.14(b)所示。另外，两相绕组的电流波形与 a 相形状相同，只是相位依次相差 120°。每个周期只有单方向的电流流过，造成变压器铁芯直流磁化。

对于晶闸管两端承受的电压，以 VT_1 为例进行说明，波形如图 5.14(b)所示。通过不可控整流的分析，可知一个周期被分为了 3 个阶段。

①$\omega t_1 \sim \omega t_2$ 期间：VT_1 导通，忽略管压降，$u_{VT_1} = 0$。

②$\omega t_2 \sim \omega t_3$ 期间：VT_2 导通，b 点和 K 点同电位，晶闸管 VT_1 两端的电压为 a、b 两点间的电位差，即 $u_{VT_1} = u_a - u_b = u_{ab}$(线电压 u_{ab} 超前相电压 u_a30°)。

③$\omega t_3 \sim \omega t_4$ 期间：VT_3 导通，c 点和 K 点同电位，$u_{VT_1} = u_a - u_c = u_{ac}$(线电压 u_{ac} 滞后线电压

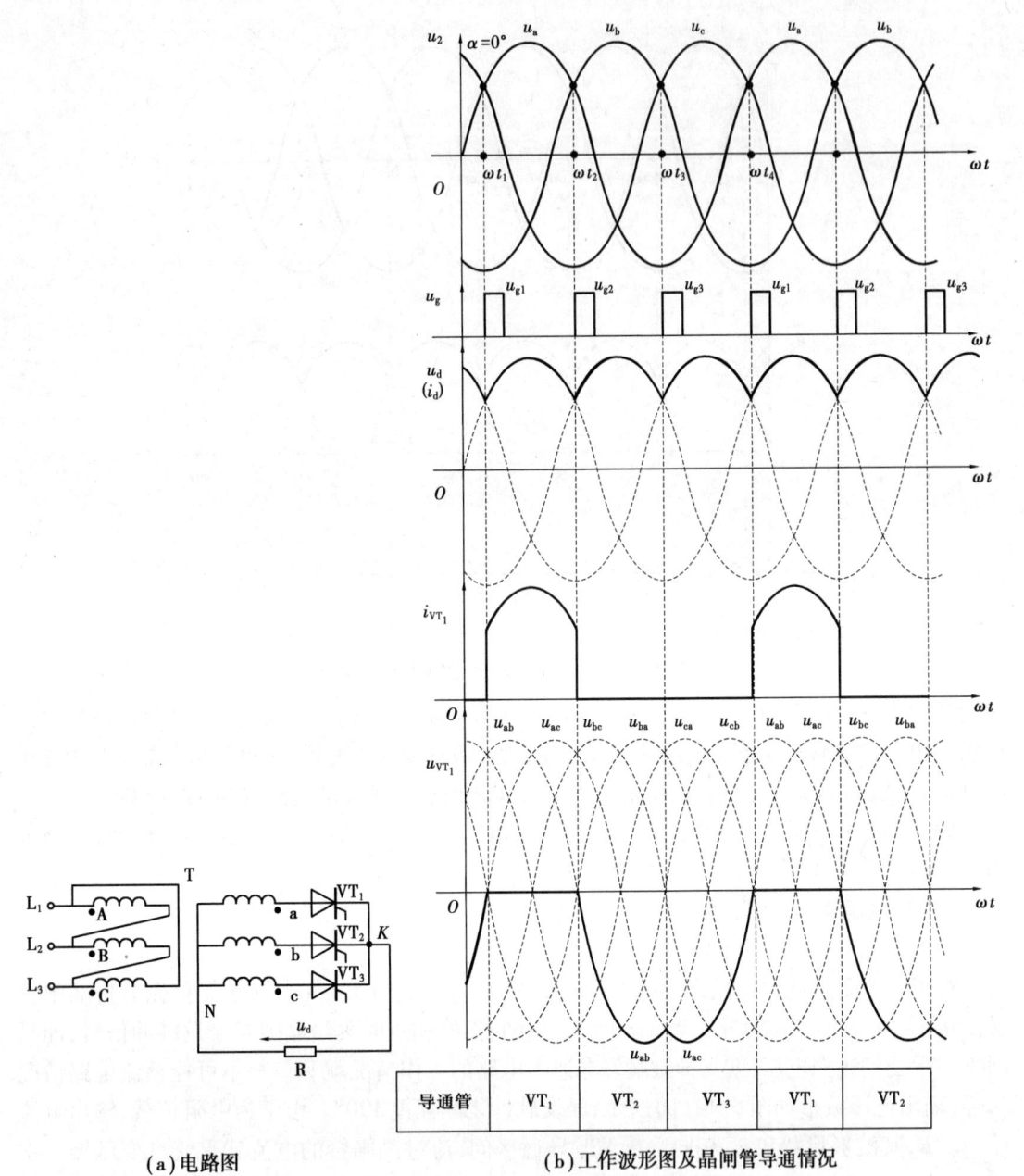

(a)电路图　　　　　　　　(b)工作波形图及晶闸管导通情况

图 5.14　带电阻负载的相控式三相半波可控整流电路及 $\alpha = 0°$ 时的波形图

$u_{ab}60°$)。

　　根据上述分析可知,晶闸管承受的最大反向电压为线电压峰值。熟悉这些波形,在调试与维修时很有用,根据波形可判断元件正常与否或者故障出在何处。

　　2)$0° < \alpha \leqslant 30°$ 时的工作情况

　　以 $\alpha = 30°$ 为例,分析电路工作状态,可得如图 5.15 所示的波形图。现在的触发脉冲比 $\alpha = 0°$ 的触发脉冲相位后移了 30°。若该电路已经进入稳定工作状态,假设在 $\omega t = 0$ 时刻 VT_3 导通,晶闸管 VT_1 两端的电压为 a、c 两点间的电位差,自然换相点 ωt_0 时刻开始 a 点电位将高于 c 点电位,即 VT_1 开始承受正向电压,但由于此时 VT_1 还没有得到触发脉冲信号而不导通,

因此 VT_3 就不会承受反向电压而继续导通，$u_d = u_c$。直至 ωt_1 ($\alpha = 30°$) 时刻，VT_1 得到触发脉冲 u_{g1} 而导通，使得 K 点电位变为和 a 点相同，此时 a 相电压最高，VT_3 两端承受反向电压而关断，$u_d = u_a$。负载电流从 VT_3 支路换流到 VT_1 支路，完成了电流的换相。以后各支路之间换流类似上述分析过程。

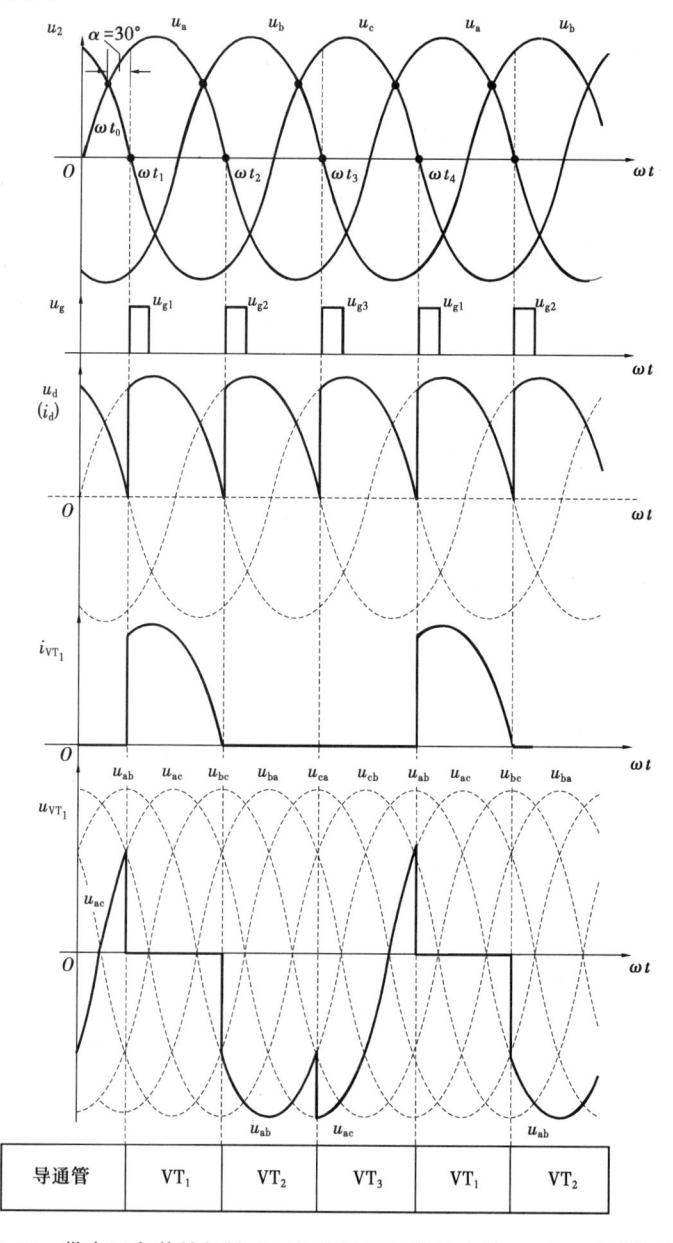

图 5.15　带电阻负载的相控式三相半波可控整流电路 $\alpha = 30°$ 时的波形图

通过上述分析及波形图可知，$\alpha = 30°$ 与 $\alpha = 0°$ 的工作状态实际上是相同的，一个周期的工作状态分为了 3 个区间段，每个区间段为 120°，每段只有 1 个晶闸管导通。3 个晶闸管轮流导通，在各自区间段内导通 120°。不同的只是比 $\alpha = 0°$ 的触发脉冲往后移动了 30°，相应的区间段的相位往后移了 30°，但各段内部的工作情况是不变的。

当 $0° < \alpha < 30°$ 时，比 $\alpha = 0°$ 的触发脉冲往后移动了相应的电角度，同时各个区间段的相

位往后移了相应的电角度,但各段内部的工作情况与 $\alpha = 0°$ 的工作状态是相同的。

根据波形图和上述分析可知,当 $\alpha = 30°$ 时负载电流刚好处于连续与断续的临界状态,$\alpha < 30°$ 时负载电流连续。

3)$\alpha > 30°$ 时的工作情况

以 $\alpha = 75°$ 为例,分析电路工作状态,可得如图 5.16 所示的波形图。若该电路已经在稳定工作状态,假设在 $\omega t = 0$ 时刻 VT_3 导通,到自然换相点时刻 VT_1 没有被触发脉冲而不导通,VT_3 继续导通,$u_d = u_c$。直至 ωt_0 时刻 u_c 下降为零,即 i_d 也下降为零,没有电流流过晶闸管 VT_3 致使其关断,此时虽 VT_1 承受正向电压,但它的触发脉冲还未到达而不导通,输出电压电流都为零。一直到 $\omega t_1 (\alpha = 75°)$ 时刻,VT_1 得到触发脉冲 u_{g1} 而导通,VT_3 两端承受反向电压而关断,$u_d = u_a$。此后工作过程类似上述分析过程。

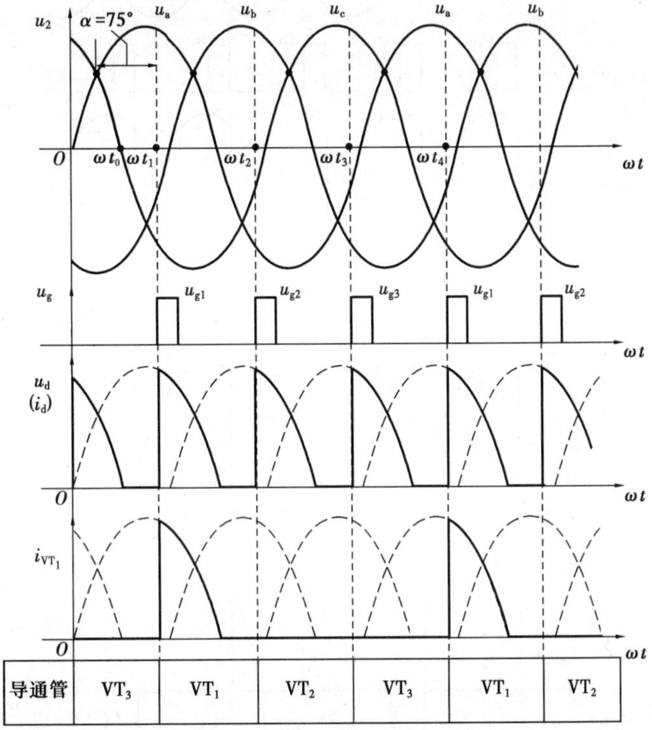

图 5.16 带电阻负载的相控式三相半波可控整流电路 $\alpha = 75°$ 时的波形图

可见,负载电流出现断续,晶闸管导通角小于 $120°$ 为 $75°$($\theta = 150° - \alpha$),如果 α 继续增大,那么输出电压平均值继续减小,当 $\alpha = 150°$ 时,输出电压下降到零。因此,带电阻负载时相控式三相半波可控整流电路的移相范围为 $0° \sim 150°$。

4)电阻负载时的基本数量关系

由于输出电流有连续和断续之分,输出电压也分为两类情况:

①当 $0° \leqslant \alpha \leqslant 30°$ 时,负载电流连续,VT_1 在 $\frac{\pi}{6} + \alpha$ 至 $\frac{5\pi}{6} + \alpha$ 范围内导通,整流输出电压平均值 U_d 为

$$U_d = \frac{1}{\frac{2\pi}{3}} \int_{\frac{\pi}{6}+\alpha}^{\frac{5\pi}{6}+\alpha} \sqrt{2} U_2 \sin \omega t \mathrm{d}(\omega t) = \frac{3\sqrt{6}}{2\pi} U_2 \cos \alpha = 1.17 U_2 \cos \alpha \quad (0° \leqslant \alpha \leqslant 30°) \quad (5.28)$$

②当 $30° < \alpha \leqslant 150°$ 时,负载电流断续,当 $\omega t = \pi$ 时截止,参照式(5.28)将其积分上限改为 π,故输出电压平均值 U_d 为

$$U_d = \frac{1}{\frac{2\pi}{3}} \int_{\frac{\pi}{6}+\alpha}^{\pi} \sqrt{2} U_2 \sin \omega t \mathrm{d}(\omega t) = 0.675\left[1 + \cos\left(\frac{\pi}{6} + \alpha\right)\right] \quad (30° < \alpha \leqslant 150°) \quad (5.29)$$

依据以上两式,当 $\alpha = 0$ 时,U_d 最大为 $1.17U_2$,随触发角 α 逐渐增大,U_d 逐渐减小。当 $\alpha = 150°$ 时,输出电压平均值 U_d 最小为 0。

输出电流平均值 I_d 为

$$I_d = \frac{U_d}{R} \tag{5.30}$$

晶闸管电流的平均值 I_{dVT} 为

$$I_{dVT} = \frac{1}{3} I_d \tag{5.31}$$

晶闸管承受的最大反向电压为变压器二次侧线电压峰值 $\sqrt{6} U_2$(即为相电压峰值 $\sqrt{2} U_2$ 的 $\sqrt{3}$ 倍)。承受的最大正向电压为相电压峰值 $\sqrt{2} U_2$。

(3)带阻感负载的工作情况

1)工作原理及波形分析

带阻感负载的相控式三相半波可控整流电路,如图 5.17(a)所示。

当 $\alpha \leqslant 30°$ 时工作情况和带电阻负载时一样,除电流波形图略有不同外,其他波形都相同。电流波形不同是因为在电感负载的作用下使得电流变化平稳,当电感量 $\omega L \gg R$,负载电流近似变为一条水平线。

当 $\alpha > 30°$ 时,以如图 5.17(a)所示的 $\alpha = 75°$ 为例,如果电感量 $\omega L \gg R$,在 ωt_0 时刻 u_2 下降为零,但由于大电感的作用使得 i_d 基本平稳不会下降为零,晶闸管 VT_3 继续导通,直至 ωt_1 ($\alpha = 75°$)时刻 VT_1 得到触发脉冲 u_{g1} 而导通,VT_3 两端承受反向才关断。此后工作过程同理。可知,当 $\alpha > 30°$ 时,只要电感量足够大,电流不会断续,就能保证每个晶闸管导通 120°。但电压可能会出现为负的瞬时值,输出电压脉动较大,但输出电流脉动却很小。当 α 逐渐增大,u_d 负的部分也逐渐增大,当 $\alpha = 90°$ 时,u_d 负的部分和正的部分面积相等,u_d 的平均值为零,如图 5.18所示,因此,带阻感负载时相控式三相半波可控整流电路的移相范围为 $0° \sim 90°$。

2)基本数量关系

根据上述分析可知,在阻感负载情况下电流连续,输出电压平均值可按式(5.28)计算为

$$U_d = \frac{1}{\frac{2\pi}{3}} \int_{\frac{\pi}{6}+\alpha}^{\frac{5\pi}{6}+\alpha} \sqrt{2} U_2 \sin \omega t \mathrm{d}(\omega t) = 1.17 U_2 \cos \alpha$$

输出电流平均值为

$$I_d = \frac{U_d}{R}$$

晶闸管电流平均值为

$$I_{dVT} = \frac{1}{3} I_d$$

各相晶闸管电流和流过变压器相应二次侧绕组电流相同,它们的有效值相同,均为

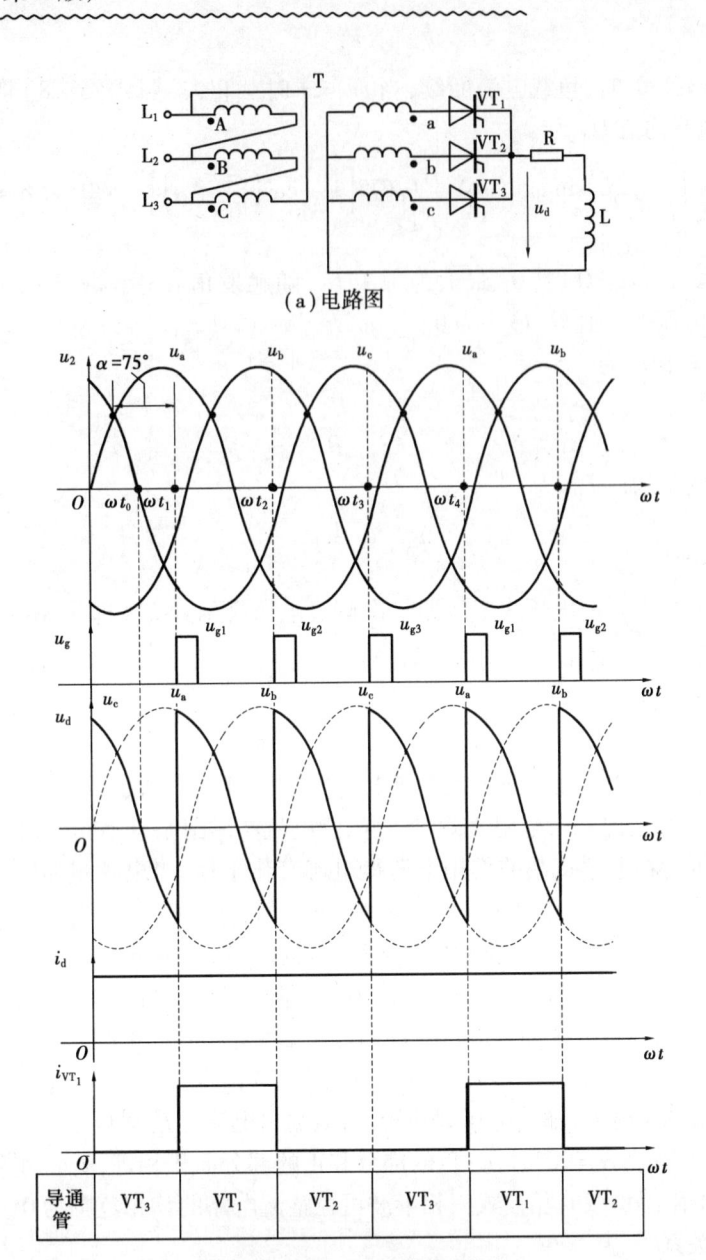

(a)电路图

(b)工作波形图及晶闸管导通情况

图 5.17　带阻感负载的相控式三相半波可控整流电路 $\alpha = 75°$时的波形图

$$I_2 = I_{VT} = \sqrt{\frac{1}{3}}I_d = 0.577I_d \tag{5.32}$$

晶闸管承受的最大正反向电压均为变压器二次侧线电压峰值$\sqrt{6}\,U_2$。

(4)共阳极接法的相控式三相半波可控整流电路

三相半波整流电路开关管都是采用的共阴极接法,对于触发电路有公共端,接线简便。

除共阴极接法外,还可以有共阳极接法,如图 5.19(a)所示。从前述分析可知,在共阴极接法的整流电路中,三相电压瞬时值最高者所对应的晶闸管承受正向电压。类似的推导可得,在共阳极接法的整流电路中,三相电压瞬时值最低者所对应的晶闸管承受正向电压。如

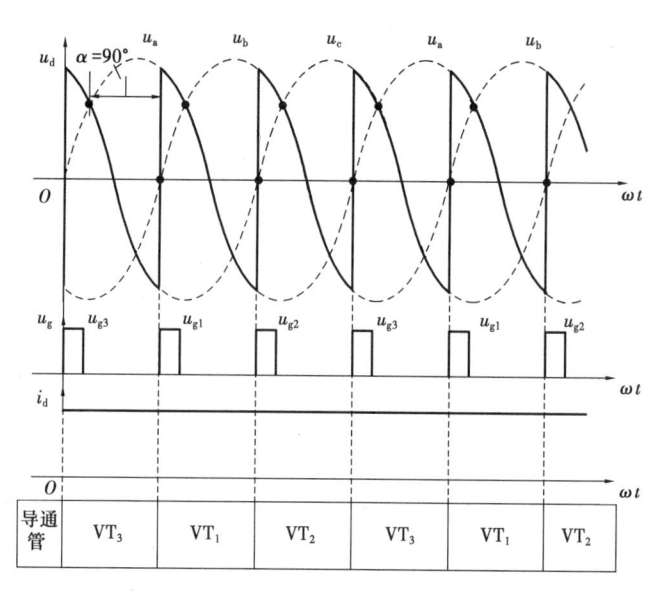

图 5.18　带阻感负载的相控式三相半波可控整流电路 $\alpha = 90°$ 时的波形图

图 5.19 所示,该电路各个晶闸管承受正向电压的初始时刻(即自然换相点)就是相电压在负半周上的交点。晶闸管换相时,总是给阴极电位更低的晶闸管触发脉冲使其导通,使原来导通的晶闸管承受反向电压而关断。类比共阴极分析方法,可分析其在一个周期的工作状态,其工作波形如图 5.19(b)所示。可见,其输出电压波形出现在负半周。阻感负载时,其输出电压平均值为 $U_d = -1.17 U_2 \cos \alpha$。

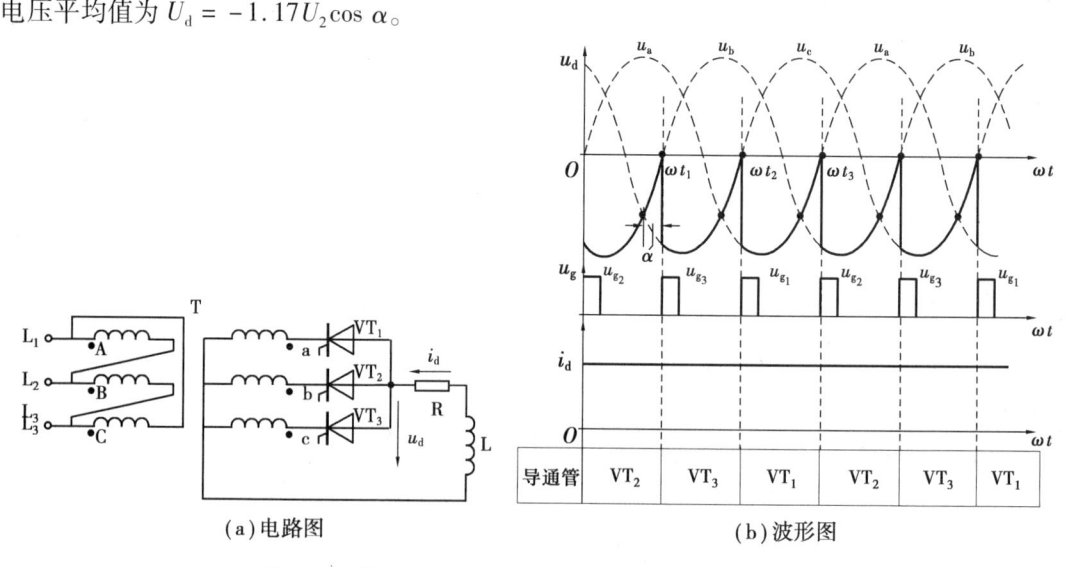

(a)电路图　　　　　　　　　　(b)波形图

图 5.19　共阳极接法的相控式三相半波可控整流电路

与共阴极接法相比,共阳极接法整流电路由于晶闸管没有公共阴极,因此,3 个晶闸管的触发电路的输出端必须彼此隔离。但螺栓型晶闸管的散热器是与阳极安装在一起的,3 个晶闸管可以不经过绝缘而共用一块大散热器,使装置结构简化。

相控式三相半波可控整流电路的优点是:只有 3 个晶闸管,线路和接线简单、成本低。缺点是:变压器二次侧绕组中的电流只有一个方向,它的直流分量造成直流磁化问题,为使铁芯不饱和,必须要增大铁芯截面,变压器容量不能充分利用,因此其应用较少。

5.3.2 相控式三相全控桥整流电路

目前应用广泛的整流电路是三相全控桥整流电路,如图5.20所示,它可以看成由两组三相半波整流电路串联组合,一组三相半波整流为共阴极接法,一组为共阳极接法。

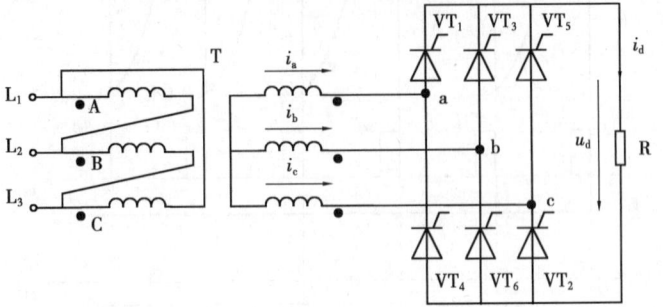

图5.20 相控式三相全控桥整流电路

(1)带电阻负载的工作情况

共阴极组的3个晶闸管的自然换相点为相电压在正半周上的交点;共阳极组的3个晶闸管的自然换相点为相电压在负半周上的交点。这些点就是三相全控桥整流电路的自然换相点,即 $\alpha = 0°$。

1)触发角 $\alpha \leq 60°$ 时的工作情况

首先分析三相全控桥整流电路 $\alpha = 0°$ 时(在自然换相点给晶闸管触发脉冲)的工作情况。由于为电阻负载,因此任意时刻输出电流 $i_d = u_d/R$,其波形形状和 u_d 相同。以一个电源周期为例进行分析,并可得如图5.21所示波形图。

① $\omega t_1 \sim \omega t_2$ 期间:假设在此之前电路已经进入稳定工作状态,VT_6 已经导通。此期间 a 相电压最大,b 相电压最小,当 ωt_1 时刻 VT_1 得到触发脉冲而导通,电流途径为:a 相绕组→ VT_1 →电阻→ VT_6 →b 相绕组→中性点→a 相绕组。输出电压(负载两端的电压)为 a、b 两相的压差 u_{ab}。此期间 VT_1、VT_6 导通,$u_d = u_{ab}$,$u_{VT_1} = 0$,$i_a = i_{VT_1} = i_d$。

② $\omega t_2 \sim \omega t_3$ 期间:a 相电压仍最大,c 相电压变为最小,当 ωt_2 时刻 VT_2 得到触发脉冲而导通,导致 VT_6 承受反向电压而关断,完成电流从 VT_6 换相到 VT_2。此期间电流途径为:a 相绕组→ VT_1 →电阻→ VT_2 →c 相绕组→中性点→a 相绕组,输出电压 u_d 为 a、c 两相的压差 u_{ac}。此期间 VT_1、VT_2 导通,$u_d = u_{ac}$,$u_{VT_1} = 0$,$i_a = i_{VT_1} = i_d$。

③ $\omega t_3 \sim \omega t_4$ 期间:b 相电压变为最大,c 相电压仍最小,当 ωt_3 时刻 VT_3 得到触发脉冲而导通,导致 VT_1 承受反向电压而关断,完成电流从 VT_1 换相到 VT_3。电流途径为:b 相绕组→ VT_3 →电阻→ VT_2 →c 相绕组→中性点→b 相绕组。此期间输出电压 u_d 为 b、c 两相的压差 u_{bc}。此期间 VT_3、VT_2 导通,$u_d = u_{bc}$,$u_{VT_1} = u_{ab}$,$i_a = i_{VT_1} = 0$。

④ $\omega t_4 \sim \omega t_5$ 期间:b 相电压仍最大,a 相电压变为最小,当 ωt_4 时刻 VT_4 得到触发脉冲而导通,导致 VT_2 承受反向电压而关断,完成电流从 VT_2 换相到 VT_4。电流途径为:b 相绕组→ VT_3 →电阻→ VT_4 →a 相绕组→b 相绕组。此期间 VT_3、VT_4 导通,$u_d = u_{ba}$,$u_{VT_1} = u_{ab}$,$i_{VT_1} = 0$,$i_a = -i_d$。

⑤ $\omega t_5 \sim \omega t_6$ 期间:类似上述分析可得,VT_5、VT_4 导通,$u_d = u_{ca}$,$u_{VT_1} = u_{ac}$,$i_{VT_1} = 0$,$i_a = -i_d$。

⑥ $\omega t_6 \sim \omega t_7$ 期间:类似上述分析可得,VT_5、VT_6 导通,$u_d = u_{cb}$,$u_{VT_1} = u_{ac}$,$i_{VT_1} = 0$,$i_a = 0$。

此后循环上述工作状态。

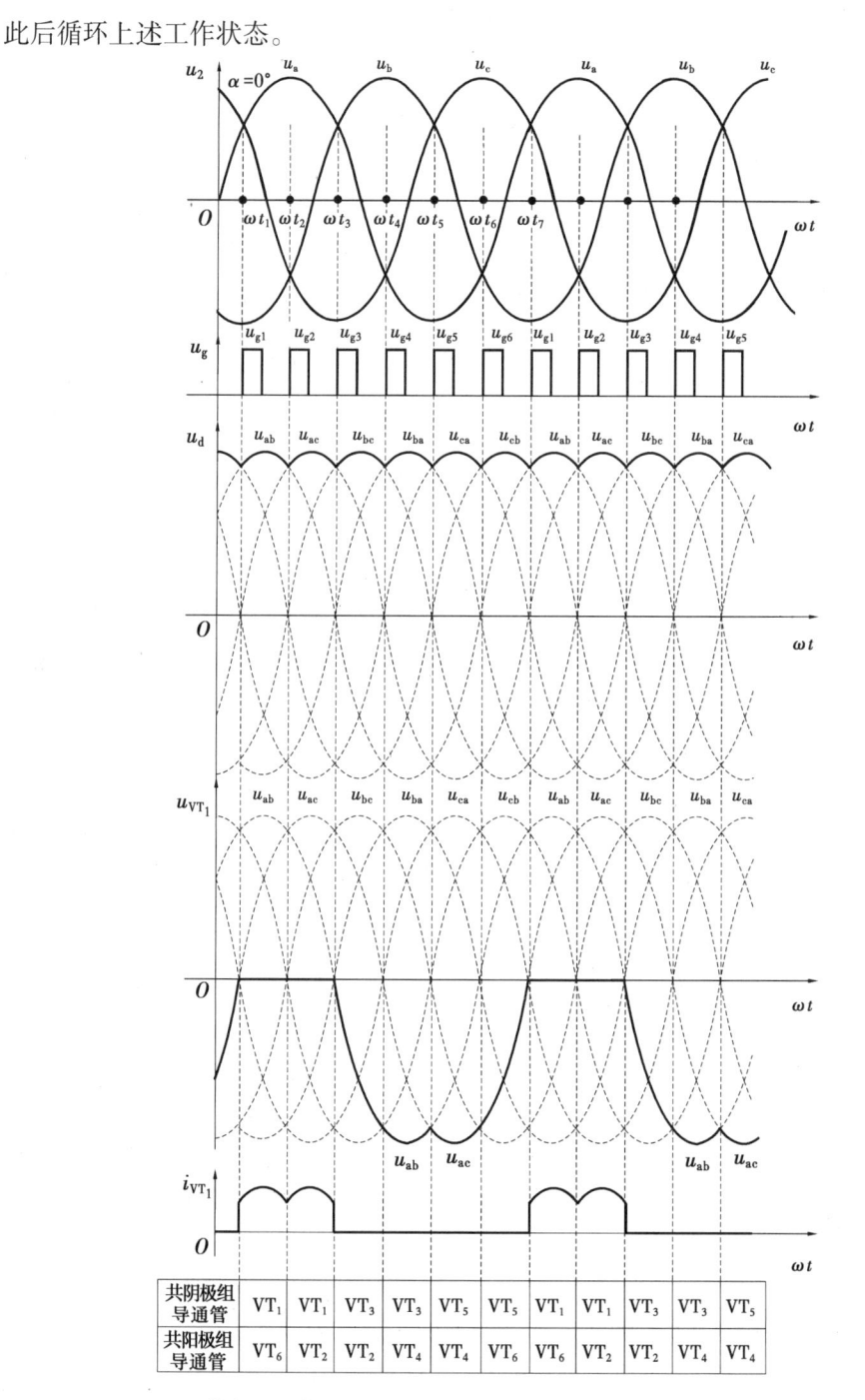

图 5.21　带电阻负载时相控式三相全控桥整流电路 $\alpha = 0°$ 时的工作波形图

通过以上分析,可归纳出相控式三相全控桥整流电路的 5 个基本特点:

①输出电压 u_d 由线电压构成,一个周期中脉动 6 次,该电路也可称为 6 脉波整流电路。

②变压器二次侧绕组中的电流方向有正有负,不存在直流磁化问题,变压器二次侧绕组的导电时间较长,变压器利用率较高。

③一个周期中,每个晶闸管的导通角为 $120°$,且晶闸管的导通顺序为 $VT_1 \sim VT_6$,每隔 $60°$

换流一次,在本组(共阴极组或共阳极组)内每隔120°换流一次。

④晶闸管需按 VT₁ ~ VT₆ 顺序触发,触发脉冲 u_{g1} ~ u_{g6} 依次相差 60°,共阴极组的触发脉冲 u_{g1}、u_{g3}、u_{g5} 相位依次相差 120°,共阳极组的触发脉冲 u_{g2}、u_{g4}、u_{g6} 相位依次相差 120°,接于同一相的两个晶闸管的触发脉冲相位相差 180°(如 u_{g1} 和 u_{g4})。

⑤一个周期的工作状态分为 6 个区间段,每个区间段为 60°。每个时刻都必须同时有两个晶闸管导通,且其中一个是共阴极组的,另一个是共阳极组的,以形成电流导通回路。每个区间段导通的晶闸管及输出电压情况见表 5.1。

表 5.1　相控式三相全控桥整流工作情况(电阻负载 0°≤α≤60°或阻感负载移相全范围)

时间段(区间段)	$\omega t_1 \sim \omega t_2$	$\omega t_2 \sim \omega t_3$	$\omega t_3 \sim \omega t_4$	$\omega t_4 \sim \omega t_5$	$\omega t_5 \sim \omega t_6$	$\omega t_6 \sim \omega t_7$
共阴极组导通的晶闸管	VT₁	VT₁	VT₃	VT₃	VT₅	VT₅
共阳极组导通的晶闸管	VT₆	VT₂	VT₂	VT₄	VT₄	VT₆
整流输出电压 u_d 值	$u_d = u_{ab}$	$u_d = u_{ac}$	$u_d = u_{bc}$	$u_d = u_{ba}$	$u_d = u_{ca}$	$u_d = u_{cb}$

为了保证在装置启动的时候或电流出现断续的情况下,共阴极组和共阳极组各有一个晶闸管导通,常采用双窄脉冲或宽脉冲的触发方法。

双窄脉冲触发是指给某个晶闸管触发信号的同时,给其前一号晶闸管补发一个脉冲信号。如 ωt_1 时刻给 VT₁ 触发脉冲 u_{g1} 的同时给 VT₆ 补发一个触发脉冲 u'_{g6}。脉冲的宽度较窄,一般为 20° ~ 30°,如图 5.22(a)所示。在实际应用中常采用此触发方式。

宽脉冲触发是指脉冲的宽度大于 60°(一般为 80° ~ 100°,必须小于 120°),如图 5.22(b)所示。

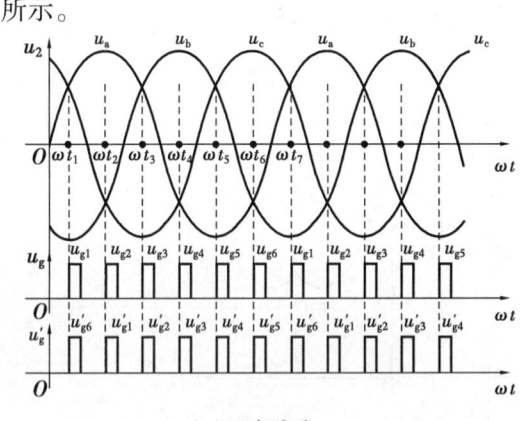 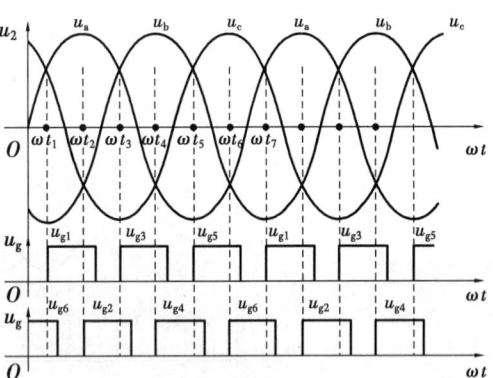

(a)双窄脉冲　　　　　　　　　　　　　(b)宽脉冲

图 5.22　相控式三相全控桥整流电路的脉冲触发形式

在 0° < α≤60°范围内,改变触发角 α 的大小,脉冲触发信号将会比 α = 0°的触发脉冲往后移动相应的电角度,同时,6 个工作状态区间段的相位往后移了相应的电角度,但各段内部的工作情况与 α = 0°的工作状态是相同的,即符合表 5.1 所总结的工作情况。如图 5.23、图 5.24 所示分别为 α = 30°、α = 60°的工作波形图。

根据波形图和上述分析可知,当 α = 60°时负载电流刚好处于连续与断续的临界状态,α < 60°时负载电流连续。

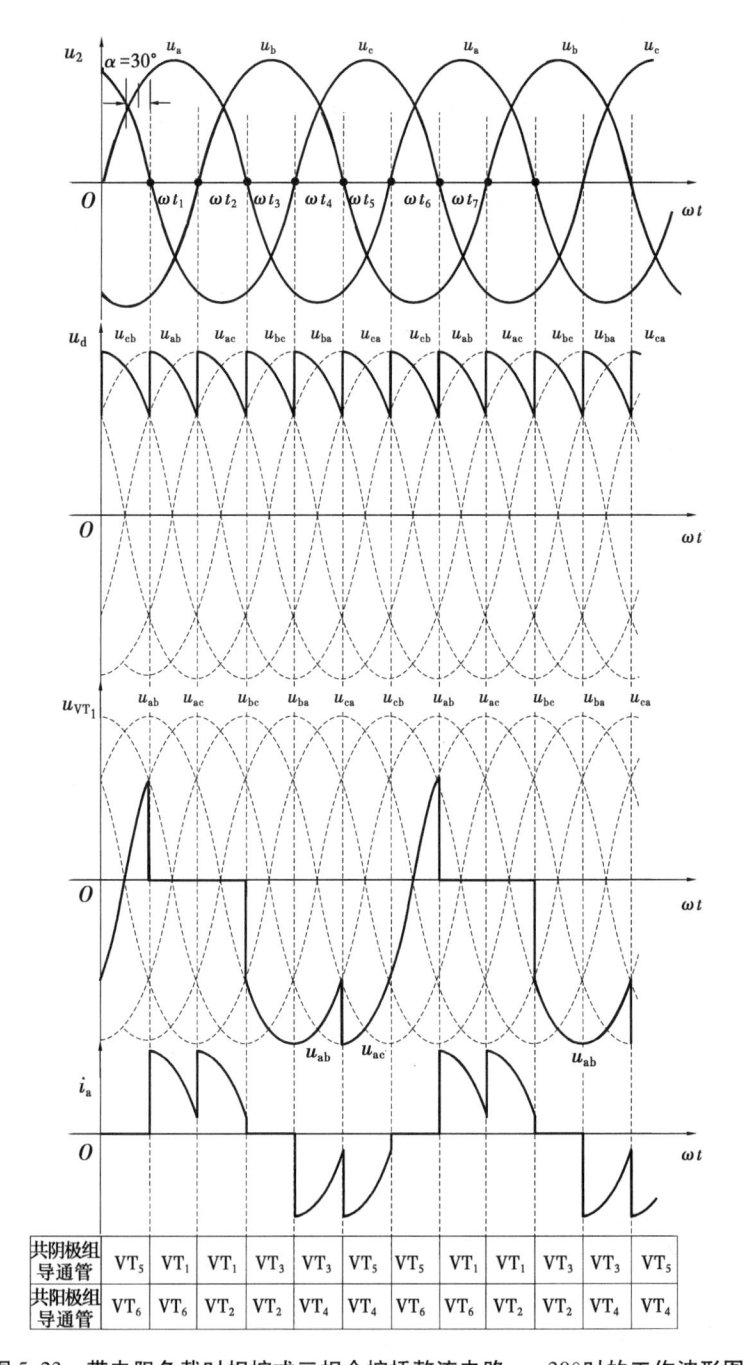

共阴极组导通管	VT₅	VT₁	VT₁	VT₃	VT₃	VT₅	VT₅	VT₁	VT₁	VT₃	VT₃	VT₅
共阳极组导通管	VT₆	VT₆	VT₂	VT₂	VT₄	VT₄	VT₆	VT₆	VT₂	VT₂	VT₄	VT₄

图 5.23　带电阻负载时相控式三相全控桥整流电路 $\alpha = 30°$ 时的工作波形图

2）触发角 $\alpha > 60°$ 时的工作情况

当触发角 $\alpha > 60°$ 时，脉冲触发信号比 $\alpha = 0°$ 的触发脉冲往后移动了相应的电角度，同时，6 个工作状态区间段的相位往后移了相应的电角度，但各段内部的工作情况与 $\alpha = 0°$ 的工作状态有些异同，现以 $\alpha = 90°$ 为例进行说明，如图 5.25 所示为其工作波形图。$\omega t_1 \sim \omega t_2$ 期间：当 ωt_1 时刻 VT₁、VT₆ 得到触发脉冲而导通，输出电压 $u_d = u_{ab}$，$i_{VT1} = i_d = u_d/R$。当 u_{ab} 过零时，电流也下降为零，晶闸管 VT₁、VT₆ 因电流小于其维持电流而关断，输出电压 $u_d = 0$。此后分析

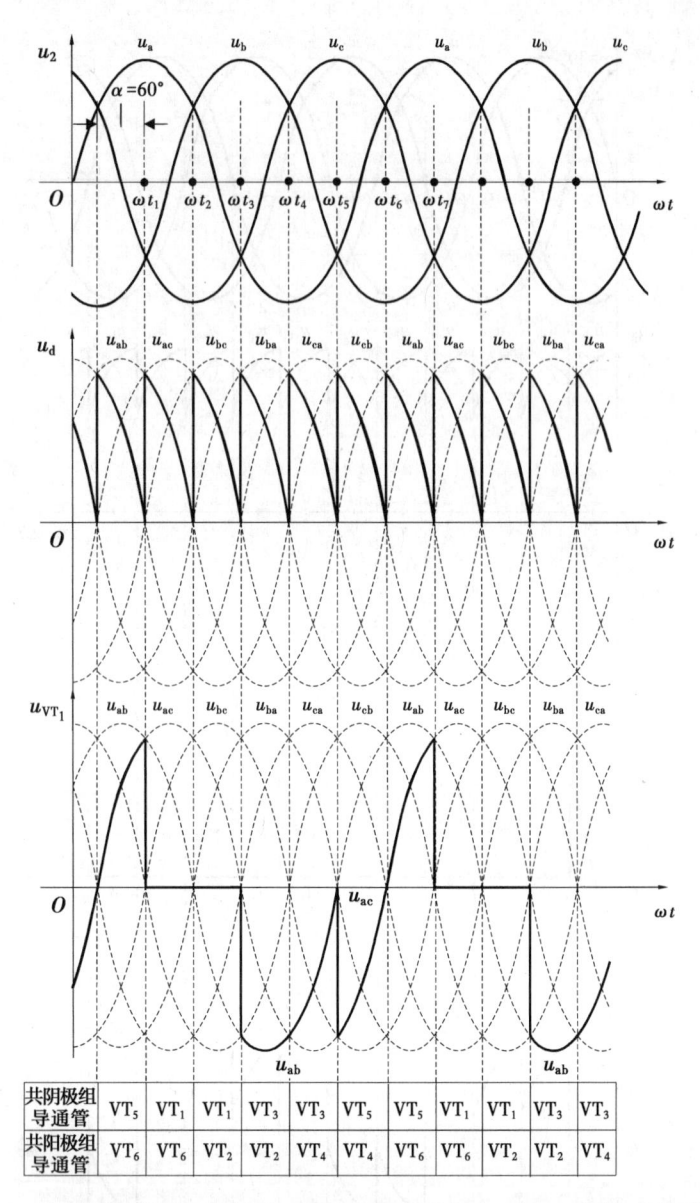

图 5.24　带电阻负载时相控式三相全控桥整流电路 $\alpha = 60°$ 时的工作波形图

类似,不再赘述。

$\alpha > 60°$ 时电路工作情况见表 5.2,每个区间段的工作状态分为了两部分:当电流连续时相应晶闸管导通(和 $\alpha = 0°$ 的晶闸管导通情况相同);当电流下降到零之后晶闸管关断。每个晶闸管导通角小于 $120°$。

表 5.2　相控式三相全控桥整流电路晶闸管导通情况(电阻负载 $\alpha > 60°$)

时间段 (区间段)	$\omega t_1 \sim \omega t_2$		$\omega t_2 \sim \omega t_3$		$\omega t_3 \sim \omega t_4$		$\omega t_4 \sim \omega t_5$		$\omega t_5 \sim \omega t_6$		$\omega t_6 \sim \omega t_7$	
	$i_d \neq 0$	$i_d = 0$	$i_d \neq 0$	$i_d = 0$	$i_d \neq 0$	$i_d = 0$	$i_d \neq 0$	$i_d = 0$	$i_d \neq 0$	$i_d = 0$	$i_d \neq 0$	$i_d = 0$
共阴极组导通 的晶闸管	VT$_1$	无	VT$_1$	无	VT$_3$	无	VT$_3$	无	VT$_5$	无	VT$_5$	无

126

续表

时间段 （区间段）	$\omega t_1 \sim \omega t_2$		$\omega t_2 \sim \omega t_3$		$\omega t_3 \sim \omega t_4$		$\omega t_4 \sim \omega t_5$		$\omega t_5 \sim \omega t_6$		$\omega t_6 \sim \omega t_7$	
	$i_d \neq 0$	$i_d = 0$	$i_d \neq 0$	$i_d = 0$	$i_d \neq 0$	$i_d = 0$	$i_d \neq 0$	$i_d = 0$	$i_d \neq 0$	$i_d = 0$	$i_d \neq 0$	$i_d = 0$
共阳极组导通的晶闸管	VT$_6$	无	VT$_2$	无	VT$_2$	无	VT$_4$	无	VT$_4$	无	VT$_6$	无
整流输出电压 u_d 值	$u_d = u_{ab}$	$u_d = 0$	$u_d = u_{ac}$	$u_d = 0$	$u_d = u_{bc}$	$u_d = 0$	$u_d = u_{ba}$	$u_d = 0$	$u_d = u_{ca}$	$u_d = 0$	$u_d = u_{cb}$	$u_d = 0$

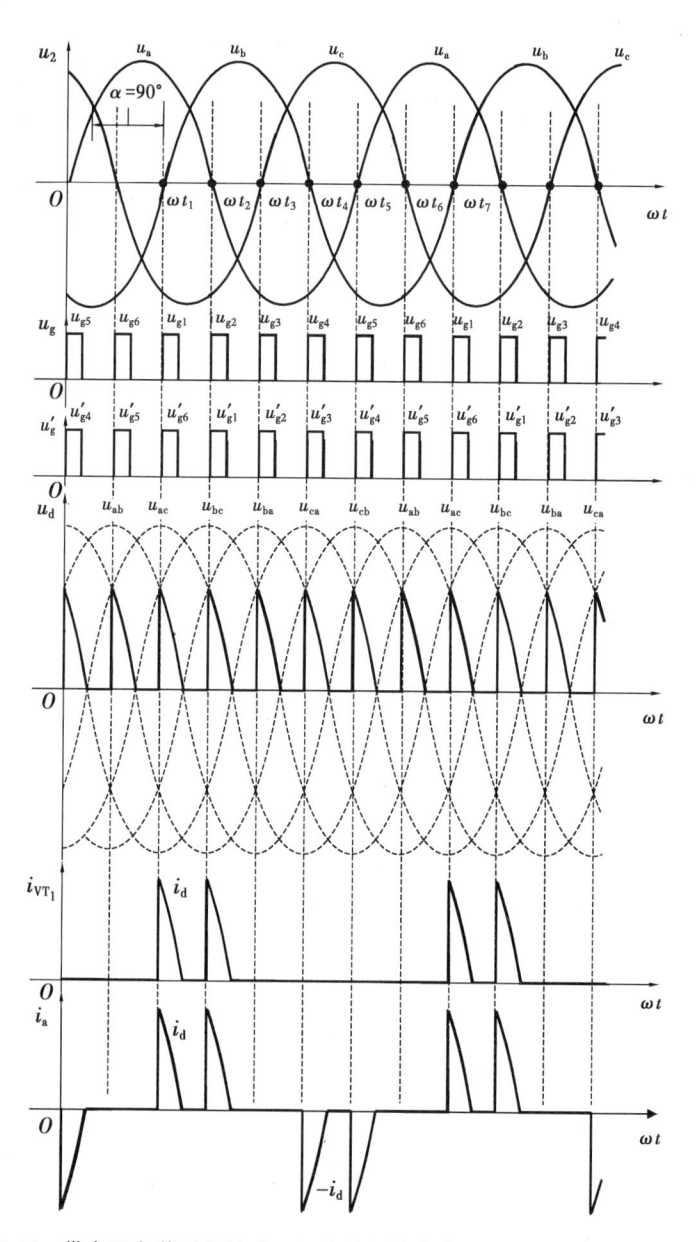

图 5.25　带电阻负载时相控式三相全控桥整流电路 $\alpha = 90°$ 时的工作波形图

当 $\alpha = 120°$ 时，输出电压瞬时值的线电压为零，晶闸管不能导通，$u_d = 0$。因此，三相全控桥整流电路带电阻负载时,α 的移相范围为 $0° \sim 120°$。

3)电阻负载时的基本数量关系

输出电压分为两种情况:

①当 $0° \leqslant \alpha \leqslant 60°$ 时,负载电流连续,u_d 波形连续,由于每个区间段波形相同且均为线电压一部分,整流输出电压平均值 U_d 为

$$U_d = \frac{1}{\frac{\pi}{3}} \int_{\frac{\pi}{3}+\alpha}^{\frac{2\pi}{3}+\alpha} \sqrt{6} U_2 \sin \omega t \mathrm{d}(\omega t) = 2.34 U_2 \cos \alpha \quad (0° \leqslant \alpha \leqslant 60°) \quad (5.33)$$

②当 $60° < \alpha \leqslant 120°$ 时,负载电流出现断续,u_d 波形也出现断续,输出电压波形到线电压过零点截止,参照式(5.33)将其积分上限改为 π,输出电压平均值 U_d 为

$$U_d = \frac{3}{\pi} \int_{\frac{\pi}{3}+\alpha}^{\pi} \sqrt{6} U_2 \sin \omega t \mathrm{d}(\omega t) = 2.34 U_2 \left[1 + \cos\left(\frac{\pi}{3} + \alpha\right) \right] \quad (60° < \alpha \leqslant 120°)$$

$$(5.34)$$

依据以上两式,当 $\alpha = 0$ 时,U_d 最大为 $2.34 U_2$,随触发角 α 逐渐增大,U_d 逐渐减小,当 $\alpha = 120°$ 时,输出电压平均值 U_d 最小为 0。

输出电流平均值 I_d 为

$$I_d = \frac{U_d}{R} \quad (5.35)$$

(2)带阻感负载的工作情况

当 $\alpha \leqslant 60°$ 时带阻感负载的工作情况和带电阻负载时一样,除电流波形图略有不同外,其他波形都相同。电流波形不同是因为在电感负载的作用下使得电流变化平稳,当电感量 $\omega L \gg R$,负载电流近似为一条水平线,如图 5.26 所示为 $\alpha = 0°$ 时整流电路带阻感负载的工作波形。

当 $\alpha > 60°$ 时带阻感负载的工作情况和带电阻负载时不同。以 $\alpha = 90°$ 为例,其波形图如图 5.27 所示,如果电感量 $\omega L \gg R$,当线电压过零时,由于大电感的作用使电流不会下降为零,使每个区间段内晶闸管持续导通。

通过类似分析可知,当 $\alpha > 60°$ 时,只要电感量足够大,电流将不会断续,一个周期中每个晶闸管导通 $120°$。当 α 逐渐增大,u_d 负的部分也逐渐增大,当 $\alpha = 90°$ 时,u_d 负的部分和正的部分面积相等,u_d 的平均值为零。因此,三相全控桥整流电路带阻感负载时,α 的移相范围为 $0° \sim 90°$。

三相全控桥整流电路带阻感负载时,在 α 的移相范围内,其工作情况和带电阻负载 $\alpha \leqslant 60°$ 时工作情况一致,即符合表 5.1 所总结的工作情况。

根据上述分析可知,阻感负载和带电阻负载 $\alpha \leqslant 60°$ 时工作情况一样,因此,输出电压计算公式为

$$U_d = 2.34 U_2 \cos \alpha$$

输出电流平均值为

$$I_d = \frac{U_d}{R}$$

晶闸管电流平均值为

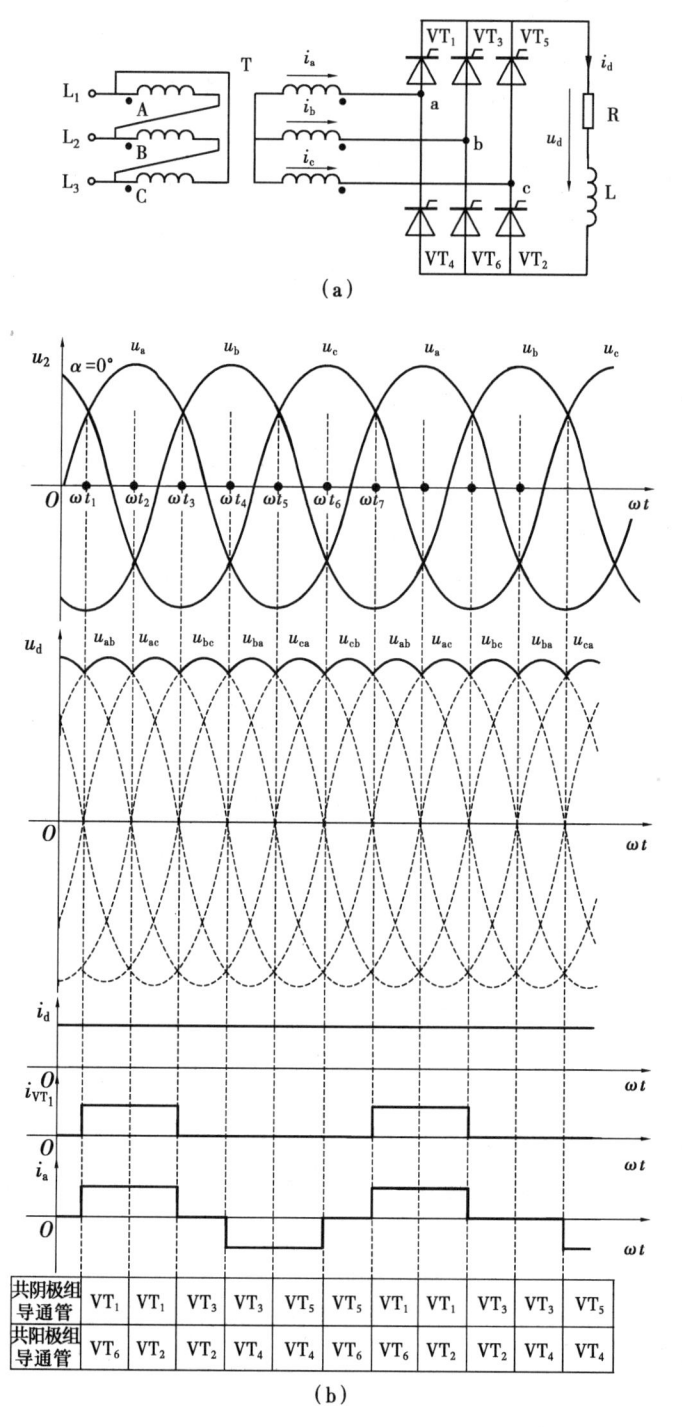

（a）

（b）

图 5.26　带阻感负载时相控式三相全控桥整流电路及 $\alpha = 0°$ 时的工作波形图

$$I_{dVT} = \frac{1}{3}I_d$$

晶闸管电流有效值为

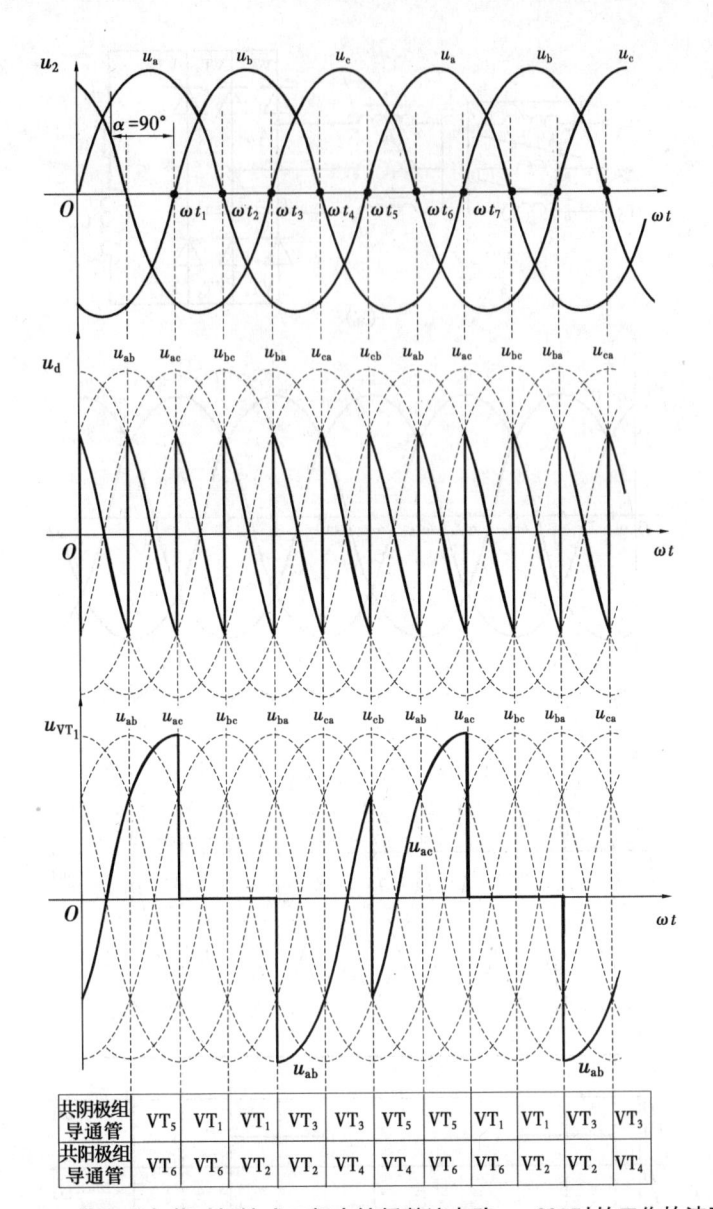

图 5.27　带阻感负载时相控式三相全控桥整流电路 $\alpha = 90°$ 时的工作的波形图

$$I_{VT} = \sqrt{\frac{1}{3}}I_d = 0.577I_d \tag{5.36}$$

晶闸管承受的最大正反向电压均为变压器二次侧线电压峰值 $\sqrt{6}\,U_2$。

根据波形图,可知变压器二次侧绕组电流 I_a 波形为 120° 正负方波,其有效值为

$$I_2 = \sqrt{\frac{2}{3}}I_d = 0.816I_d \tag{5.37}$$

(3) 带反电动势负载的工作情况

当相控式三相全控桥整流电路为反电动势负载时,为了保证电流连续,通常在负载回路串联一个平波电抗器,当电感量 $\omega L \gg R$,整流输出电压、输出电流、晶闸管电流等波形和阻感负载时工作波形相同,u_d 的计算公式一样,只是输出电流 $I_d = \dfrac{U_d - E}{R}$。

例 5.2　相控式三相全控桥整流电路如图 5.28 所示,其中,电阻 $R = 10\ \Omega$,变压器二次侧电压有效值 $U_2 = 220\ \text{V}$,反向电动势 $E = 100\ \text{V}$,电感量 $\omega L \gg R$。当 $\alpha = 60°$ 时:①画出输出电压 u_d、输出电流 i_d、流过晶闸管电流 i_{VT_1}、变压器二次侧电流 i_a 的波形图;②求输出电压、电流的平均值,变压器二次侧电流有效值;③试确定该电路应选取的晶闸管元件的额定电压和额定电流;④求整流装置电源侧的功率因数。

解:①u_d、i_d、i_{VT_1}、i_a 的波形图如图 5.29 所示

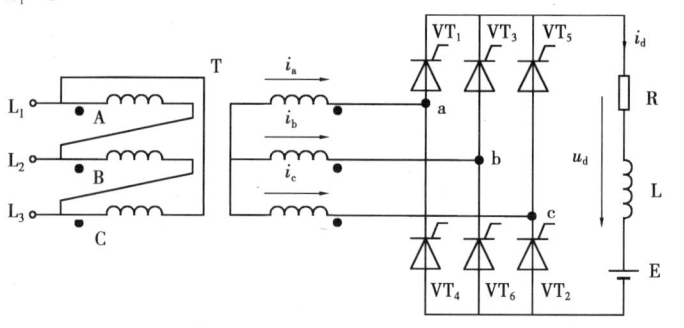

图 5.28　带反电动势负载的相控式三相全控桥整流电路

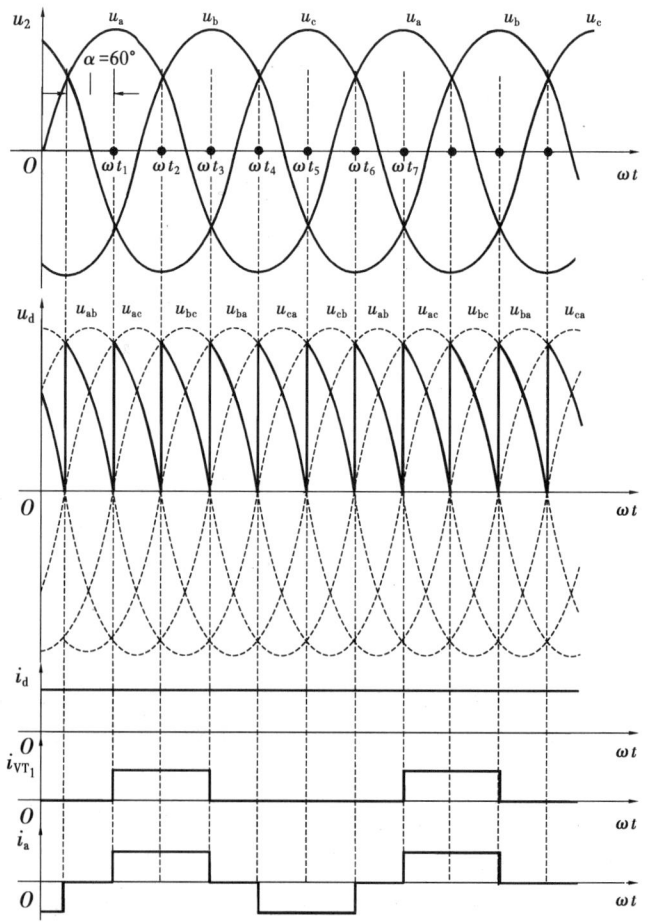

图 5.29　反电动势负载的相控式三相全控桥整流电路 $\alpha = 60°$ 时的工作波形图

②输出电压、电流的平均值分别为

$$U_d = 2.34U_2\cos\alpha = 2.34 \times 220 \times \cos 60° = 257.4 \text{ V}$$

$$I_d = \frac{U_d - E}{R} = \frac{257.4 - 100}{10} = 15.74 \text{ A}$$

变压器二次侧电流有效值为

$$I_2 = \sqrt{\frac{2}{3}}I_d = 12.84 \text{ A}$$

③晶闸管电流有效值为

$$I_{VT} = \sqrt{\frac{1}{3}}I_d = 9.08 \text{ A}$$

在考虑安全裕量情况下,晶闸管的额定电流、额定电压分别为

$$I_{T(AV)} = (1.5 \sim 2)\frac{9.08}{1.57} = 8.67 \sim 11.56 \text{ A}$$

$$U_M = (2 \sim 3)\sqrt{6}U_2 = (2 \sim 3) \times 2.45 \times 220 = 1\,078 \sim 1\,617 \text{ V}$$

根据以上具体数值可按晶闸管产品系列具体参数选取型号,如这里可选取型号为KP10-16(即额定电流10 A,额定电压1 600 V)的晶闸管。

④装置的输出有功功率为

$$P_d = I_d^2 R + EI_d = 15.74^2 \times 10 + 100 \times 15.74 = 4\,051.48 \text{ W}$$

电源侧的视在功率为

$$S = 3U_2 I_2 = 3 \times 220 \times 12.84 = 8\,474.4(\text{V} \cdot \text{A})$$

如果忽略功率损耗,装置的输出有功功率 P_d 等于电源侧有功功率 P,可得电源侧功率因数为

$$\lambda = \frac{P}{S} = \frac{4\,051.48}{8\,474.4} = 0.48$$

5.3.3 带平衡电抗器的双反星形相控整流电路

低电压、大电流的场合一般采用带平衡电抗器的双反星形整流电路,如在电解电镀行业的应用中(所需的直流电压仅为几伏到几十伏,而电流则需几千安甚至几万安),就应采用此整流电路,如图5.30(c)所示。此电路由两个共阴极的三相半波整流电路并联而成,由同一变压器供电。

变压器采用的接法如图5.30(a)所示,二次侧每相有两个匝数相同、极性相反的绕组,两者绕在同一铁芯上,电压互差180°,消除了三相半波整流电路变压器直流磁化的问题。该电路变压器两组二次绕组分别接成星形,且极性相反,称为双反星形电路,其二次侧提供的相电压的向量图如5.30(b)所示。

两组星形的中性点间通过一个带中心抽头的平衡电抗器 L_p 连接,此电抗器抽头两侧的匝数相等,两边的电感量 $L_{p1} = L_{p2}$。

(1)不带平衡电抗器的双反星形相控整流电路(六相半波整流电路)

为了说明平衡电抗器的作用,先将图5.30(c)中的平衡电抗器取消,即将 L_p 短接,这样的电路就是普通的六相半波整流电路。

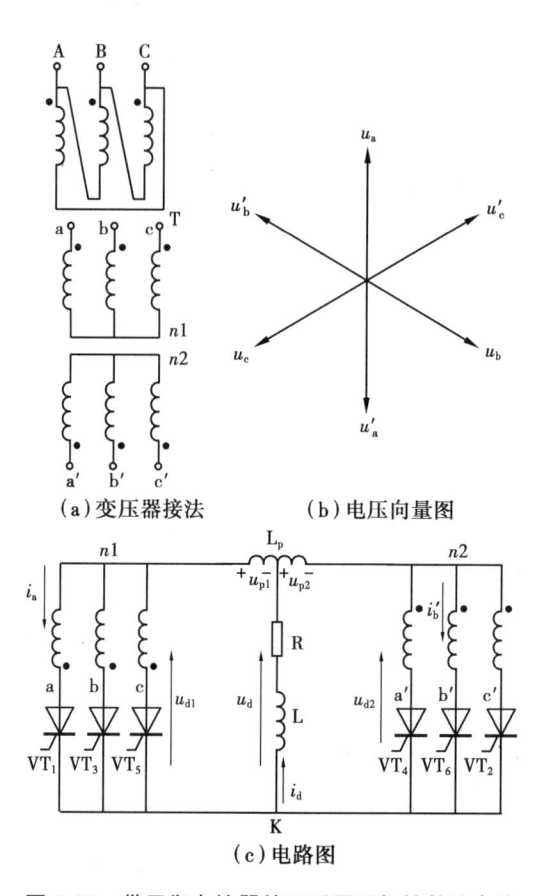

（a）变压器接法 　　　　　（b）电压向量图

（c）电路图

图 5.30　带平衡电抗器的双反星形相控整流电路

以 $\alpha = 0°$ 为例说明该电路的工作情况及波形。由于六相半波整流电路中的 6 个晶闸管采用共阴极接法，也就是相电压瞬时值最大的一相晶闸管导通，其余 5 个晶闸管承受反向电压而关断。根据前述的分析可知，6 个相电压大小相等，相位互差 60°，其波形如图 5.31（a）所示。由于 6 个相电压的瞬时值依次按照 u_a、u'_c、u_b、u'_a、u_c、u'_b 顺序达到最大值，因此，晶闸管按照 VT_1、VT_2、VT_3、VT_4、VT_5、VT_6 顺序各导通 60°，工作波形如图 5.31（b）所示。输出电压 u_d 为 6 个相电压的包络线，其平均值为

$$U_d = \frac{3}{\pi} \int_{\frac{\pi}{3}+\alpha}^{\frac{\pi}{3}+\alpha+\frac{\pi}{3}} \sqrt{2} U_2 \sin \omega t \, d(\omega t) = 1.35 U_2 \cos \alpha \qquad (5.38)$$

六相半波整流电路在任一瞬间只有一个晶闸管导通，每个晶闸管的导通角为 60°，由于变压器二次侧绕组的导电时间短、变压器的利用率低，故较少采用此整流电路。

（2）带平衡电抗器的双反星形相控整流电路

现接入平衡电抗器，仍以 $\alpha = 0°$ 为例进行分析，工作波形如图 5.32 所示。在 ωt_1 时刻，给 VT_1 和 VT_6 门极触发信号，此时 u_b' 瞬时值最大，VT_6 导通。从图 5.30（c）可知，VT_6 导通后 K 点与 b' 电位相同，如果没有平衡电抗器，其他晶闸管承受反向电压不导通。但加入平衡电抗器后，流过 VT_6 的电流 i_b' 逐渐增大，在 L_{p2} 中产生感应电动势 u_{p2} 阻碍电流增大，极性为左正右负。u_{p2} 与 u_b' 方向相反使得加于 VT_6 的正向电压下降。由于 L_{p1} 和 L_{p2} 绕向相同，紧密耦合，在 L_{p1} 中同样产生极性为左正右负的感应电动势 u_{p1}，且 $u_{p1} = u_{p2}$。由于 u_{p1} 和 u_a 方向相同，使得加于 VT_1 的正向电压提高。这样使加于 VT_1 和 VT_6 的电压趋于相等，于是它们同时被触发导

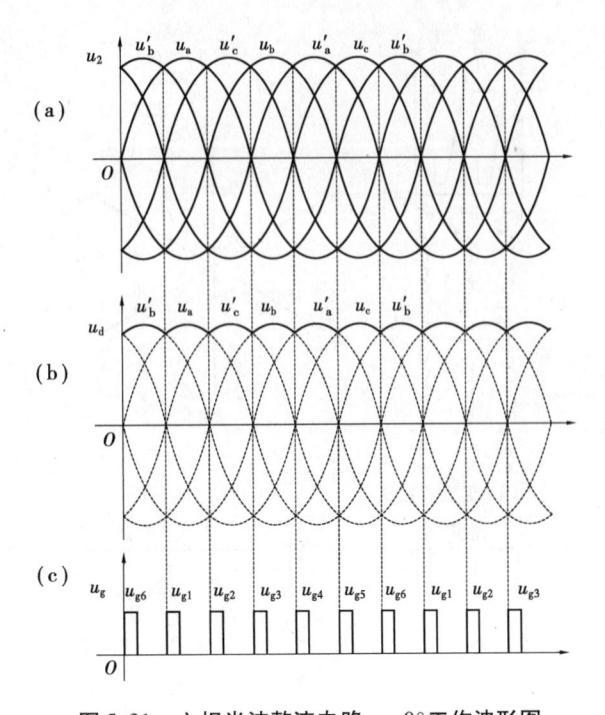

图 5.31　六相半波整流电路 $\alpha = 0°$ 工作波形图

通。根据电路分析可知,此时输出电压 $u_d = u'_b - u_{p2} = u_a + u_{p1}$,可推导出

$$u_d = \frac{u'_b + u_a}{2} \tag{5.39}$$

又因 $u_{p1} = u_{p2} = \dfrac{1}{2} u_p$,可推导出此时平衡电抗器两端的电压为

$$u_p = u'_b - u_a \tag{5.40}$$

通过上述分析可知,当平衡电抗器中有突变电流流过时,会产生感应电动势,使得在同一瞬间两个晶闸管同时导通(两组三相半波整流电路各有一个管子导通),即两组三相半波整流电路能同时工作。各组内部工作情况和普通的三相半波整流电路工作情况一致,即 3 个晶闸管轮流各导通 $120°$。第一组由 VT_1、VT_3、VT_5 组成且顺序导通,输出电压用 u_{d1} 表示,波形如图 5.32(a)所示;第二组由 VT_2、VT_4、VT_6 组成且顺序导通,输出电压用 u_{d2} 表示,波形如图 5.32(b)所示。晶闸管的导通情况如图 5.32(f)所示,可见,6 个管子的导通情况和三相全控桥一样,按照 $VT_1 \sim VT_6$ 顺序导通,触发方式相同,可采用双窄脉冲或宽脉冲的触发方法。

上述分析的 $\omega t_1 \sim \omega t_2$ 时间段,两组三相半波整流电路同时工作,各组中分别是 VT_1、VT_6 导通,输出电压分别为 $u_{d1} = u_a$、$u_{d2} = u'_b$,代入式(5.39)、式(5.40),可得平衡电抗器两端的电压和输出电压的通用表达式为

$$u_p = u_{d2} - u_{d1} \tag{5.41}$$

$$u_d = \frac{1}{2}(u_{d1} + u_{d2}) \tag{5.42}$$

依据式(5.42)可画出输出电压 u_d 的波形如图 5.32(c)中实线所示,输出波形为六脉波。

根据式(5.42)可得阻感负载时输出电压的平均值 $U_d = 1.17U_2 \cos \alpha$。当 $\alpha = 0°$ 时,U_d 最大为 $1.17U_2$;当 $\alpha = 90°$ 时,输出电压平均值 U_d 最小为 0。阻感负载时移相范围为 $0° \sim 90°$。

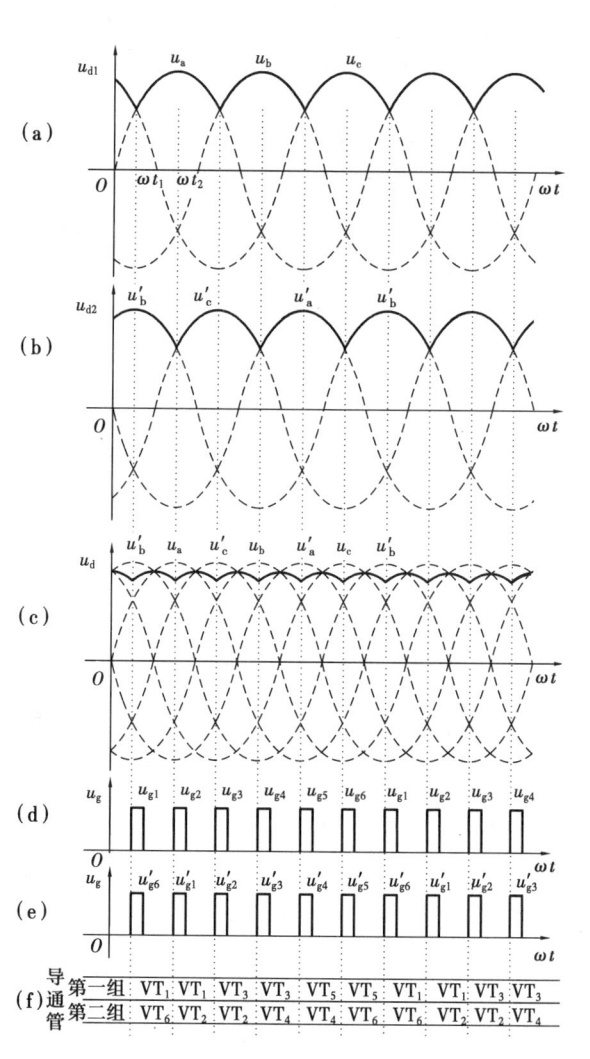

图 5.32　带平衡电抗器的双反星形相控整流电路 $\alpha=0°$ 的工作波形图

当负载为电阻负载时,由于负载电流 $i_d=u_d/R$,当 $\alpha=120°$ 时,触发信号比 $\alpha=0°$ 右移 $120°$,触发 VT_1 和 VT_6 导通后,$u_d=\dfrac{u_b'+u_a}{2}=0$,$i_d=0$,晶闸管立即关断,$u_d=0$。即当 $\alpha=120°$ 时,输出电压为 0,电阻负载的移相范围为 $0°\sim120°$。

通过上述分析可知,带平衡电抗器的双反星形整流电路与六相半波整流电路比较可得以下结论:

①两种电路结构均是由两组三相半波整流电路并联,区别为是否带平衡电抗器。

②两种电路输出电压的波形均为六脉波,只是带平衡电抗器的双反星形整流输出电压峰值是六相半波整流电路峰值的 0.866 倍。

③六相半波整流电路在任何时刻只有一个晶闸管导通,且每个管子的导通角只有 $60°$。而带平衡电抗器的双反星形电路在任何时刻同时有两个晶闸管导通,共同负担负载电流,同时,每个晶闸管的导通角增大到 $120°$,在输出同样 I_d 时,可使晶闸管额定电流及变压器二次侧电流减小,变压器二次绕组利用率提高、变压器容量减小。

带平衡电抗器的双反星形整流电路与三相半波整流电路比较可得以下结论:

①双反星形整流电路由两组三相半波整流电路并联(带平衡电抗器),且不存在直流磁化问题。

②双反星形输出电压为六脉波与三相半波输出的3脉波相比直流电压脉动小。

③双反星形晶闸管电流平均值为$1/6I_\mathrm{d}$,是三相半波电路的$1/2$,提高了晶闸管承受负载的能力。

带平衡电抗器的双反星形整流电路与三相全控桥整流电路比较可得以下结论:

①三相全控桥整流电路是两组三相半波整流电路串联,而双反星形整流电路是两组并联(带平衡电抗器)。

②两种电路输出电压波形均为6脉波,当U_2相等时,双反星形电路输出电压平均值U_d是三相全控桥的$1/2$。

③当两种电路晶闸管承受的平均电流相等时,双反星形电路输出电流平均值I_d是三相全控桥的两倍。

④两种电路的晶闸管导通及触发脉冲分配关系一样。

5.4 相控式整流电路的谐波分析、功率因数及其改善方法

随着电力电子技术的发展,变流装置的应用日益广泛,但它会产生谐波,使电网波形畸变,并且使网侧功率因数下降,由此带来的谐波和无功问题日益严重。必须对这些问题引起重视,提出改善措施,把这些不良问题的影响减至最小。

5.4.1 相控式整流电路直流侧谐波分析

整流电路直流侧输出的脉动直流电压为周期性的非正弦函数,将其进行傅里叶级数分解可分为直流分量和各种频率的谐波,这些谐波不利于负载正常工作。

当$\alpha = 0°$时,m脉波整流电路的输出电压波形如图5.33所示,在一个电源周期2π中,有m个形状相同但相差$2\pi/m$的电压脉波。将纵坐标选在整流电压的峰值处,则在$-\pi/m \sim \pi/m$区间,整流电压的表达式为

$$u_\mathrm{d} = \sqrt{2}\,U_2\cos\omega t \tag{5.43}$$

将该整流输出电压进行傅里叶级数分解得

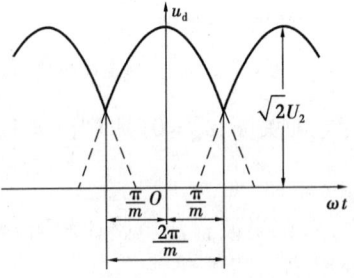

图5.33 当$\alpha = 0°$时,m脉波整流电路的输出电压波形

$$u_\mathrm{d} = U_\mathrm{d} + \sum_{n=mk}^{\infty} b_n\cos n\omega t = U_\mathrm{d}\left(1 - \sum_{n=mk}^{\infty}\frac{2\cos k\pi}{n^2-1}\cos n\omega t\right) \tag{5.44}$$

式中,$k = 1,2,3,\cdots$,且

$$U_\mathrm{d} = \sqrt{2}\,U_2\,\frac{m}{\pi}\sin\frac{\pi}{m} \tag{5.45}$$

$$b_n = -\frac{2\cos k\pi}{n^2-1}U_\mathrm{d} \tag{5.46}$$

对于单相全控桥整流电路,$m = 2$,代入式(5.44),可得

$$u_{\mathrm{d}} = \sqrt{2}\,U_2\,\frac{2}{\pi}\sin\frac{\pi}{2}\left(1 + \frac{2\cos 2\omega t}{1\times 3} - \frac{2\cos 4\omega t}{3\times 5} + \frac{2\cos 6\omega t}{5\times 7} - \cdots\right) \tag{5.47}$$

对于三相半波整流电路，$m = 3$，代入式（5.44），可得

$$u_{\mathrm{d}} = \sqrt{2}\,U_2\,\frac{3}{\pi}\sin\frac{\pi}{3}\left(1 + \frac{2\cos 3\omega t}{2\times 4} - \frac{2\cos 6\omega t}{5\times 7} + \frac{2\cos 9\omega t}{8\times 10} - \cdots\right) \tag{5.48}$$

对于三相全控桥整流电路，$m = 6$，计算时将图 5.33 所示的相电压幅值 $\sqrt{2}\,U_2$ 改为线电压幅值 $\sqrt{6}\,U_2$，代入式（5.44），可得

$$u_{\mathrm{d}} = \sqrt{6}\,U_2\,\frac{6}{\pi}\sin\frac{\pi}{6}\left(1 + \frac{2\cos 6\omega t}{5\times 7} - \frac{2\cos 12\omega t}{11\times 13} + \frac{2\cos 18\omega t}{17\times 19} - \cdots\right) \tag{5.49}$$

根据以上分析结果可知，m 脉波整流电压的谐波次数为 $mk（k = 1,2,3,\cdots）$次。m 增加时，最低次谐波的次数增大，且幅值也迅速减小。

根据图 5.33 所示输出电压的瞬时值波形，可得整流输出电压有效值为

$$U = \sqrt{\frac{m}{2\pi}\int_{-\frac{\pi}{m}}^{\frac{\pi}{m}}(\sqrt{2}\,U_2\cos\omega t)^2\,\mathrm{d}(\omega t)} = U_2\sqrt{1 + \frac{m}{2\pi}\sin\frac{2\pi}{m}} \tag{5.50}$$

将式（5.50）、式（5.45）代入 5.1 节的式（5.8），可得电压的纹波系数为

$$RF = \frac{\sqrt{U^2 - U_{\mathrm{d}}^2}}{U_{\mathrm{d}}} = \frac{\sqrt{\dfrac{1}{2} + \dfrac{m}{4\pi}\sin\dfrac{2\pi}{m} - \dfrac{m^2}{\pi^2}\sin^2\dfrac{\pi}{m}}}{\dfrac{m}{\pi}\sin\dfrac{\pi}{m}} \tag{5.51}$$

依据式（5.51）可计算出不同脉波数 m 时的电压纹波系数，见表 5.3。

表 5.3 m 脉波整流电路的电压纹波系数值

m	2	3	6	12	∞
$RF/\%$	48.2	18.27	4.18	0.994	0

脉波数 m 越大，电压纹波系数越小，对电路的影响越小。

当 $\alpha \neq 0°$ 时，m 脉波整流输出电压谐波的表达式非常复杂，在此不详述。如图 5.34 所示，以三相全控桥整流电路的分析结果，说明 u_{d} 的谐波与触发角 α 的关系，图中参变量 n 为谐波次数，$\dfrac{c_n}{\sqrt{2}\,U_{2\mathrm{L}}}$ 为 n 为谐波幅值（取标幺值）。当 $0° < \alpha < 90°$ 时，谐波幅值随 α 增大而增大；当 $\alpha = 90°$ 时，谐波幅值最大；当 $90° < \alpha < 180°$ 时（电路工作于有源逆变状态），谐波幅值随 α 增大而减小。

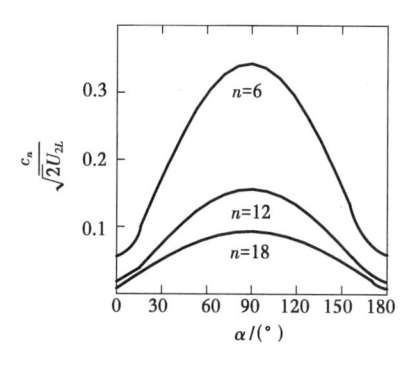

图 5.34 三相全控桥电流连续时谐波与触发角 α 的关系

5.4.2 相控式整流电路交流侧谐波和功率因数分析

以相控式单相全控桥整流电路、三相全控桥整流电路为例，对整流电路交流电源侧进行谐波分析、功率因数计算。

(1)相控式单相全控桥整流电路

1) 电路带阻感负载时交流侧谐波分析

当电感足够大时,其工作波形如图 5.4(b)所示,变压器二次侧(即整流电路交流侧)电流 i_2 为 180°方波,将其进行傅里叶级数分解得

$$i_2 = \frac{4I_d}{\pi}\Big(\sin \omega t + \frac{1}{3}\sin 3\omega t + \frac{1}{5}\sin 5\omega t + \cdots\Big) \tag{5.52}$$

其中,基波和各次谐波的有效值为

$$\begin{cases} I_1 = \dfrac{2\sqrt{2}I_d}{\pi} = 0.9I_d \\ I_n = \dfrac{2\sqrt{2}I_d}{n\pi} = \dfrac{1}{n}I_1 \qquad n = 3,5,7,\cdots \end{cases} \tag{5.53}$$

2)电路带阻感负载时交流侧的功率因数

整流电路交流电源侧功率因数的计算可以有两种方法:

一种方法是忽略功率损耗,电源侧的有功功率 P 等于整流装置的输出有功功率 P_d,即可根据 $\lambda = \dfrac{P}{S} = \dfrac{P_d}{S}$ 计算出交流电源侧功率因数。例 5.1、例 5.2 就是用此方法计算的功率因数。

另一种方法是通过 5.1 节的式(5.3)计算出交流电源侧功率因数。以带阻感负载的相控式单相全控桥整流电路交流侧的功率因数计算为例。

根据式(5.20)可知,i_2 的有效值 $I = I_d$,代入式(5.4)可得基波因数 ν 为

$$\nu = \frac{I_1}{I} = \frac{0.9I_d}{I_d} = 0.9 \tag{5.54}$$

根据图 5.4(b)可知,电流基波与电压的相位差为触发角 α,则位移因数 $\cos \varphi_1 = \cos \alpha$。代入式(5.5)可得交流侧的功率因数为

$$\lambda = \nu \cos \varphi_1 = \nu \cos \alpha = \frac{I_1}{I}\cos \alpha = 0.9 \cos \alpha \tag{5.55}$$

(2)相控式三相全控桥整流电路

1)电路带阻感负载时交流侧谐波分析

当电感足够大时,其工作波形如图 5.26(b)所示,变压器二次侧电流 i_a 为 120°方波,将其进行傅里叶级数分解得

$$i_a = \frac{2\sqrt{3}I_d}{\pi}\Big(\sin \omega t - \frac{1}{5}\sin 5\omega t - \frac{1}{7}\sin 7\omega t + \frac{1}{11}\sin 11\omega t + \frac{1}{13}\sin 13\omega t - \cdots\Big)$$

$$= \frac{2\sqrt{3}I_d}{\pi}\Big[\sin \omega t + \sum_n \frac{1}{n}(-1)^k \sin n\omega t\Big] \tag{5.56}$$

式中,$n = 6k \pm 1$,k 为自然数。

其中,基波和各次谐波的有效值为

$$\begin{cases} I_1 = \dfrac{\sqrt{6}I_d}{\pi} = 0.78I_d \\ I_n = \dfrac{\sqrt{6}I_d}{n\pi} = \dfrac{1}{n}I_1 \qquad n = 6k \pm 1, k = 1,2,3,\cdots \end{cases} \tag{5.57}$$

2）电路带阻感负载时交流侧的功率因数

根据式（5.37）可知，i_2 的有效值 $I = \sqrt{\dfrac{2}{3}}I_d = 0.816I_d$，可得基波因数 ν 为

$$\nu = \frac{I_1}{I} = \frac{0.78I_d}{0.816I_d} = 0.955 \tag{5.58}$$

因电流基波与电压的相位差为触发角 α，故位移因数 $\cos \varphi_1 = \cos \alpha$。

交流侧的功率因数为

$$\lambda = \nu \cos \varphi_1 = \nu \cos \alpha = \frac{I_1}{I}\cos \alpha = 0.955 \cos \alpha \tag{5.59}$$

5.4.3　整流电路对公用电网的影响

整流电路在工作时交流侧产生大量的谐波，使得大量的电流谐波分量倒流入电网，并造成网侧功率因数下降，给公用电网造成严重的谐波"污染"。

（1）功率因数低对公用电网造成的不良影响

①功率因数越低，在保证输送同样的有功功率时，系统中的总电流和视在功率越大，从而导致设备容量增加。

②功率因数越低，总电流越大，从而使设备和线路的功率损耗和电能损耗增加。

③功率因数越低，无功功率越大，线路压降也越大，冲击性无功负载使电压剧烈波动。

（2）电力电子装置产生的谐波对公用电网的危害

①谐波使电网中的元件产生附加的谐波损耗，降低发电、输电及用电设备的效率，大量的 3 次及其倍数谐波流过中性线会使线路过热甚至发生火灾。

②谐波影响各种电气设备的正常工作，使电机发生机械振动、噪声和过热，使变压器局部严重过热，电力电缆、电容器等设备过热，使元件设备绝缘老化、寿命缩短以至损坏。

③谐波会引起电网中局部的并联谐振或串联谐振，使谐波放大，从而使谐波造成的危害进一步增大，甚至引起严重事故。

④谐波对继电保护、自动控制装置产生干扰和造成误动作，并造成电气测量的误差。

⑤谐波还对通信系统产生干扰，产生噪声，降低通信质量，甚至使信息丢失，使通信系统无法正常工作。

公用电网的谐波给用电设备和电网带来各种危害，危及电网安全稳定运行，我国于 1993 年发布了限制电网谐波的国家标准 GB/T 14549—1993《电能质量　公用电网谐波》。

5.4.4　改善方法

（1）抑制谐波的措施

1）采用多重化整流电路

将几个相同结构的基础整流电路按一定规律进行组合（如并联或串联）而成多重化整流电路，可以减少交流侧电流的谐波含量，并可使直流侧输出电压波形脉波数增加，减小输出电压中的谐波，减小其纹波系数。

如图 5.35 所示，将两组三相全控桥整流电路带平衡电抗器并联，就构成了 12 脉波整流电路。该电路原理与带平衡电抗器的双反星形整流电路类似，不再赘述。

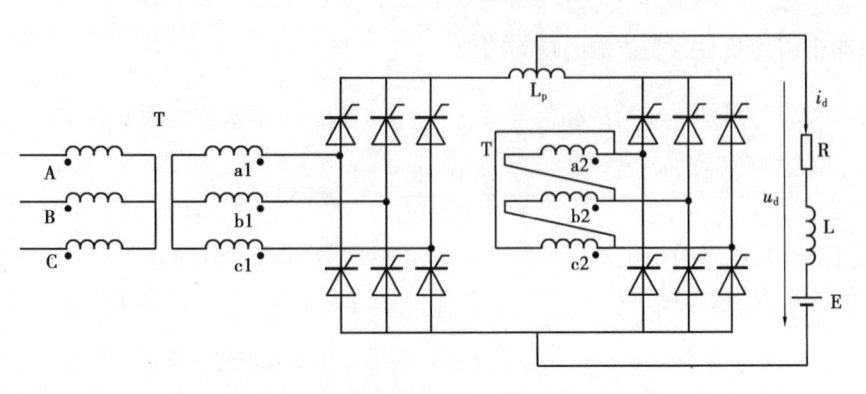

图 5.35　并联多重联结的 12 脉波整流电路

　　将两组三相全控桥整流电路移相 30°串联,也可以构成 12 脉波整流电路,如图 5.36(a)所示。利用将变压器二次绕组采用一定的接法,从而使两组三相交流电源的相位之间错开30°,但电压大小相等。两组三相全控桥输出的 6 脉波电压 u_{d1} 和 u_{d2} 的相位互差 30°,而该电路输出电压 $u_d = u_{d1} + u_{d2}$,u_d 波形为 12 脉波。根据该电路图所示的变压器的接法,可分析出其交流侧电流的波形如图 5.36(b)所示,电流的波形形状与 6 脉波整流电路相比更接近正弦波,其谐波的含量减小了。

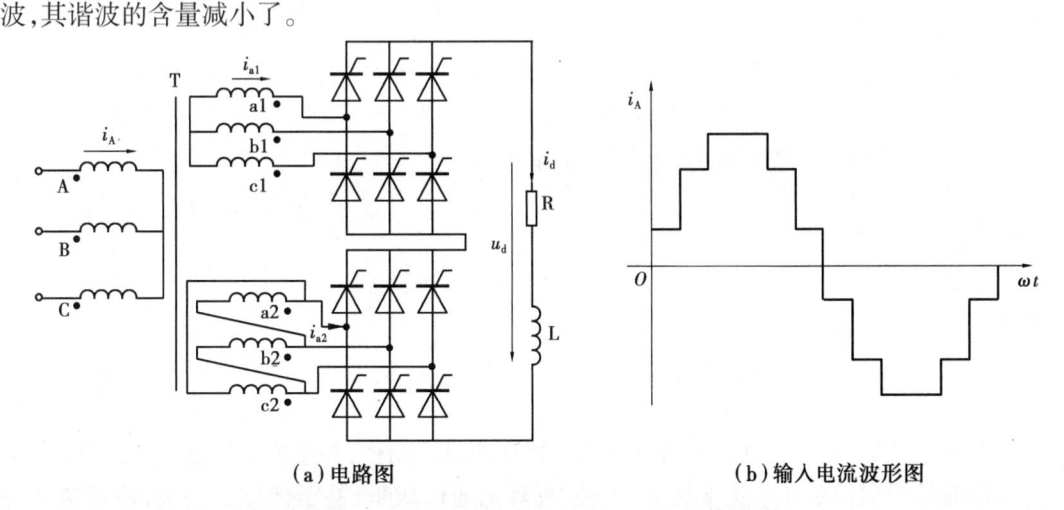

　　　　(a)电路图　　　　　　　　　　　　　　(b)输入电流波形图

图 5.36　移相 30°串联 2 重联结的 12 脉波整流电路

　　根据上述理论,也可以将三组三相全控桥整流电路移相 20°串联 3 重联结,构成 18 脉波整流电路。以此类推,还可以构成 24 脉波、30 脉波……整流电路。m 脉波整流电路交流侧电流谐波次数为 $mk \pm 1(k = 1,2,3,\cdots)$ 次。当 m 增加时,最低次谐波的次数增大,幅值也迅速减小,即脉波数增多,交流侧电流谐波含量减少。

　　2)安装无源滤波器

　　无源滤波器安装在整流装置的交流侧,它由 L、C、R 组成无源网络,吸收负载产生的谐波电流。其结构简单、运行可靠、维修方便,除滤波外还兼有无功补偿的功能,容量可设计得很大,是目前广泛采用的方式之一。如图 5.37 所示的三相全控桥整流电路设置的 5、7、11 次谐波无源滤波器,整流电路产生的谐波电流大部分流入 LC 串联的谐振回路中,将流入电网的谐波电流抑制在允许范围内。

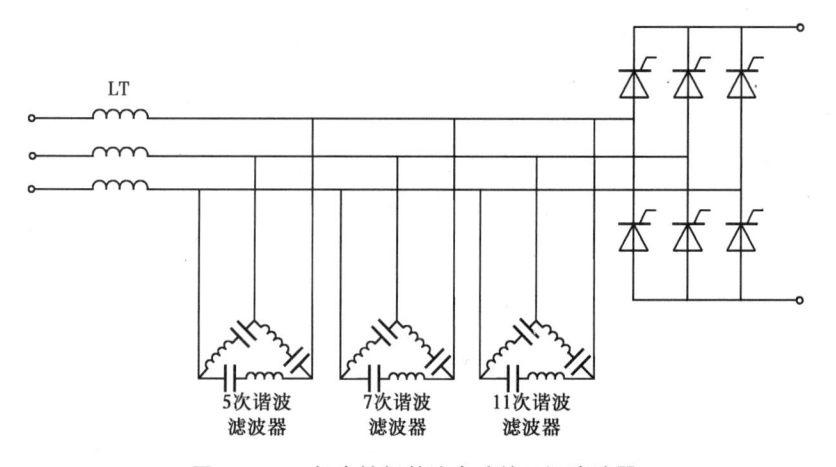

图 5.37　三相全控桥整流电路的无源滤波器

3）安装有源滤波器

对于谐波次数经常变化的负载,采用无源滤波器的效果不佳,若采用有源滤波器可达到较好的效果。随着检测技术、控制技术和功率器件的发展,采用有源滤波器 APF 进行谐波抑制是发展的趋势。其工作原理如图 5.38 所示,有源滤波器检测出谐波源负载电流 i_L 的谐波分量 i_{LH},通过运算输出补偿电流的指令信号,作用于补偿电流发生器产生一个补偿电流 i_c（$i_c = i_{LH}$）,使得电源侧电流 i_s 中谐波被抵消,变为期望的正弦波形。

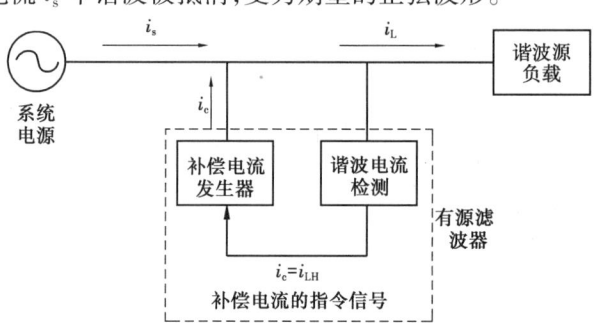

图 5.38　有源滤波器工作原理

（2）提高功率因数的措施

1）提高基波因数 ν

因功率因数 $\lambda = \nu \cos \varphi_1$,所以增大基波因数 ν,可以提高功率因数。根据式（5.4）可知 $\nu = \dfrac{1}{\sqrt{1 + THD^2}}$,减小波形畸变,可增大基波因数 ν,从而提高功率因数。采用前述抑制谐波的措施可减小谐波含量,提高基波因数 ν（表 5.4）,对于改善功率因数具有良好的效果。

表 5.4　不同整流电路的基波因数值

电路形式	单相全控桥	三相全控桥	移相串联12 脉波电路	移相串联18 脉波电路	移相串联24 脉波电路
ν	0.9	0.955	0.988 6	0.994 9	0.997 1

2)减小触发角 α

根据式(5.55)、式(5.59)可知 m 脉波整流电路功率因数 $\lambda = \nu \cos \alpha$,整流电路的功率因数随着触发角 α 的增大而降低,在设计运行整流装置时应尽量使 α 较小,以提高功率因数。根据整流电路工作原理数量分析可知,改变 α 可以改变输出电压的平均值,当要求低电压输出时,如果交流侧电压过高,则 α 必然过大,为此必须用降压变压器的低压绕组得到一个合适的交流电压,使 α 减小,这就是使用变压器的原因。

3)采用串联的多重整流电路顺序控制

在前述的串联多重整流电路中,各组整流桥之间电源电压错开了一定的相位,但在工作时各桥的 α 是相同的。这里讲的串联多重整流电路,各组整流桥之间电源电压相位相同,如图5.39(a)所示,将两组单相半控桥串联起来进行顺序控制。若总的输出电压平均值为 $0 \sim U_{\text{dmax}}$,控制每组全控桥产生 $0 \sim 0.5 U_{\text{dmax}}$ 的输出电压,这样,当要求输出电压为 $0.5 U_{\text{dmax}} \sim 1 U_{\text{dmax}}$ 时,一组全控桥满开放(触发角 α 固定为0),控制另一组变流器的触发角为 α,如图5.39(b)所示,从交流侧总电流 i 的波形可知,其基波电流比输入电压相位滞后少,位移因数 $\cos \varphi_1$ 较高,从而提高了功率因数。

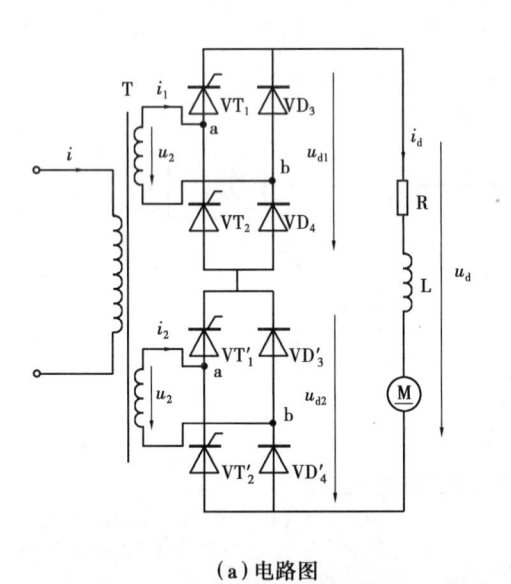
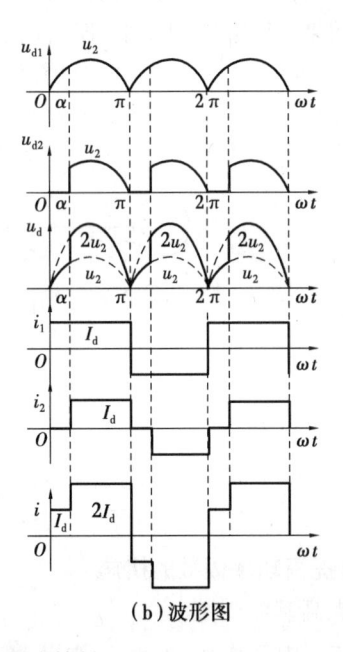

(a)电路图　　　　　　　　(b)波形图

图5.39　串联的多重整流电路顺序控制

4)采用不可控整流电路加 DC-DC 变换电路

在不可控整流电路和负载之间接入一个直流斩波电路构成的整流器,这种电路也可以称为功率因数校正电路(简称 PFC 电路)。其输出电压可控,并且应用电流反馈技术,使交流侧电流跟随交流侧电压波形,保证电流接近正弦波并与电压同相位,这样功率因数可以达到很高,接近于1。

5)装设补偿电容器

整流电路的电源电流 $\dot{i}_s$ 一般滞后电源电压 $\dot{U}$,如图5.40所示,若在电源侧并联电容器,电容电流 $\dot{i}_c$ 超前电源电压 $\dot{U}$,而 $\dot{i}_s = \dot{i}_c + \dot{i}_L$,故 $\dot{i}_s$ 与 $\dot{U}$ 之间夹角变小,提高了电源侧的功率因数。

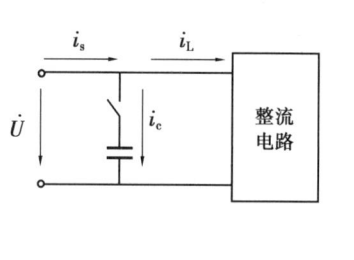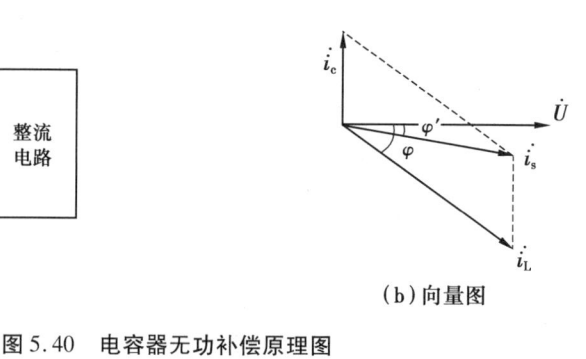

（a）原理图　　　　　　　　（b）向量图

图 5.40　电容器无功补偿原理图

由于整流电路有高次谐波的存在,必须注意所选的电容值与电路中的电感配合适当,否则会在整流电路的某个谐波附近产生谐振而造成供电电压进一步畸变。

（3）PWM 整流电路

用 PWM 控制方式的整流电路代替传统的相控式整流电路或不可控整流电路,解决了网侧电流畸变、功率因数低等问题。通过对 PWM 整流电路的适当控制,可以使其输入电流非常接近正弦波,且和输入电压同相位,功率因数近似为 1。PWM 整流电路是未来发展的趋势,具有良好的应用前景。

如图 5.41（a）所示为单相全控桥 PWM 整流电路,对 $V_1 \sim V_4$（选用全控型器件 IGBT）进行 PWM 控制,即在半个周期中管子通断若干次,其工作波形如图 5.41（b）所示。电源侧电流 i_s 为 PWM 波形,可等效为畸变较小的正弦波形,与相控式整流电路电源侧电流波形相比,谐波含量降低,虽然高次谐波增加了,但用滤波器易于将其滤除,而相控式电路的低次谐波要滤除掉是很困难的。由图 5.41 可知,电源侧电流的基波分量与电源电压相位差很小,电源侧位移因数接近 1。

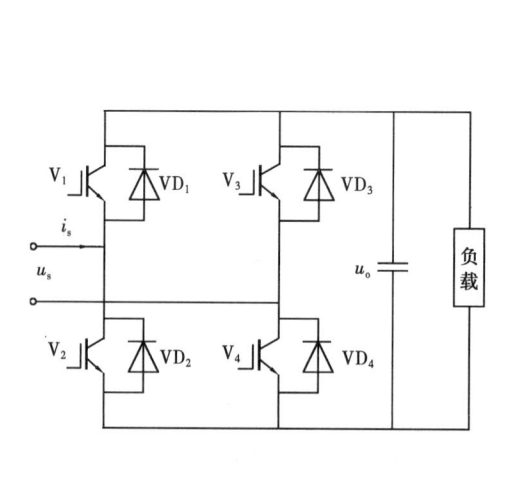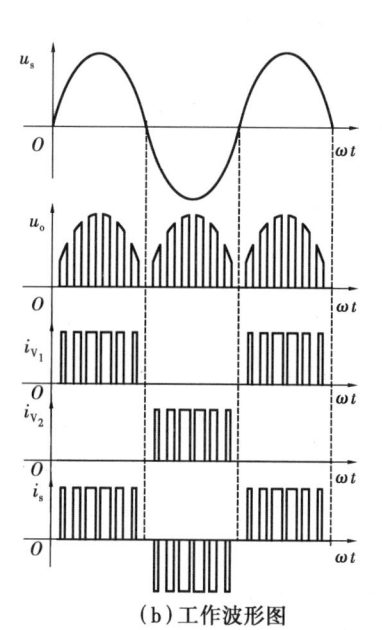

（a）电路图　　　　　　　　（b）工作波形图

图 5.41　单相全控桥 PWM 整流电路

利用 PWM 控制所获得脉冲宽度是等宽的,容易实现,但网侧电流谐波含量仍然较大,若采用 SPWM 调制所获得脉冲宽度是不等宽的,网侧电流波形宽度按照正弦规律变化,即为

SPWM波形,可等效为正弦波,谐波含量大大降低,且网侧电流基波分量与电压同相位,位移因数等于1,网侧功率因数更接近1。

5.5 交流侧电感对整流电路的影响

在前面的讨论中都忽略了交流侧变压器绕组电感的影响,在分析电路时认为换相是瞬时完成的,即认为刚开始导电的管子的电流是从零突然上升到稳定值,而退出导电的管子电流是从稳定值突然下降到零。实际上变压器总存在一定的漏电感,交流回路也总存在一定的自感,把这些所有的电感都折算到变压器二次侧,用一个集中的电感 L_B 来代替,由于电感 L_B 要阻碍电流的变化,因此换相要经过一段时间,不能瞬时完成。

为了重点分析变压器漏感对整流的影响,而且一般变压器和交流侧回路的电感比它们的电阻大很多,在本节分析时忽略变压器电阻的影响。

(1)换相重叠角的产生

以三相半波整流电路带阻感负载为例,分析交流侧电感对整流电路换相的影响,其电路及工作波形如图5.42所示。

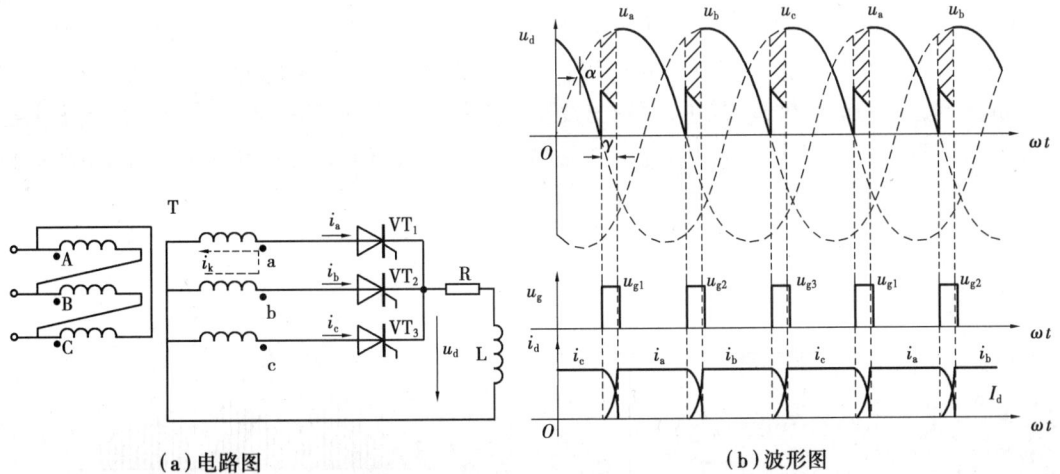

(a)电路图　　　　　　(b)波形图

图5.42　考虑交流侧电感时三相半波可控整流电路及波形

假设电感量 $\omega L \gg R$,负载电流为一条连续水平线,其值为 I_d。此电路在一个周期内有3次换相,因每次换相过程工作分析类似,这里只分析从 a 相 VT_1 换相至 b 相 VT_2 的过程。换相之前 VT_1 导通,VT_1 中流过的电流为 I_d,换相开始时刻,触发 VT_2,则 VT_2 导通,由于 a、b 两相都存在电感 L_B,因此 i_a、i_b 均不能突变。i_a 从 I_d 逐渐减小到0,而 i_b 从0逐渐增大到 I_d,在这个过程中,VT_1 和 VT_2 同时导通。此过程称为换相过程,它所对应的时间以相角计算,称为换相重叠角,用 γ 表示。

(2)换相重叠期间输出电压波形分析

在换相重叠期间,由于 VT_1 和 VT_2 同时导通,相当于 a、b 两相短路,两相之间的电位差为 $u_b - u_a = u_{ba}$,此电压在换相回路中产生一个假想的环流 i_k,方向如图5.42(a)中虚线所示,短路电压加在回路电感上,使得换流 i_k 逐渐增大。实际上因晶闸管单相导电,电流不能反向流过,相当于在换相前初始电流基础上叠加 $\pm i_k$,所以 a 相电流 $i_a = I_d - i_k$ 逐渐减小,b 相电流 $i_b = i_k$ 逐渐增大,当 i_k 增大到等于 I_d 时,i_a 减小到 0,i_b 增大到 I_d,负载电流从 VT$_1$ 全部换流至 VT$_2$,VT$_1$ 关断,换相过程结束。

在换相期间由于 i_k 的变化,电感 L_B 会产生电动势 $L_B\dfrac{\mathrm{d}i_k}{\mathrm{d}t}$,它在 a 相上的极性为左负右正,而在 b 相上的极性为右负左正。在换相期间整流输出电压瞬时值为

$$u_d = u_a + L_B\frac{\mathrm{d}i_k}{\mathrm{d}t} = u_b - L_B\frac{\mathrm{d}i_k}{\mathrm{d}t} \tag{5.60}$$

根据式(5.60)可得

$$u_d = \frac{u_a + u_b}{2} \tag{5.61}$$

式(5.61)说明,在换相过程中,整流电压既不是换相前的 u_a,也不是换相后的 u_b,而是这两相电压的平均值,其波形如图 5.42(b)所示。与不考虑交流侧电感影响相比,在换相重叠期间 u_d 波形上少了一块如图所示的阴影面积,导致输出电压平均值降低了,降低的电压称为换相压降,用 ΔU_d 表示。

以上分析的方法和所得结论具有普遍性,可以适用于其他整流电路。

(3)换相压降、重叠角的计算

在三相半波整流电路换相过程中,不考虑交流侧电感影响时输出电压为 u_b,考虑电感影响时 $u_d = u_b - L_B\dfrac{\mathrm{d}i_k}{\mathrm{d}t}$,则因交流侧电感而引起的换相压降为

$$\begin{aligned}\Delta U_d &= \frac{1}{2\pi/3}\int_{\frac{5}{6}\pi+\alpha}^{\frac{5}{6}\pi+\alpha+\gamma}(u_b - u_d)\mathrm{d}(\omega t) = \frac{3}{2\pi}\int_{\frac{5}{6}\pi+\alpha}^{\frac{5}{6}\pi+\alpha+\gamma}\left[u_b - \left(u_b - L_B\frac{\mathrm{d}i_k}{\mathrm{d}t}\right)\right]\mathrm{d}(\omega t)\\ &= \frac{3}{2\pi}\int_{\frac{5}{6}\pi+\alpha}^{\frac{5}{6}\pi+\alpha+\gamma}L_B\frac{\mathrm{d}i_k}{\mathrm{d}t}\mathrm{d}(\omega t) = \frac{3}{2\pi}\int_0^{I_d}\omega L_B\mathrm{d}i_k = \frac{3}{2\pi}X_B I_d\end{aligned} \tag{5.62}$$

式中,$X_B = \omega L_B$,是交流侧电感折算到二次侧的漏抗。

将式(5.62)写成一般通式,则 m 脉波整流电路的换相压降为

$$\Delta U_d = \frac{m}{2\pi}\int_{\frac{5}{6}\pi+\alpha}^{\frac{5}{6}\pi+\alpha+\gamma}(u_b - u_d)\mathrm{d}(\omega t) = \frac{m}{2\pi}X_B I_d \tag{5.63}$$

式中,m 为一个周期的换相次数,三相半波整流电路 $m = 3$,三相全控桥整流电路 $m = 6$。对于单相全控桥整流电路,因 X_B 在一周期的两次换相中起作用,其换相初始时刻绕组中电流为 $-I_d$,换相结束时电流上升为 I_d,故 $m = 4$。

m 脉波整流电路的换相重叠角可用以下通式计算为

$$\cos\alpha - \cos(\alpha + \gamma) = \frac{I_d X_B}{u_{\max}\sin\dfrac{\pi}{m}} \tag{5.64}$$

式中,m 依然为一个周期的换相次数,$u_{\max}$ 为输出电压波形峰值电压。对于三相半波整流电路 $m = 3$,$u_{\max} = \sqrt{2}U_2$;三相全控桥整流电路 $m = 6$,$u_{\max} = \sqrt{6}U_2$。对于单相全控桥整流电路,因换相初始时刻绕组中电流为 $-I_d$,换相结束时电流上升为 I_d,故式(5.64)中用 $2I_d$ 替代 I_d,$m = 2$,$u_{\max} = \sqrt{2}U_2$。

其他多相电路可类似推导。从式(5.64)可计算出换相重叠角 γ,并可得出 γ 随参数变化的规律:

①I_d 越大,则 γ 越大。

②X_B 越大,则 γ 越大;

③当 $\alpha \leqslant 90°$时,α 越小,则 γ 越大。

根据上述公式,可得到常用的整流电路的换相压降、重叠角的计算公式,现列于表 5.5 中,以便使用。

表 5.5　不同整流电路的换相压降、重叠角的计算公式

电路形式	单相全控桥	三相半波	三相全控桥
ΔU_d	$\dfrac{2X_B}{\pi}I_d$	$\dfrac{3X_B}{2\pi}I_d$	$\dfrac{3X_B}{\pi}I_d$
$\cos\alpha - \cos(\alpha+\gamma)$	$\dfrac{2I_dX_B}{\sqrt{2}\,U_2}$	$\dfrac{2X_BI_d}{\sqrt{6}\,U_2}$	$\dfrac{2X_BI_d}{\sqrt{6}\,U_2}$

由于交流侧电感的影响,使得电压波形出现缺口,造成波形畸变,成为干扰源。用示波器观察电压波形时,在换流点上出现"毛刺"。但是,为了限制短路电流,使电流的变化较缓和,使换相过程的 di/dt 不超过晶闸管的允许值,有时单靠交流侧的漏抗电感还不够大,而在交流侧人为串入电抗器以抑制晶闸管的 di/dt。这样就使电压波形出现的缺口更严重,使电网的波形畸变更严重,加剧了晶闸管的 du/dt,可能使晶闸管误导通,情况严重时必须加滤波装置。在工程实践中要全面权衡利弊来考虑。

例 5.3　相控式单相全控桥整流电路如图 5.43(a)所示,负载电感量 $\omega L \gg R$,负载电阻 $R = 10\ \Omega$,反向电动势 $E = 20\ V$,电源电压有效值 $U_2 = 220\ V$,交流侧漏感 $L_B = 5\ mH$,当 $\alpha = 60°$ 时:①画出输出电压 u_d、晶闸管电流 i_{VT_1} 的波形图;②求输出电压、电流的平均值,变压器二次侧电流有效值,晶闸管的额定电流,换相重叠角 γ;③求整流装置电源侧的功率因数。

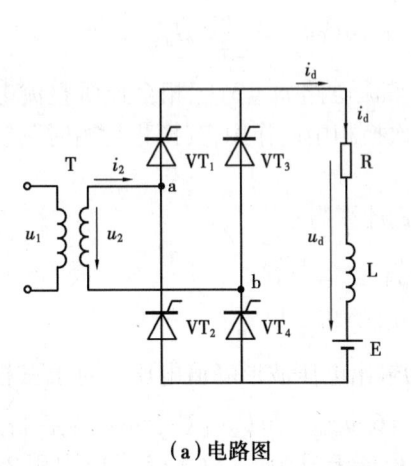

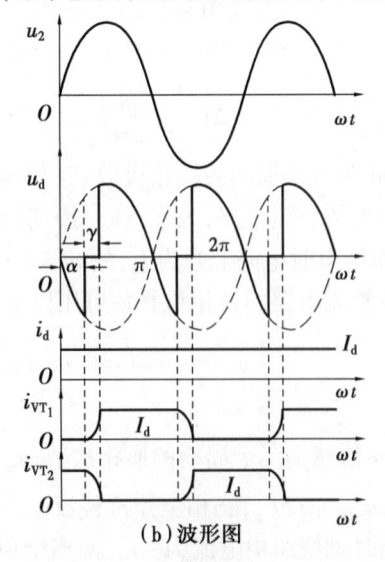

（a）电路图　　　　　　（b）波形图

图 5.43　考虑交流侧电感时三相半波可控整流电路及波形

解：①u_d、i_{VT_1}的波形图如图 5.43（b）所示。

②输出电压、电流的平均值分别为

$$U_d = 0.9 U_2 \cos \alpha - \Delta U_d$$

$$I_d = \frac{U_d - E}{R}$$

又因

$$\Delta U_d = \frac{2 X_B}{\pi} I_d = \frac{2 \omega L_B}{\pi} I_d = \frac{2 \times 2\pi \times 50 \times 5 \times 10^{-3}}{\pi} I_d = I_d$$

可解得

$$U_d = 91.82 \text{ V}$$

$$I_d = 7.18 \text{ A}$$

又因

$$\cos \alpha - \cos(\alpha + \gamma) = \frac{2 I_d X_B}{\sqrt{2} U_2}$$

可得　　　$\cos(60° + \gamma) = \cos 60° - \dfrac{2 \times 7.18 \times 2\pi \times 50 \times 5 \times 10^{-3}}{\sqrt{2} \times 220} = 0.427\,5$

换相重叠角　　　　　　　$\gamma = 64.7° - 60° = 4.7°$

晶闸管电流和变压器二次测电流的有效值分别为

$$I_{VT} = \sqrt{\frac{1}{2}} I_d = 0.707 \times 7.18 = 5.07 \text{ A}$$

$$I_2 = I_d = 7.18 \text{ A}$$

③装置的输出有功功率为

$$P_d = I_d^2 R + E I_d = 7.18^2 \times 10 + 20 \times 7.18 = 659.124 \text{ W}$$

电源侧的视在功率为

$$S = U_2 I_2 = 220 \times 7.18 = 1\,579.6 (\text{V} \cdot \text{A})$$

可得电源侧功率因数为

$$\lambda = \frac{P}{S} = \frac{659.124}{1\,579.6} = 0.417$$

若此例题在计算时，不考虑交流侧漏感的影响，输出电压 $U_d = 0.9 U_2 \cos \alpha = 99$ V，功率因数 $\lambda = 0.9 \times \cos 60° = 0.45$，可见，交流侧漏感对整流电路的影响，还存在使整流输出电压降低、功率因数变坏等缺点。

5.6　相控式整流电路工作在有源逆变状态

在第 4 章讲述的逆变电路为无源逆变电路，本节将详细介绍有源逆变电路，为什么放在整流电路这一章来讲呢？因为有的整流电路既可以将交流电变换为直流电，又可以反过来将直流电变为交流电送回给电网。将这种既可以工作在整流状态又可以工作在有源逆变状态的装置称为变流装置或变流器。

例如,应用晶闸管整流供电的电力机车,当下坡行驶时,直流电动机工作于回馈制动状态(作为发电机运行),机车的位能变为电能,通过变流器将直流电变为交流电送回电网。有源逆变电路还常用于交流绕线转子异步电动机串级调速、高压直流输电、直流可逆调速系统等方面。

5.6.1　电网-直流电动机之间的能量转换

整流和有源逆变的根本区别在于能量传递的方向不同,以如图5.44所示的电网-电动机系统说明能量传递关系,图中左侧电网和框图表示的变流器相连,右侧M为直流电动机。

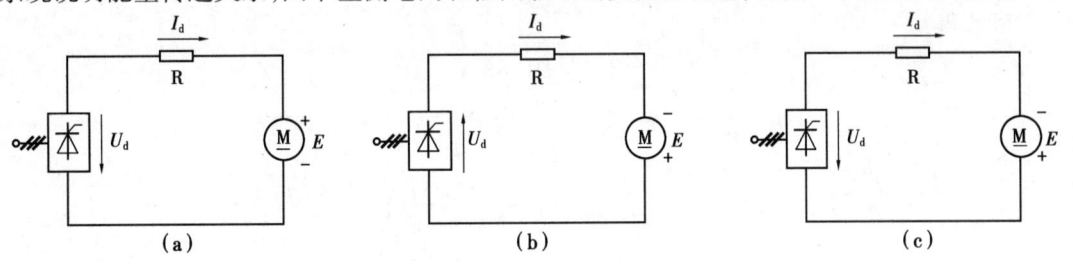

图5.44　考虑交流侧电感时三相半波可控整流电路及波形

(1)直流电动机工作在电动运行状态

如图5.44(a)所示,当直流电动机作为负载工作时,即M工作在电动状态,此时变流器工作在整流状态。变流器输出电压 U_d 为上正下负,M电枢反电势 E 为上正下负,$U_d > E$,回路中电流 I_d 方向如图5.44(a)所示,其值为

$$I_d = \frac{U_d - E}{R} \tag{5.65}$$

即 $I_d R + E = U_d$,两边同乘以 I_d,可得

$$U_d I_d = I_d^2 R + E I_d \tag{5.66}$$

式中,$U_d I_d$ 为变流器输出的电功率,$I_d^2 R$ 为在回路电阻R上消耗的电功率,$E I_d$ 为电动机吸收的电功率。由图5.44(a)可知,变流器将电网提供的交流电转换为直流电,输出的电能供给直流电动机和电阻R消耗。

(2)直流电动机工作在发电运行状态

如图5.44(b)所示,直流电动机作为装置的电源时,即M工作在发电回馈制动状态,此时变流器工作在有源逆变状态。变流器输出电压 U_d 为上负下正,M电枢反电势 E 为上负下正,$U_d < E$,回路中电流 I_d 方向如图5.44(b)所示,其值为

$$I_d = \frac{E - U_d}{R} \tag{5.67}$$

即 $I_d R + U_d = E$,两边同乘以 I_d,可得

$$E I_d = I_d^2 R + U_d I_d \tag{5.68}$$

可见,M工作在发电状态输出能量,电阻消耗一部分能量,变流器将M提供的直流能量的一部分转换为与电网同频率的交流能量送回电网。

(3)电势顺向串联

如图5.44(c)所示,变流器输出电压 U_d 为上正下负,而M电枢反电势 E 为上负下正时,两个电势顺向串联,回路中电流 I_d 值为

$$I_d = \frac{E + U_d}{R} \tag{5.69}$$

可得功率方程为

$$I_d^2 R = E I_d + U_d I_d \tag{5.70}$$

可见,变流器和电动机 M 都输出功率,均消耗在电阻 R 上。回路电阻 R 一般很小,则电流 I_d 很大,相当于短路,实际工作中必须防止这种情况出现。

5.6.2　有源逆变电路的工作原理

(1)变流器的基本工作原理分析

为了说明有源逆变电路的工作原理,这里以三相半波变流器为例进行说明。将上述的变流器选用三相半波电路,并且在回路中串联大电感,电感量 $\omega L \gg R$,并暂时不考虑交流侧漏感的影响,认为晶闸管工作在理想状态,如图 5.45 所示。

如图 5.45(a)所示,直流电动机作为负载(即工作在电动状态),三相半波电路工作在整流状态,α 的移相范围为 $0° \sim 90°$,输出电压 $U_d = 1.17 U_2 \cos \alpha$,可见,平均电压 U_d 总是为正值,K 点电位高于 N 点。当 $U_d > E$ 时,电流 $I_d = (U_d - E)/R$ 大于零,电网通过三相半波整流电路输出的电能供给直流电动机和电阻 R 消耗。

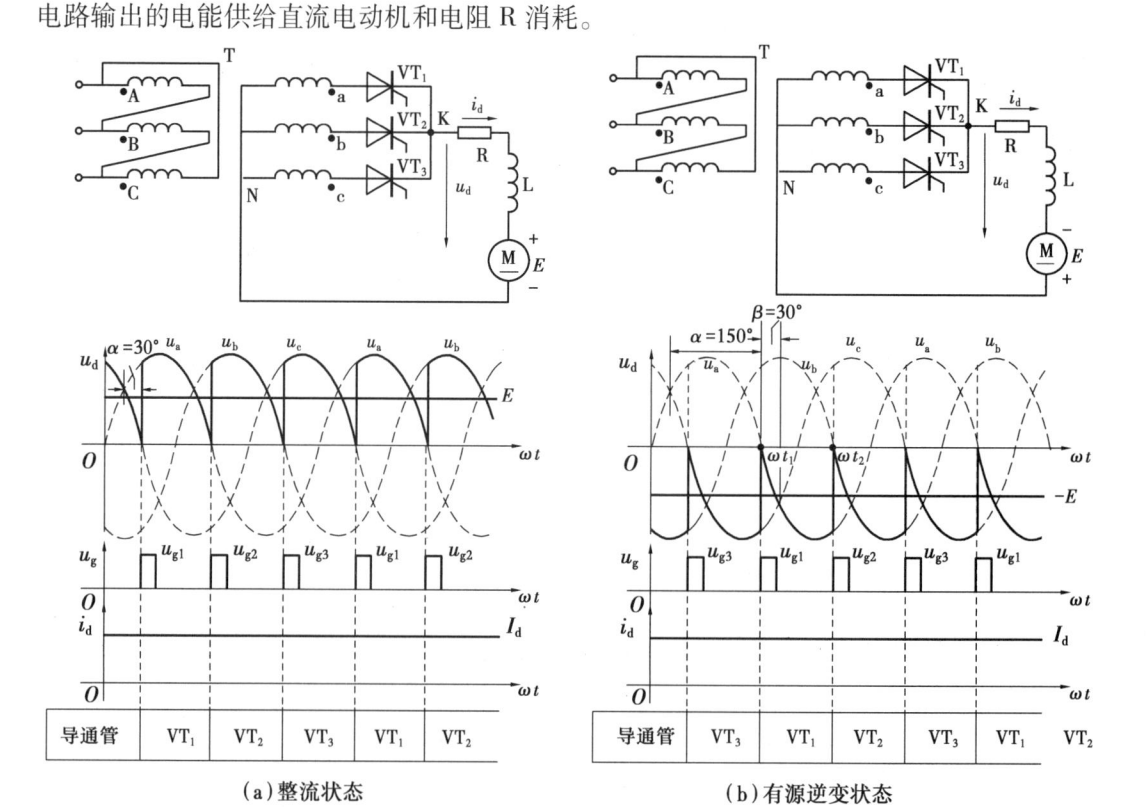

（a）整流状态　　　　　　　　　（b）有源逆变状态

图 5.45　三相半波变流器的两种工作状态

如图 5.45(b)所示,直流电动机 M 工作在发电回馈制动状态,此时变流器工作在有源逆变状态。由于晶闸管的单向导电性,与图 5.45(a)相比电流 i_d 方向不能改变,要改变电能传送方向,只能改变 M 的输出电压极性,改为上负下正。又因为不能出现顺势串联,故 U_d 极性

也必须反向,即电压平均值U_d变为负值。并且$|U_d| < |E|$,$I_d = (|E| - |U_d|)/R$大于零,才能保证电流方向一致,并将电动机 M 发出的直流电,通过三相半波电路有源逆变为交流电,馈送回电网。

要使U_d变为负值,必须使α的移相范围为$90° \sim 180°$,输出电压的波形才会出现负的面积大于正的面积,即输出电压平均值为负值。例如,图 5.45(b)中$\alpha = 150°$的波形图,当ωt_1时刻(即对于 a 相而言$\alpha = 150°$)触发晶闸管VT_1,虽然此时u_a为 0,但电动机电动势给VT_1提供正向电压,VT_1导通,此时三相半波电路输出电压$u_d = u_a$。虽然此后u_a变为负值,由于$|u_a| < |E|$,VT_1继续承受正向电压而导通;随后当$|u_a| > |E|$时,由于负载大电感使电流连续,维持VT_1导通,则$u_d = u_a$,K 点和 a 点同电位。VT_1持续导通$120°$,直至ωt_2时刻(即对于 b 相而言$\alpha = 150°$)触发晶闸管,因$u_b > u_a$,VT_2的阳极电位 b 高于阴极电位 K(和 a 同电位),即VT_2承受正向电压而被触发导通,VT_1承受反向电压而关断,$u_d = u_b$。此后工作情况分析类似,可得波形如图 5.45(b)所示,u_d波形为负的面积,其平均值为负值。

不管变压器工作在整流状态还是在逆变状态,一般情况下 R 很小,为了防止过流,通常应满足$U_d \approx E$。

(2)变流器的数量关系

通过三相半波电路工作在有源逆变状态的工作原理分析可知,其一个电源周期分为 3 个区间段,每个区间段为$120°$,3 个晶闸管分别在各自区间段内导通$120°$。工作在有源逆变状态的输出电压波形和工作在整流状态的各区间段内部的工作情况是一样的(第一段内$u_d = u_a$,第二段内$u_d = u_b$,第三段内$u_d = u_c$,),只是与$\alpha = 0°$的整流电路的输出电压相比,各段后移了相应触发角,即各段内的电压瞬时值出现了变化,并且大部分时间为负值。三相半波变流器的有源逆变状态直流侧的电压和工作在整流状态的输出电压平均值的公式一样为

$$U_d = 1.17 U_2 \cos \alpha$$

为了分析和计算方便,电路进入逆变状态时,通常用逆变角β来表示,规定β的起点为$\alpha = \pi$处(即为$\beta = 0$处),β大小的计算为自起点处向左方计量。故$\alpha + \beta = \pi$,逆变角$\beta = \pi - \alpha$。可将上式改写为$U_d = -1.17 U_2 \cos \beta$。

对于其他变流器的分析,如单相全控桥、三相全控桥的工作原理和计算的分析类似,可得出变流器直流侧电压平均值计算的通式为

$$U_d = U_{d0} \cos \alpha = -U_{d0} \cos \beta \tag{5.71}$$

当为单相全控桥电路时,式中$U_{d0} = 0.9 U_2$;当为三相半波电路时,式中$U_{d0} = 1.17 U_2$;当为三相全控桥电路时,式中$U_{d0} = 2.34 U_2$。

可见,当$0° < \alpha < 90°$时,$U_d > 0$,变流器工作在整流状态;当$90° < \alpha < 180°$时,$U_d < 0$,变流器工作在有源逆变状态。

其他电量的计算,如负载平均电流值、晶闸管的平均值和有效值等,均可以按照变流器工作在整流时的计算原则计算,在此不再赘述。

综上所述,可归纳出实现有源逆变的条件有以下两个,并且必须同时满足:

①变流器直流侧必须有直流电源,如直流电动机的电枢电动势、蓄电池等,并且其极性必须和晶闸管的导通方向一致,其值应大于变流器直流侧的平均电压。

②变流器直流侧电压U_d必须为负值,即晶闸管的触发角α必须大于$90°$。

根据上述条件可知,并不是所有的整流电路都可以工作在有源逆变状态。如半控桥或有

续流二极管的电路,其直流侧电压 u_d 不能出现负值,故不能实现有源逆变。只有采用全控方式的整流电路,才能实现有源逆变。

5.6.3 有源逆变失败的原因与最小逆变角的确定

变流器工作在有源逆变状态时,一旦发生换相失败,外接的直流电源就会通过晶闸管电路形成短路,或者使变流器的直流侧平均电压 U_d 和直流电源 E 变成顺向串联,由于逆变电路的电阻很小,形成很大的短路电流,这种情况称为逆变失败,或称为逆变颠覆。这种事故状态,应避免出现。

(1)有源逆变失败的原因

造成逆变失败的原因很多,大致可归纳为以下 4 类,以三相半波逆变电路为例进行说明:

①触发电路工作不可靠,不能适时、准确地给各晶闸管分配脉冲,如脉冲丢失、脉冲延时等,致使晶闸管不能正常换相。

如图 5.46(b)所示,当晶闸管 VT_1 导通到 ωt_1 时刻时,正常情况时 u_{g2} 触发 VT2 导通,VT_1 关断,电流从 a 相换流到 b 相;如果在 ωt_1 时刻 VT_2 的触发脉冲 u_{g2} 丢失,由于 VT_2 不能导通,因此电流不能完成换流,VT_1 继续导通。当 u_a 电压瞬时值变为正时,因 $u_d = u_a$,故直流侧电压 u_d 与电动机电动势 E 顺向串联,形成短路。

如图 5.46(c)所示为触发脉冲延迟的情况,晶闸管 VT_2 的触发脉冲由 ωt_1 时刻延迟到 ωt_2 时刻,u_{g2} 触发 VT_2 时,由于 $u_b < u_a$,VT_2 的阳极电位 b 低于阴极电位 K(和 a 同电位),即 VT_2 承受反向电压不能导通,VT_1 继续导通,从而形成短路,导致逆变失败。

②晶闸管发生故障,该断时不断,或该通时不通。

例如,应该导通的晶闸管因故障未导通,和前述的脉冲丢失的效果一样,造成逆变失败。

又例如,如图 5.46(d)所示,VT_2 本应该在 ωt_2 时刻导通,但由于某种原因在 ωt_1 时刻 VT_3 导通了,则 $u_d < u_c$,K 点和 c 点同电位。这样到 ωt_2 时刻虽然给 VT_2 施加了触发脉冲,但由于 $u_b < u_c$,VT_2 的阳极电位 b 低于阴极电位 K(和 c 同电位)而不能导通,VT_3 继续导通,导致逆变失败。

③交流电源突然缺相、突然停电或电源电压降低。

电源突然缺一相的情况和晶闸管不导通一样,导通的前一相晶闸管会继续导通,使直流侧电压 u_d 出现正半波,造成顺向串联,导致逆变失败。

电源突然停电时,虽然变压器绕组无电压,直流侧电压 $U_d = 0$,但在一般情况下,电动机都存在一定的惯性,即不能立即停车,反向电动势 E 在瞬间不会为零,在 E 的作用下晶闸管继续导通,电流 $I_d = E/R$ 仍然会很大,造成逆变失败。

④换相的裕量角不足,引起换相失败。

在设计有源逆变电路时,应考虑交流侧电感对晶闸管换相的影响(即换相重叠角 γ 的问题),以及晶闸管由开通到关断存在的关断时间的影响,避免逆变角 β 太小造成逆变失败。

如图 5.46(e)所示,当 $\beta < \gamma$ 时,在换相结束时,VT_2 导通,$u_b > u_a$,VT_1 的阳极电位 a 低于阴极电位 K(和 b 同电位),VT_1 承受反向电压而关断。当 $\beta < \gamma$ 时,在换相结束时,$u_b < u_a$,VT_1 的阳极电位 a 高于阴极电位 K(和 b 同电位),VT_1 承受正向电压不能关断而继续导通,K 点电位变为和 a 同电位,VT_2 的阳极电位 b 低于阴极 K 点电位而被重新关断。由于 VT_1 持续导通,使直流侧电压 u_d 出现正半波,造成顺向串联,导致逆变失败。

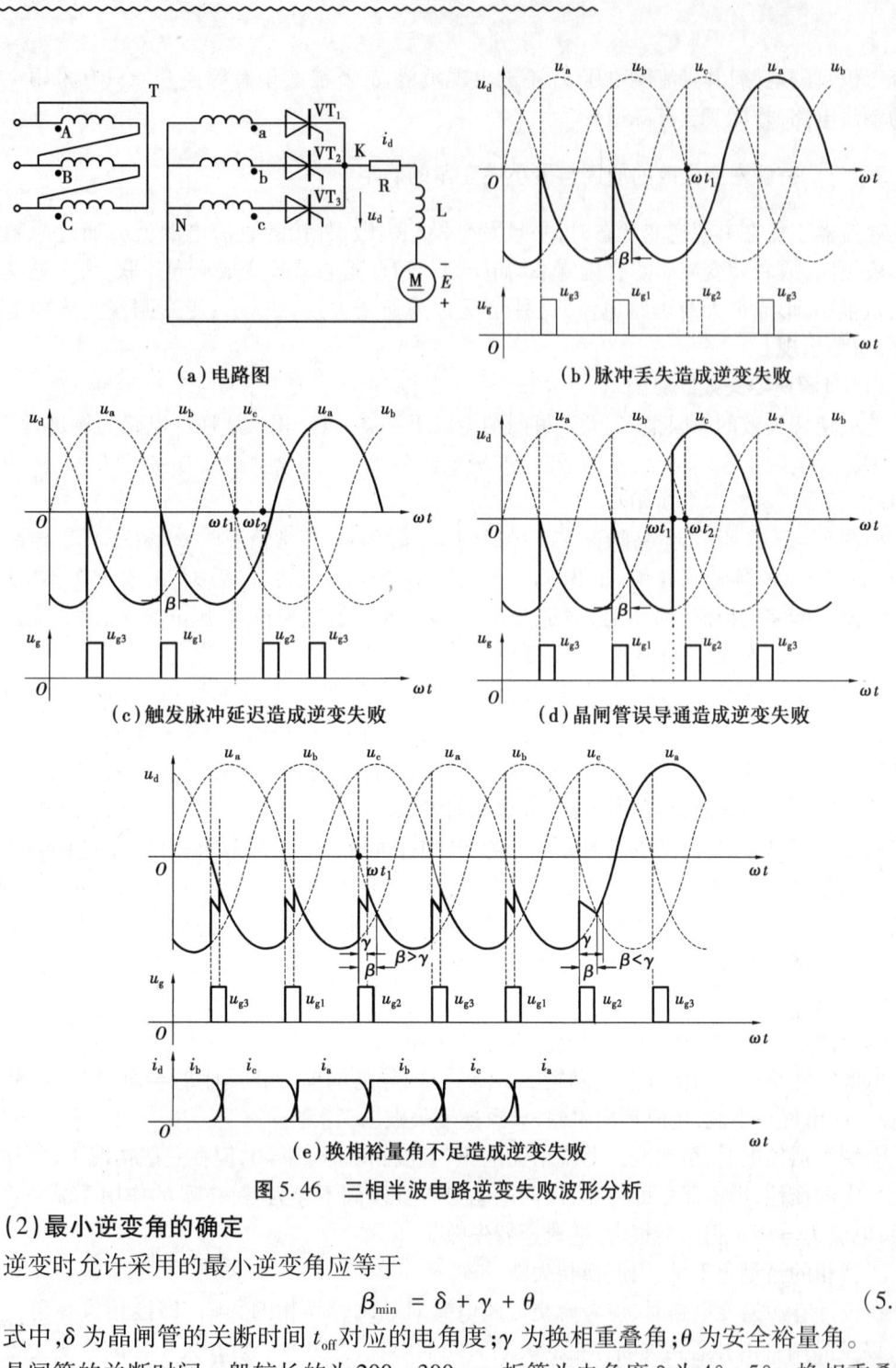

图 5.46　三相半波电路逆变失败波形分析

(2) 最小逆变角的确定

逆变时允许采用的最小逆变角应等于

$$\beta_{\min} = \delta + \gamma + \theta \tag{5.72}$$

式中,δ 为晶闸管的关断时间 t_{off} 对应的电角度;γ 为换相重叠角;θ 为安全裕量角。

晶闸管的关断时间一般较长的为 $200\sim300\ \mu s$,折算为电角度 δ 为 $4°\sim5°$。换相重叠角 γ 可查阅相关手册,也可根据式(5.64)计算,将 $\alpha = \pi - \beta$,并暂设 $\beta = \gamma$ 代入式中,可得求取 $\beta_{\min}$ 时的换相重叠角的计算公式为

$$\text{cons}\ \gamma = 1 - \frac{I_{\text{d}} X_{\text{B}}}{u_{\max} \sin\dfrac{\pi}{m}} \tag{5.73}$$

可见,换相重叠角随平均电流、交流侧漏抗增加而增大,根据经验一般为 15°~20°。

考虑脉冲调整时不对称、电网波动、畸变等影响,还必须留一个安全裕量角 θ,一般约取为 10°。最小逆变角 β_{min} 一般取 30°~35°。通常在触发电路中设计一个保护环节,使触发脉冲不进入小于 β_{min} 区域内,保证 $\beta > \beta_{min}$。

5.7　整流电路的应用

5.7.1　晶闸管直流电动机系统

晶闸管可控整流装置带直流电动机负载组成的系统,习惯简称为晶闸管直流调速电动机系统,是相控式整流电路的主要应用方面之一。

相控式整流电路工作在整流状态和工作在有源逆变状态时电动机的工作情况存在差别。

(1)工作在整流状态时

直流电动机负载除本身的电阻、电感外,还有一个反向电动势,即典型的 RLE 负载,它的工作分为两种工作状态:一种是电动机负载较重时,工作在电流较大的电流连续工作状态;另一种是电动机负载较轻时,工作在电流较小的电流连续工作状态。

1)电流连续时电动机的机械特性

如图 5.47 所示是晶闸管-直流电动机电枢调压调速系统的主电路,电路采用相控式三相全控桥整流电路调节电动机电枢电压。图中 R_Σ 包含了电动机电枢电阻 R_a、电感的电阻 R_L 和整流器内阻 R_n 等,$R_\Sigma = R_a + R_L + R_n$;$L_\Sigma$ 包含了电动机电枢电感 L_a,以及为使电路具有大电感特性而增加的平波电抗器电感量 L_p 等,$L_\Sigma = L_a + L_L$;E 为电动机的旋转电动势。由于电路增加了平波电抗器的电感,使电枢电流 i_d 很容易连续,并且 i_d 基本上是一条水平直线,因此,在电动机转速稳定时,电感电势 $e_L = -L di_d/dt = 0$,据此可以列出该系统直流回路的稳态电压方程为

$$U_d = R_\Sigma I_d + E \tag{5.74}$$

式中,U_d 为整流电路输出电压平均值;E 为直流电动机反电动势。

根据本章前述可知

$$U_d = U_{d0} \cos \alpha \tag{5.75}$$

式中,U_{d0} 为当 $\alpha = 0°$ 时整流器输出电压(如三相桥 $U_{d0} = 2.34 U_2$)。

又根据电机学可知

$$E = C_e \Phi n \tag{5.76}$$

式中,C_e 为由电动机结构决定的电动势常数;Φ 为电动机磁场每对磁极下的磁通量,Wb;n 为电动机的转速,r/min。

将式(5.74)、式(5.75)代入式(5.76),整理后可得电动机在电流连续时的机械特性

$$n = \frac{U_{d0} \cos \alpha}{C_e \Phi} - \frac{R_\Sigma I_d}{C_e \Phi} = n_0 - \Delta n \tag{5.77}$$

式中,$n_0 = \dfrac{U_{d0}\cos\alpha}{C_e\Phi}$,为假设电动机空载时,电流还能连续的空载转速;$\Delta n = \dfrac{R_\Sigma i_d}{C_e\Phi}$,为电动机带负载时的转速降。

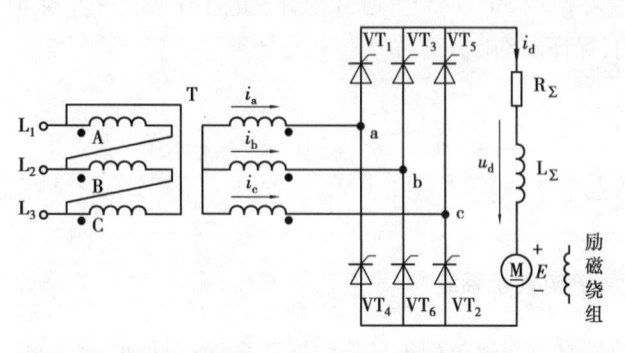

图 5.47　晶闸管-直流电动机电枢调压调速系统主电路

根据式(5.77),可以画出电流连续时,不同触发角 α 的电动机机械特性如图5.48所示。当电流连续时,如果负载不变,调节 α,可以得到不同的转速,实现电动机调速。如果保持 α 角不变,随着负载的增加,转速要下降,但是当电流连续时,转速下降不大。直流电动机调电枢电压调速,电动机有较硬的机械特性。

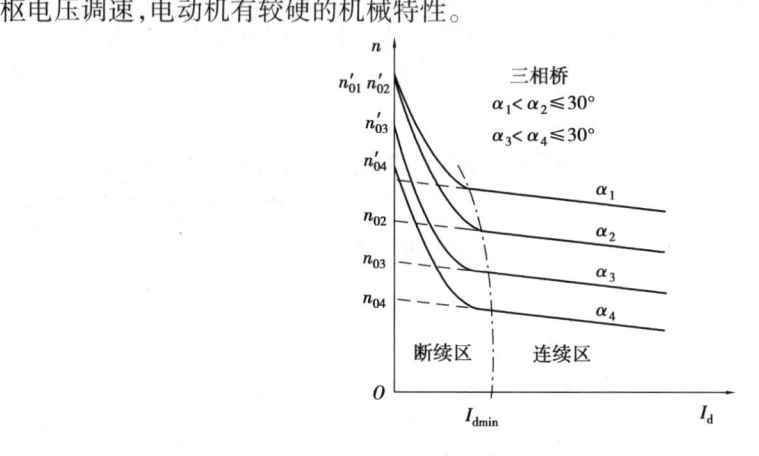

图 5.48　直流电动机调速系统机械特性

2)电流断续时电动机的机械特性

①电枢电流断续时电动机的机械特性

从电流连续时电动机的机械特性可知,在触发角 α 不变的情况下,减小负载,电动机的转速将增加,电枢电动势 E 随之提高。当 E 抬高到一定值时,电感储能的时间减小,电感的续流能力也减小,这时晶闸管的导通角 θ 可能小于120°,使电流 i_d 出现断续现象。在电流断续的区间里,$i_d = 0$,$U_d = E$,这时的整流平均电压 $U_d' > U_d$(U_d 为按电流连续计算的整流平均电压),相应电动机的转速 n' 也要较按电流连续计算时的 n 提高,使电动机机械特性偏离了原来的直线,出现上翘,呈现非线性(见图5.48)。负载越小,电流断续时间越长,U_d' 越大,n' 也越高。

②电流断续后的理想空载转速

如果电动机由三相半波整流电路供电,当 $\alpha \leqslant 60°$ 时,若电枢电势 $E < \sqrt{2}\,U_2$(电源电压峰值),则在晶闸管触发后会产生电流。如果电动机是理想空载,有电流电动机就要加速,同时

E 也随之抬升,直到 $E = \sqrt{2}\, U_2$。只有当电动机转速上升,使 $E = \sqrt{2}\, U_2$ 后,才能使电枢回路电流没有电流产生,$i_d = I_d = 0$,电动机才达到真正的理想空载状态。当 $\alpha > 60°$ 时,触发时整流电路输出电压即是 u_d 的最高值,$u_d = u_2 = \sqrt{2}\, U_2 \sin(30° + \alpha)$,因此,只要 $E = U_2 \sin(30° + \alpha)$,电动机就达到了理想空载状态。当电流断续时,电动机的理想空载转速为

$\alpha \leqslant 60°$ 时
$$n_0' = \frac{E}{C_e \Phi} = \frac{\sqrt{2}\, U_2}{C_e \Phi} \tag{5.78}$$

$\alpha > 60°$ 时
$$n_0' = \frac{E}{C_e \Phi} = \frac{\sqrt{2}\, U_2 \sin(30° + \alpha)}{C_e \Phi} \tag{5.79}$$

同理,电动机由三相桥式整流电路供电时,电流断续后,电动机的理想空载转速为

$\alpha \leqslant 30°$ 时
$$n_0' = \frac{E}{C_e \Phi} = \frac{\sqrt{6}\, U_2}{C_e \Phi} \tag{5.80}$$

$\alpha > 30°$ 时
$$n_0' = \frac{E}{C_e \Phi} = \frac{\sqrt{6}\, U_2 \sin(60° + \alpha)}{C_e \Phi} \tag{5.81}$$

由于电动机在轻载时,总会进入电流断续区,在断续区机械特性的斜率大,这时稍有负载的波动,转速的变化就很大,机械特性很软。因此,在晶闸管-直流电机系统中,电流的连续区尽量大一些,在连续区电动机能有较硬的特性,负载波动对转速的影响小。为此,晶闸管-直流调速系统一般都在直流回路串联一个电感量较大的电感,称为平波电抗器,以扩大电流的连续区。直流回路使电流连续的最小电感量可计算为

三相半波整流
$$L = 1.46 \frac{U_2}{I_{dmin}}\ \text{mH} \tag{5.82}$$

三相全控桥整流
$$L = 0.693 \frac{U_2}{I_{dmin}}\ \text{mH} \tag{5.83}$$

式中,L 包括了整流变压器的漏电感、电动机的电枢电感和平波电抗器的电感,一般前两项电感较小,有时可以忽略不计。L_{dmin} 为需要维持电流连续的最小电流,一般可以取电动机额定电流的 5% ~ 10%。

(2)工作在有源逆变状态时

1)电流连续时电动机的机械特性

主回路电流连续时的机械特性由电压平衡方程式 $U_d - E = R_\Sigma I_d$ 决定。

逆变时由于 $U_d = -U_{d0} \cos\beta$,E 反接,得
$$E = -(U_{d0} \cos\beta + R_\Sigma I_d) \tag{5.84}$$

因为 $E = C_e \Phi n$,可求得电动机机械特性方程式
$$n = -\frac{1}{C_e \Phi}(U_{d0} \cos\beta + R_\Sigma I_d) \tag{5.85}$$

式中,负号表示逆变时电动机的转向与整流时相反。对应不同的逆变角,可得到一组彼此平行的机械特性曲线族,如图 5.49 中的第四象限虚线以右所示。可见,调节 β 就可以改变电动机的运行转速,β 越小,相应的转速越高;反之则转速越低。

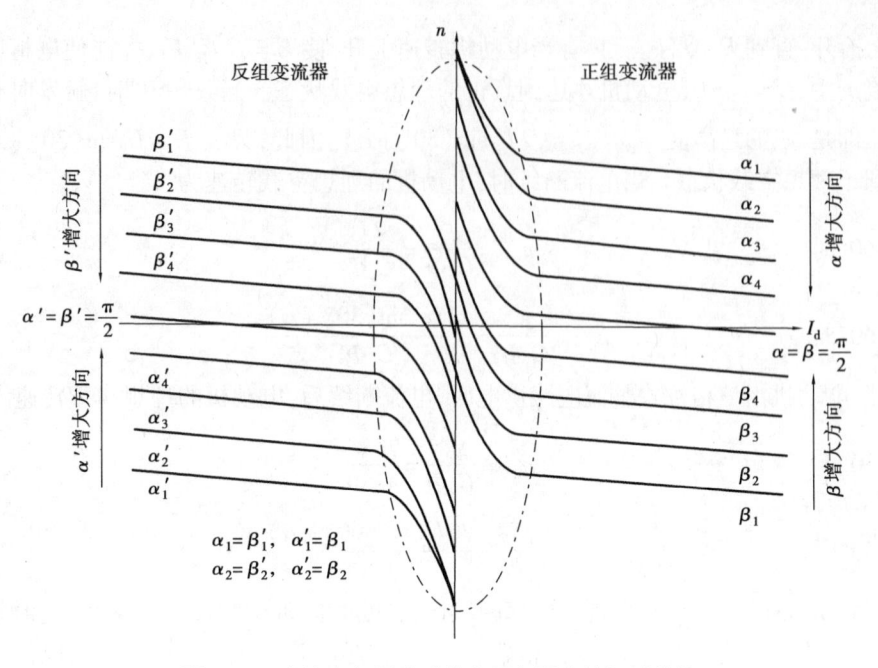

图 5.49 直流电机调速系统在四象限中的机械特性

2）电流断续时电动机的机械特性

电动机的机械特性不仅和逆变角有关，和电路参数、导通角等也有关。逆变状态下电流断续时的机械特性，如图 5.49 中的第Ⅳ象限虚线以左所示。可见，它与整流时十分相似：理想空载转速上翘很多，机械特性变软，且呈现非线性。这充分说明逆变状态下的机械特性是整流状态的延续，纵观触发角 α 由小变大（如 $\pi/6 \sim 5\pi/6$），电动机的机械特性则逐渐由第Ⅰ象限往下移，进而到达第Ⅳ象限。逆变状态下机械特性同样还可表示在第Ⅱ象限内，与它对应的整流状态的机械特性则表示在第Ⅲ象限里，如图 5.49 所示。

图 5.49 中第Ⅰ、Ⅳ象限中的特性和第Ⅲ、Ⅱ象限中的特性分别属于两组变流器，它们输出整流电压的极性相反，故分别标以正组和反组变流器。电动机的运行工作点由第Ⅰ（第Ⅲ）象限的特性，转到第Ⅱ（第Ⅳ）象限的特性时，表明电动机由电动运行转入发电制动运行。相应的变流器的工况由整流转为逆变，使电动机轴上储存的机械能逆变为交流电能送回电网。电动机在各象限中的机械特性，对分析直流可逆拖动系统是十分有用的。

（3）直流可逆电力拖动系统

直流可逆电力拖动系统典型的应用是可逆轧钢机，轧钢机的正反转运行，都需要由电动机提供正向和反向转矩；否则轧钢机不会自己改变转向。这就需要两套反并联连接的整流器来给电动机供电（见图 5.50），正组整流器 VF 给电动机提供正向电流，使电动机产生正向转矩，电动机正转（第Ⅰ象限）。反组整流器 VR 给电动机提供反向电流，使电动机产生反向转矩，电动机反转（第Ⅲ象限）。

当电动机正转运行时，正组 VF 工作在整流状态（第Ⅰ象限）；当电动机正转制动，因为电动机转向没有改变，反向电动势 E 也不改变方向，为了使电动机能实现回馈制动，可以令反组整流器 VR 工作，并控制反组整流器 VR 的逆变角，控制逆变时的电流，将制动时机械和电机转子的惯性储能，通过电动机转化为电能（电动机工作在发电状态），经整流器 VR 回馈电网（第Ⅱ象限）。

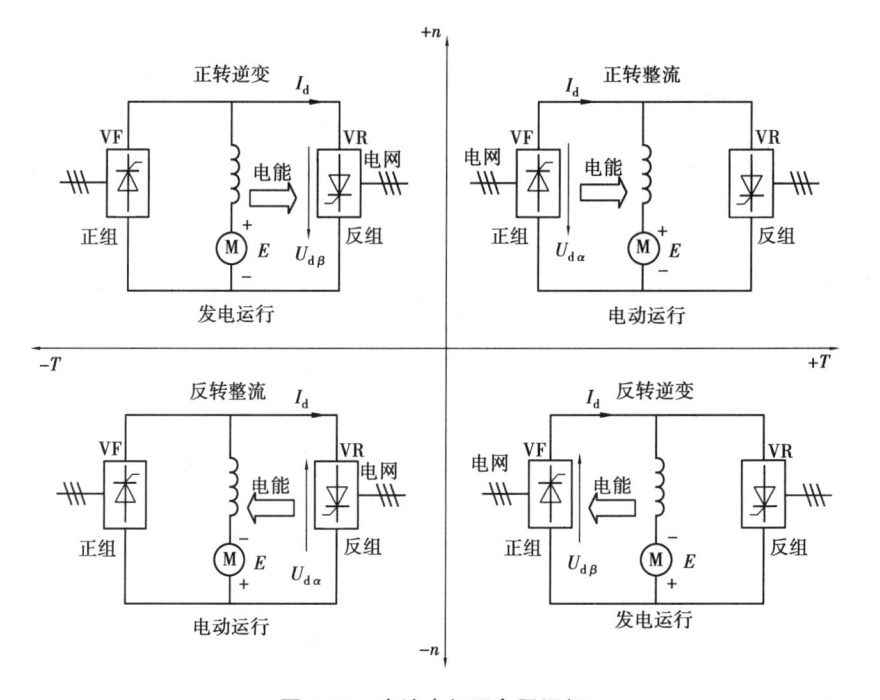

图5.50 直流电机四象限运行

当电动机反转运行时,反组 VR 工作在整流状态(第Ⅲ象限);当在电动机反转回馈制动时,令正组整流器 VF 工作在逆变状态,使机械储能经正组整流器 VF 回馈电网(第Ⅳ象限),实现节能运行。

当两组整流器反并联工作时,两组整流器有配合控制和逻辑控制两种控制方式。

1)配合控制方式

由于两组整流器反并联连接在一起,需要考虑两组整流器输出电压的大小和方向。如果两组整流器都工作在整流状态,输出电压将顺向连接,在两组整流器之间要产生很大的直流电流(称为直流换流),这个换流不通过电动机,不产生有用的功,这种方式是不允许的,这就存在两组整流器控制角的配合关系问题。两组整流器控制角的配合关系有:

①$\alpha = \beta$ 配合工作制。在这种方式下,两组整流器工作状态相反(整流或逆变),但是任何时候 $\alpha = \beta$,即一组整流器工作在 α 状态,另一组整流器工作在 β 状态,且 $\alpha = \beta$,两组整流器输出电压大小相同($U_{d\alpha} = U_{d\beta}$),方向相反,不会产生直流换流。电动机的工作状态取决于电动势 E,当 $E < U_{d\alpha} < U_{d\beta}$ 时,电动机工作在电动状态,处于整流状态的一组整流器有负载电流输出,处于逆变状态的一组整流器没有电流输出。当 $E > U_{d\alpha} = U_{d\beta}$ 时,电动机工作在发电制动状态,处于整流状态的一组整流器没有电流输出(因为整流器不能通过反向电流),处于逆变状态的一组整流器有电流流向电源。

②$\alpha > \beta$ 配合工作制。在这种方式下,处于整流状态的整流器输出电压低于处于逆变状态的整流器输出电压($U_{d\alpha} < U_{d\beta}$),两组整流器之间也不会有直流环流。电动机的工作状态同样取决于电动势 E。

③$\alpha < \beta$ 配合工作制。在这种方式下,处于整流状态的整流器输出电压高于处于逆变状态的整流器输出电压($U_{d\alpha} > U_{d\beta}$),两组整流器之间会产生直流环流,环流在两组整流器之间流通,产生了附加损耗,过大的直流环流会使整流器损坏。一般不采用这种工作方式,但是适

当控制,有少量的直流环流可以使电动机在正反转过程中平滑过渡。

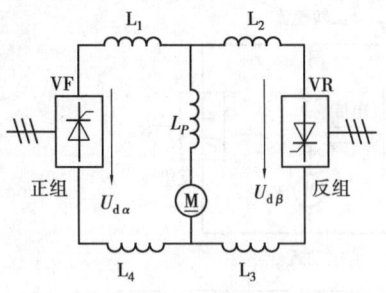

图5.51 带限制流环电抗器的直流可逆系统主电路

在采用配合控制方式时,不同的配合方式,直流环流的情况不同。无论采用哪种配合控制方式,都存在着脉动环流。脉动环流是由于两组整流器输出电压实际上是脉动的,其瞬时值不同,当瞬时值 $u_{d\alpha} > u_{d\beta}$ 时,仍会产生环流在两组整流器中流通。由于两组整流器输出电压瞬时值是变动的,因此产生的环流也是脉动的。为了限制脉动环流大小,必须在整流器直流回路中串联限制环流阻抗器(也称均衡电抗器)。如图5.51所示是串联限制环流电抗器后,两组整流器反并联连接的电路。在电路中,限制环流阻抗器的个数取决于整流器的形式和整流器交流电源的连接方式,如果采用三相桥式整流,两组整流器交流侧连接同一交流电源,需要4台限制环流阻抗器($L_1 \sim L_4$)。如果两组整流器由两台变压器分别供电(也称交叉连接方案),仅需要两台限制环流电抗器(L_1、L_3 或 L_2、L_4)。

2)逻辑控制方式

逻辑控制方式是通过逻辑控制器判别,在一组整流器工作时(整流或逆变)封锁另一组整流器的触发脉冲,使之不能工作,从而彻底切断环流的通路,既不能产生直流环流,也不会有脉动环流,故称为逻辑无环流直流可逆变调速系统。逻辑控制方式没有电流,减少了环流损耗,但是在逻辑切换时,有数毫秒的控制"死区",对系统响应速度有一定的影响。

5.7.2 交流绕线式异步电动机的串级调速和双馈调速

交流异步电动机的转速一般低于同步转速,异步电动机的输入功率 P 大部分转化为机械功率,另一部分形成转差功率 SP(S 为转差率),这部分转差功率是消耗还是利用,则取决于电机的效率。绕线式异步电动机转子绕组可以通过滑环与外电路连接,通过外电路调节转子电流来调节转速,早年采用外接可变电阻来调节转子电流,转差功率消耗在电阻上,效率很低。在晶闸管整流器出现后,发展了串级调速(见图5.52),它将转子电流经不控整流器整流为直流,再经过工作在有源逆变状态的可控整流器和变压器,将转差电能送回电源,减少了转差功率损耗,提高了绕线式异步电动机调速的

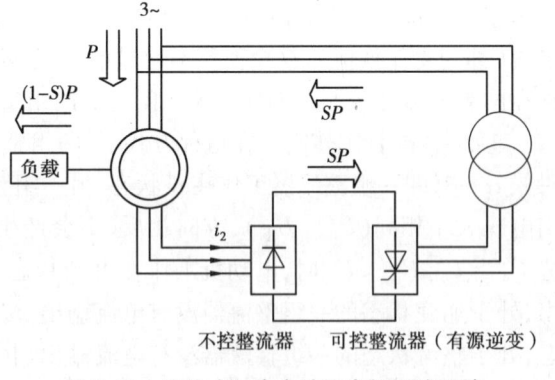

图5.52 绕线式异步电动机串级调速系统

效率,并且调节整流器逆变角可以控制转子电流进行调速。

在串级调速中,不控整流器和可控整流器的作用,实际上是将转子的交流电变换为50 Hz的工频交流电。如果用可以控制转差功率流向的变频器取代,还可以向转子注入转差功率,这时,电动机定子和转子都可以有电能输入,电动机传向负载的功率将是$(1 + S)P$,这样电动机的转速可以超过同步转速,这就是双馈调速的原理。双馈调速扩展了电动机的调速范围。

5.7.3　在高压直流输电中的应用

高压直流输电(High Voltage DC Transmission,HVDC)是电力电子技术在电力系统中最早开始的应用领域。在 19 世纪电力发展的初期,由于当时的电源是直流发电机,所以都采用直流输电。后来,随着交流的出现和三相交流输电系统的建立,交流可以通过变压器方便地升压,大幅减小了线路损耗、提高了输电距离和容量,在 20 世纪初至 20 世纪 50 年代这段时间内都采用三相输电。但是,随着电力系统对输电容量的增大、线路距离的增长以及电网结构的复杂化,使得系统稳定、短路电流的限制调压等问题日益突出,特别是在远距离输电时,为了提高输送容量和稳定性,需要投入较高的成本。20 世纪 50 年代起,随着电力电子技术的发展,高压大容量交直流变换技术的成功,高压直流输电有了显著的进步和发展。直流输电的首次商业应用是 1954 年瑞典本土和歌德兰岛之间建成了一条海底高压直流输电线路。

直流输电适用于远距离大容量输电、不同频率的交流系统联网、在新能源发电中依靠直流输电接入交流系统,还特别适合海底或地下电缆输电。直流输电系统的原理如图 5.53 所示,电源由发电厂的交流发电机供给,经过整流站的换流变压器将电压升高后送至晶闸管整流器,由整流器将高压交流变为高压直流,经过直流输电线路输送到受电端,再经过逆变站的晶闸管逆变器将直流变换为交流后,并经变压器降压后配送给用户使用。整流站和逆变站可统称为换流站,它们的核心设备是换流器(整流器和逆变器)。

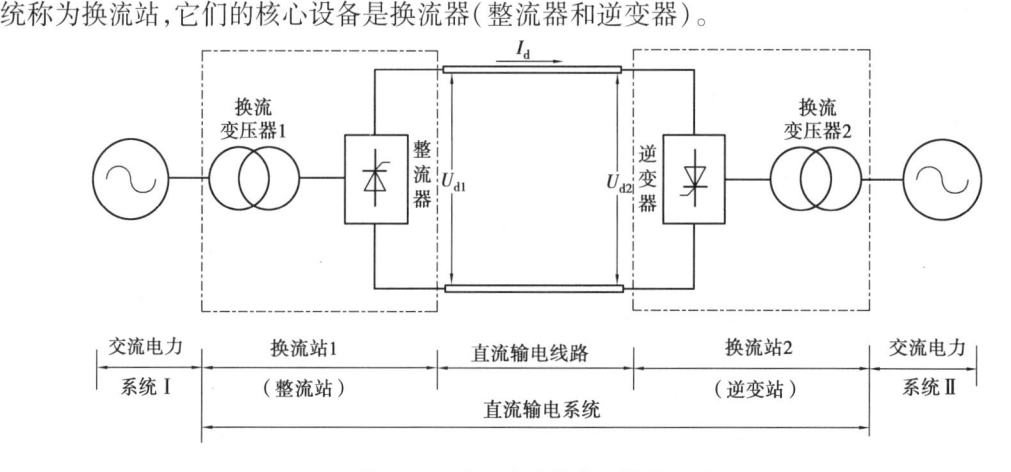

图 5.53　高压直流输电系统原理图

直流输电的接线方式通常有以下 3 种。

(1)单极直流输电

单极系统有单极大地回线和单极金属回线两种接线方式。单极的基本结构如图 5.54 所示,通常只采用一根导线(为负极性),可以由大地或海水提供回路。这种单极大地回线接线方式的优点为成本较低,但由于地下(海水中)长期有大的电流流过,对接地极附近地下金属构件腐蚀严重,而在海水中流过电流,会影响航运、渔业等。大地回路可用金属回路(图中虚线)替代大地作回路,这种单极金属回线方式的接线方式的成本较高,往往可以作为分期建设的直流工程的初期接线方式。

(2)双极直流输电

大多数直流输电工程采用双极接线方式,它有两根导线,一根为正极性,另一根为负极性,输电线路的两端都各自由两个额定电压相等的换流器串联而成,每端两个换流器直流侧

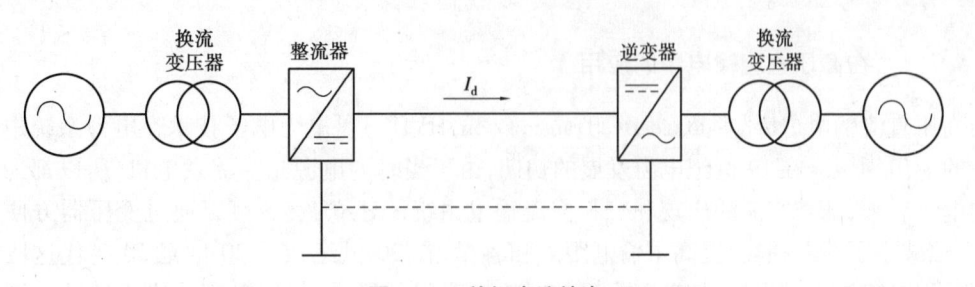

图 5.54 单极直流输电

的串联连接点接地,如图 5.55 所示的双极直流输电系统采用 12 脉波换流器,采用该换流器的优点是在增加容量的同时还能减少谐波分量,是较为典型的结构。

采用 12 脉波换流器的双极直流输电系统在正常工作时,两极电流相等,无接地电流,两极分别独立运行,而当其中一根导线出现故障时,另一极可通过大地构成回路,可带一半的负荷,从而提高运行的可靠性。

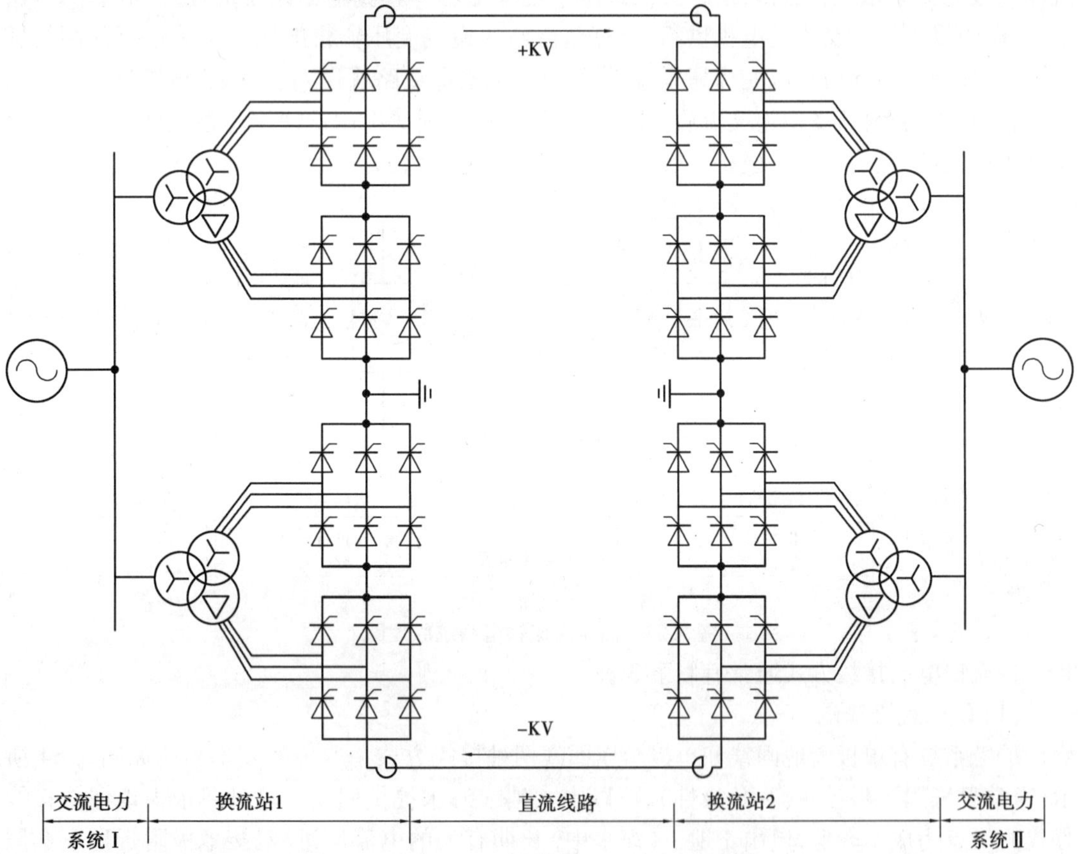

图 5.55 采用 12 脉波换流器的双极直流输电系统

(3) 背靠背直流输电

背靠背直流输电(Back To Back DC Transmission)工作的原理和一般的直流输电系统基本相同,只是背靠背直流输电工程没有直流线路,即整流器和逆变器直接相连。此方式主要用于两个非同步运行(不同频率或相同频率但非同步)的交流电力系统之间的互联,以及限制短路电流和强化系统之间的功率交换。

5.7.4　整流电路在不间断电源中的应用

不间断电源（UPS）的基本原理及构成在 4.5.5 节中已讲述,这里只介绍在线式 UPS 整流部分的工作原理。

对于小功率 UPS,采用二极管整流电路加 IGBT 斩波电路组合而成整流器（PFC 电路）。其工作频率高,具有功率因数校正功能,滤波器体积小,噪声小,可靠性高,适用于中小功率 UPS。

对于大中功率 UPS,采用晶闸管构成相控式整流电路。其输出容量大、可靠性高、控制技术成熟,但工作频率低,滤波器体积大,噪声大,并且交流输入端功率因数低,向电网注入大量谐波电流。目前,对于大容量 UPS 大多采用 12 脉波或 24 脉波整流电路,提高了功率因数和减少了注入电网的谐波。除此以外,还可以在整流器的输入端增加有源或无源滤波器来滤除 UPS 注入电网的谐波电流。

目前,较先进的 UPS 采用 PWM 整流电路,使其注入电网的电流非常接近正弦波,使功率因数近似为 1,大大降低了 UPS 对电网的谐波污染。以单相电路为例,说明其工作原理。如图 5.56 所示为单相 PWM 整流电路原理图,其工作原理在第 5.4.4 节中已有所介绍,这里不再赘述。

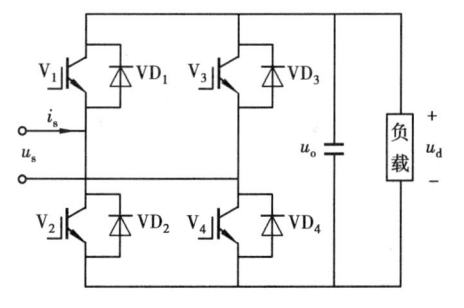

图 5.56　单相 PWM 整流电路原理图

为了使 PWM 整流电路在工作时功率因数近似为 1,即要求输入电流为正弦波且和电压同相位,可以有多种控制方式,这里采用直接电流控制方式。如图 5.57 所示为单相 PWM 整流电路采用直接电流控制时的控制系统结构图。直流电压给定信号 U_d^* 和实际的直流输出电压 u_d 比较后送入 PI 调节器,PI 调节器的输出即为整流器交流输入电流的幅值,它与标准正弦波相乘后形成交流输入电流的给定信号 i_s^*,i_s^* 与实际的交流输入电流 i_s 进行比较,误差信号经比例调节器放大后送入比较器,再与三角载波信号比较形成 PWM 信号。该 PWM 信号经驱动电路后去驱动主电路开关器件,便可使实际的交流输入电流跟踪指令值。

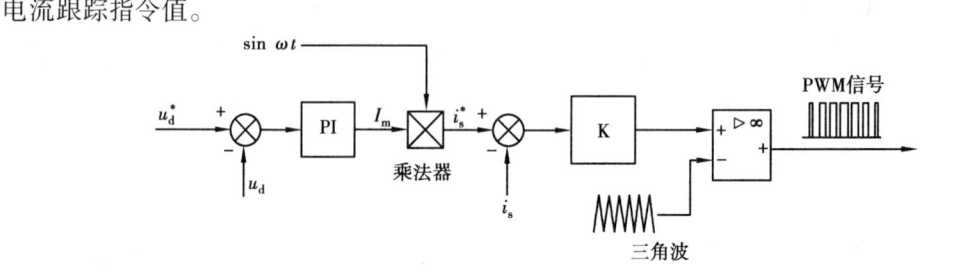

图 5.57　直接电流控制系统结构图

5.7.5　整流电路在开关电源中的应用

在各种电子设备中,需要多种等级的电压供电,如数字电路需要 5 V、3.3 V、2.5 V 等,模拟电路需要 ±12 V、±15 V 等,这就需要专门设计开关电源装置来提供这些电压,通常要求电源装置能达到一定的稳压精度以及能提供足够大的电流。

开关稳压电源简称开关电源,实际上是将电网提供的交流电变换为直流电输出。开关电源实际上是从线性稳压电源发展而来的,这两种电源的工作原理如下。

(1)线性稳压电源

如图5.58所示为线性稳压电源的基本电路结构图,图中V是串联调制器件。工作时检测输出电压得到u_o,将其和参考电压u_{ref}进行比较,用其误差对调制器件V的基极电流进行负反馈控制。这样,当输入电压u_i发生变化时,或负载变化引起电源输出电压u_o变化时,可以通过改变调制器件V的管压降u_V来使输出电压u_o稳定。为了使调制器件V可以发挥足够的调节作用,V必须工作在线性放大状态,且保持一定的管压降。因此,这种电源被称为线性电源。线性电源的直流输入电路通常是由工作在工频下的整流变压器T和二极管整流加电容滤波组成。整流电路所接的滤波电容C不可能很大,这样u_i就有一定的脉动,但这些都可以通过调制器件V的管压降来进行调整,使输出电压u_o的精度和纹波都满足较高的要求,但同时存在的缺点为:输入采用工频变压器,体积庞大;调制器件V工作在线性放大区,损耗大、效率低。

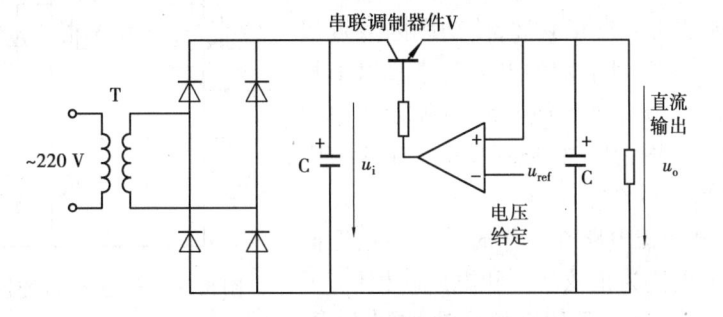

图5.58　线性稳压电源基本电路原理图

(2)开关稳压电源

开关稳压电源克服了线性稳压电源的缺点,其典型结构如图5.59所示,它将工频交流电经整流电路整流和滤波为直流电压u_i,再由逆变器逆变为高频交流电压,然后经高频变压器隔离和降压,再整流滤波为所需的直流电。

图5.59　开关电源典型电路原理图

当输入电压发生变化时,或负载变化引起电源输出电压u_o变化时,可以调节逆变器输出的方波脉冲电压宽度,使直流输出电压u_o稳定。可见,和线性稳压电源相比,开关稳压电源将起电压调整作用的器件始终工作在开关状态,其损耗很小,使得电源的效率可达到90%以上,并且开关稳压电源采用高频变压器和滤波器,其体积大为减小。

如图5.59所示电路中的器件总是工作在开关状态,因此称为开关电源,它在效率、损耗、体积等方面都优于线性电源。除在一些功率非常小,或者要求供电电压纹波非常小、抗电磁干扰非常高的场合使用线性电源外,其他场合的电子设备的供电电源都被开关电源所取代。

5.7.6　整流电路在城市轨道交通和电气化铁路中的应用

(1)在城市轨道交通中的应用

城市轨道交通需要直流电供电,需要采用整流机组将电网提供的交流电变换为直流电。之前城市轨道交通牵引供电系统一般采用 12 脉波整流机组,而目前新建的城市轨道交通牵引供电系统普遍采用 24 脉波整流机组。

24 脉波整流机组的连接方式如图 5.60 所示,由两台 12 脉波整流机组并联运行,对于每个 12 脉波整流系统,每个变压器的二次绕组采用 y、d 接线法,其线电压会出现 30°的相位差,由于连接方式引起电压幅值变化,因此需要调整匝数比控制产生的环流。整流桥一般采用大功率的整流二极管。对于两组并联的 12 脉波整流机组,要想实现 24 脉波整流,必须使它们的电压相位差为 15°。常用的是网侧绕组采用 ± 7.5°外延三角形接线方式 ,一次侧需要添加移相绕组。

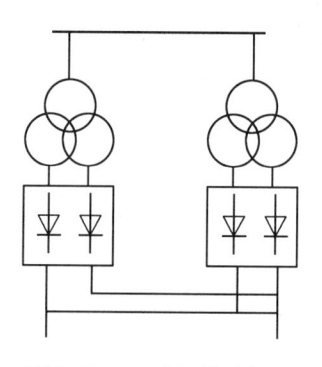

图 5.60　24 脉波整流机组接线示意图

(2)在电气化铁路中的应用

电气化铁路虽然采用交流供电方式,但不管是直流电动机车还是交流电动机机车,都需要首先将交流电变换为直流电,因此,整流电路的应用在电气化铁路中必不可少。

这里以"和谐号"动车组采用的电力变换装置为例进行说明,如图 5.61 所示。其功率范围为 200 kW ~ 1 MW。与以前的直流机车不同,单相交流架空线电压为 25 kV,引入机车后,通过两台 PWM 整流器将交流电变为直流电供给 PWM 逆变器,由该逆变器供给 4 台异步电动机进行驱动。工作频率在 0 ~ 240 Hz 范围内可调,元器件采用 GTO 或 IGBT。

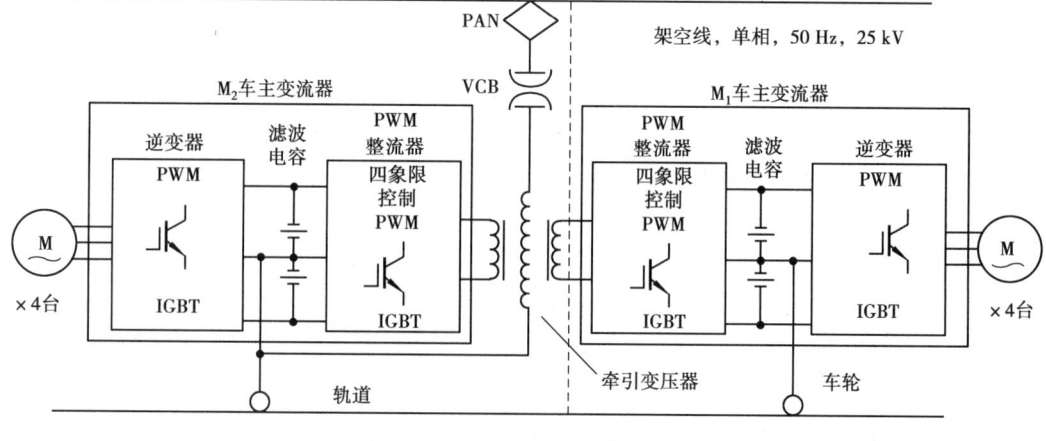

图 5.61　"和谐号"动车组采用的电力变换装置主回路结构图

【复习思考】

1.在相控式单相半波可控整流电路(纯电阻负载)中,分别画出下列 3 种故障情况下负载

两端电压 u_d 和晶闸管两端的电压 u_{VT} 的波形图。

①晶闸管被击穿而短路。

②晶闸管内部开路。

③晶闸管门极不加触发信号。

2. 某相控式单相全控桥整流电路向电阻负载和阻感负载($\omega \gg R$)供电,在流过负载电流平均值相同的情况下,哪一种负载的晶闸管额定电流应选择大一些?

3. 如图 5.62 所示,单相桥式不可控整流电路带电阻负载,变压器二次侧的有效值为 U_2,此时 VD_1 管子损坏(不能导通),要求:

①绘制输出电压 u_d、输出电流 i_d、变压器二次侧电流 i_2 的波形。

②当 $U_2 = 100$ V、$R = 1$ Ω 时,输出电压 u_d、输出电流 i_d 的平均值大小。

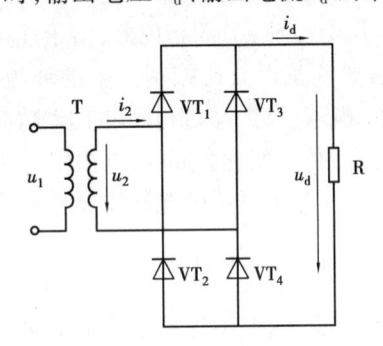

图 5.62 单相桥式不可控整流电路

4. 单相全控桥整流电路给反向电动势阻感性负载供电,且 $\omega \gg R$,$U_2 = 200$ V,$R = 5$ Ω,$E = 50$ V,$\alpha = 60°$ 时,求:

①画出输出电压 u_d、输出电流 i_d、流过晶闸管电流 i_{VT_1}、变压器二次侧电流 i_2 的波形图。

②整流输出平均电压 U_d、平均电流 I_d,变压器二次电流有效值 I_2。

③考虑安全裕量,确定晶闸管的额定电压和额定电流。

④整流装置电源侧的功率因数。

5. 相控式单相全控桥整流电路向阻感负载供电,且 $\omega \gg R$,该装置可输出 12 ~ 30 V 连续可调直流平均电压,在此范围内输出平均电流均可达 20 A,晶闸管触发脉冲最小控制角 $\alpha = 30°$。试求:

①变压器二次侧额定电压和额定电流。

②晶闸管的额定电压和额定电流。

③装置电源侧功率因数。

6. 带续流二极管的单相半控桥整流电路,变压器二次侧电压有效值 $U_2 = 220$ V,阻感负载 $\omega L \ll R$,要求直流电压为 15 ~ 60 V,最大负载电流为 10 A,晶闸管触发脉冲最小控制角 $\alpha = 30°$。试求:

①晶闸管、整流二极管、续流二极管的额定电压和额定电流。

②变压器容量。

7. 如图 5.63 所示的相控式单相全波整流电路,其中变压器 T 带中心抽头,变压器绕组的匝数比为 1∶1∶1,负载为电阻性负载。要求:

①画出当 $\alpha = 30°$ 时,输出电压 u_d、晶闸管承受的电压 u_{VT_1}、变压器一次侧电流 i_1 的波形。

②该电路中变压器存在直流磁化问题吗?

③若已知 $U_2 = 100$ V,计算输出电压平均值 U_d、晶闸管承受的最大反向电压。

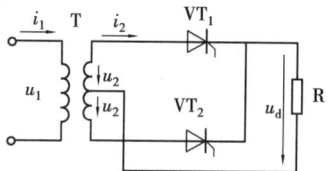

图5.63 相控式单相全波整流电路

8. 共阴极接法的三相半波可控整流电路,向阻感负载供电,且 $\omega \gg R$, $U_2 = 100$ V, $R = 1$ Ω, $\alpha = 60°$ 时,求:

①画出输出电压 u_d、输出电流 i_d、流过晶闸管电流 i_{VT_1}、变压器二次侧电流 i_a 的波形图。

②整流输出平均电压 U_d、平均电流 I_d、变压器二次电流有效值 I_2。

③考虑安全裕量,确定晶闸管的额定电压和额定电流。

④整流装置电源侧的功率因数。

9. 三相半波可控整流电路如图 5.64 所示,将变压器二次侧绕组等分为两段,即接成曲折接法,每段绕组电压为 100 V。试求:

①晶闸管承受的最大反压是多少?

②变芯器铁芯有没有直流磁化? 为什么?

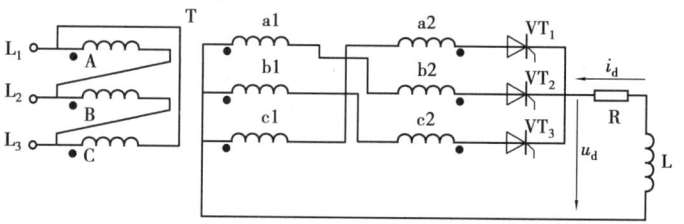

图5.64 三相半波可控整流电路的曲折接法

10. 三相半波可控整流电路的共阴极接法与共阳极接法,它们的自然换相点是同一点吗? 如果不是,它们在相位上互差多少度?

11. 在相控式三相全控桥整流电路中(纯电阻负载),当 $\alpha = 60°$ 时,分别画出下列两种故障情况下负载两端电压 u_d 波形图。

①晶闸管 VT_1 无触发信号。

②晶闸管 VT_1 和 VT_2 同时无触发信号。

12. 相控式三相全控桥整流电路带阻感性负载,L 足够大,$R = 5$ Ω, $U_2 = 220$ V, $\alpha = 60°$ 时,求:

①该电路对触发脉冲形式有何要求?

②各晶闸管的导通角为多少?

③画出输出电压 u_d、输出电流 i_d、流过晶闸管电流 i_{VT_1}、变压器二次侧电流 i_a 的波形图。

④输出平均电压 U_d、输出平均电流 I_d,流过晶闸管电流平均值 I_{dVT} 和有效值 I_{VT},变压器二次侧电流有效值 I_2。

⑤整流装置电源侧的功率因数。

13. 相控式三相全控桥整流电路带阻感性负载,$U_2 = 220$ V,要求输出的直流平均电压在

0~257.4 V 范围内连续可调,并且在这个范围内要求输出的直流平均电流都达到 10 A。试计算控制角的变化范围、晶闸管的导通角和确定电源容量,并选择晶闸管。

14. 带平衡电抗器的双反星形整流电路与六相半波整流电路主要的异同点是什么? 带平衡电抗器的双反星形整流电路适用于什么场合?

15. 在相控式单相全控桥整流电路、相控式三相全控桥整流电路中,当负载分别为电阻负载或阻感负载时,晶闸管的移相范围分别是多少?

16. 整流装置产生的谐波对电网产生了哪些不利影响? 为抑制整流装置的谐波,可采取哪些措施?

17. 功率因数低对公用电网会造成哪些不良影响? 为提高整流装置的功率因数,可采取哪些措施?

18. 5 kW/250 V 的直流电动机采用三相桥式全控整流电路供电,电枢电阻 $R_a = 5\ \Omega$,$L_B = 1\ mH$,$\alpha = 60°$,假设平波电抗器足够大,求:

①U_2 和反向电动势 E。

②变压器二次侧容量。

③忽略开关器件损耗,计算变压器二次侧功率因数。

19. 有源逆变产生的条件是什么?

20. 请指出下列各种电力电子电路哪些能工作在有源逆变状态:①单相全控桥整流电路;②单相半控桥整流电路;③三相半波可控整流电路;④带续流二极管的三相半波可控整流电路;⑤三相全控桥整流电路;⑥三相半控桥整流电路。

21. 什么是逆变失败? 逆变失败后有什么后果? 如何防止逆变失败?

22. 三相半波变流器,反电势阻感负载,交流输入相电压 $U_2 = 100$ V,频率 $f = 50$ Hz,负载电阻 $R = 1\ \Omega$,电感 $L = \infty$,负载反电势 $E = -150$ V,逆变角 $\beta = 30°$,电源变压器漏感 $L_B = 1\ mH$。试求出直流侧平均电压 U_d、平均电流 I_d 及换相重叠角 γ,并画出直流侧电压 u_d 的波形。

23. PWM 整流电路与相控式整流电路相比有何特点?

24. 高压直流输电通常有几种接线方式?

25. 城市轨道交通牵引供电采用什么装置以提供直流电?

26. 简述直流可逆电动机调速系统的工作原理。

【实践练习】

1. 解剖一个闲置的手机充电器或小家电的直流电源,绘制其电路,并分析其工作原理。

2. 拆开一个日光灯电子镇流器或节能灯的管座部分,观察、绘制电子镇流器的电路,并分析其工作原理。

第 **6** 章
交流-交流变换电路

【问题导入】

将一种形式的交流电变换成另一种形式交流电的电路称为交流-交流变换电路,简称交交变换。交交变换广泛应用于电炉的温度控制、灯光调节、异步电动机的软启动和调速等。交交变换针对不同场合的应用要求,其电路的控制方式也不尽相同。本章首先简要介绍交交变换的类型,再针对不同的控制方式介绍不同的电路,最后介绍交交变换的几种常用典型例子。

【学习目标】

1. 掌握交交变换电路的分类及各类电路的应用。

2. 掌握交流调压电路的工作原理和分析方法。

3. 了解交流调功电路和交流电力电子开关的特点及工作性能。

4. 掌握交交变频的工作原理和特性。

【技能目标】

认知交交变换的常用电路,主要包括交流调压电路、交流调功电路、交流电力电子开关和交交变频电路。

掌握几种电路的应用场合、工作原理和特性。

6.1 交流-交流变换电路概述

交流-交流变换电路(AC-AC Converter)是指将一种形式的交流电变成另一种形式的交流电的电路,即把交流电能的参数(幅值、相位、频率)进行变换的电路,简称交交变换。

根据变换参数的不同,交交变换可以分为交流电力控制电路和交交变频电路两大类(见图6.1)。交流电力控制电路是维持频率不变,只改变电压、电流大小或对电路的通断进行控制。交交变频电路是指把一种频率的交流电变换为另一种频率固定或可变的交流电的电路。交交变频电路包括直接交交变频电路和间接交交变频电路,前者无中间直流环节,后者经过中间直流环节。

交流电力控制电路的关键环节是把两个晶闸管反并联后串联在交流电路中,通过对晶闸

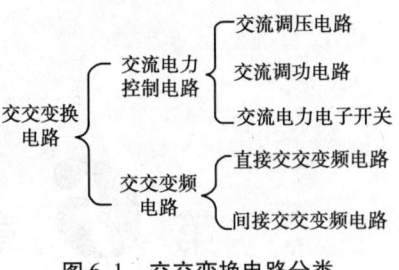

图 6.1　交交变换电路分类

管的控制可以在不改变频率的情况下控制交流的输出。交流电力控制电路主要包括交流调压电路、交流调功电路和交流电力电子开关 3 种。3 种电路的电路结构形式几乎是一样的,只是控制方式不同。采用移相脉冲触发晶闸管的电路即为交流调压电路,采用过零脉冲触发晶闸管的电路即为交流调功电路,采用随机或过零脉冲触发的电路即为交流电力电子开关。

6.2　交流电力控制电路

交流电力控制电路是只维持频率不变,仅改变输出电压的幅值或电路的通断。

6.2.1　交流调压电路

交流调压电路是用来变换交流电压幅值(或有效值)的电路,通过控制晶闸管在每一个电源周期内导通角的大小(相位控制)来调节输出电压的大小,可实现交流调压。它广泛应用于灯光的控制,如调光台灯、舞台灯光等,也可用于异步电动机的软启动及调速。

交流调压电路的电路结构有单相交流调压和三相交流调压两种。单相交流调压电路常用于照明等灯光控制,三相交流调压电路常用于三相交流异步电动机的供电,实现异步电动机的变压调速,或作为异步电动机的启动器使用,其输出电压在异步电动机的启动、升速过程中逐渐上升,控制电机的启动电流在允许值范围内。

(1)单相交流调压电路

单相交流调压电路的原理如图 6.2 所示,在电路中用两个反并联的晶闸管 VT_1、VT_2 或采用双向晶闸管相连。当电源电压处于正半周时,触发 VT_1 导通,电压的正半周施加到负载上;当电源电压处于负半周时,触发 VT_2 导通,电压负半周施加到负载上。电压过零时,交替触发 VT_1、VT_2。如果关断两个晶闸管,电源电压不能加到负载上。因此,VT_1、VT_2 构成无触点交流开关。电路通过控制晶闸管每个电源周期内导通角的大小(相位控制)即可调节输出电压的大小。

与整流电路一样,单相交流调压电路的工作情况与负载特性有关。

1)电阻性负载

①工作原理

如图 6.2(a)所示电路,采用相控调压,输出工作波形如图 6.2(b)所示。

(a)当 $0 < \omega t < \pi$ 时,即在输入交流电源 u_1 的正半周内,晶闸管 VT_1 承受正向电压,当 $\omega t = \alpha$ 时,触发 VT_1 使其导通,负载上输出电压如图 6.2(b)所示。当电源过零时,晶闸管 VT_1 截止。

(b)当 $\pi < \omega t < 2\pi$ 时,即在输入交流电源 u_1 的负半周内,晶闸管 VT_2 承受正向电压。当 $\omega t = \alpha + \pi$ 时,触发 VT_2 使其导通,负载上输出电压如图 6.2(b)所示。

重复以上过程,调节触发延迟角 α,即可在负载上得到有效值可以变化的交流输出电压。

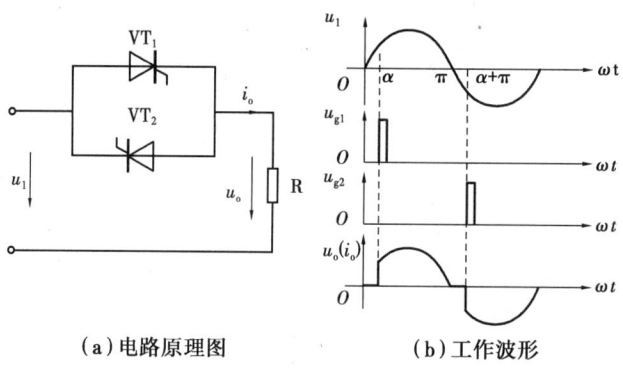

（a）电路原理图　　　　　（b）工作波形

图6.2　单相交流调压电路电阻负载电路及波形

②数量关系

负载电压的有效值为

$$U_o = \sqrt{\frac{1}{\pi}\int_\alpha^\pi (\sqrt{2}U_1\sin\omega t)^2 \mathrm{d}(\omega t)} = U_1\sqrt{\frac{1}{2\pi}\sin 2\alpha + \frac{\pi - \alpha}{\pi}} \tag{6.1}$$

负载电流的有效值为

$$I_o = \frac{U_o}{R} = \frac{U_1}{R}\sqrt{\frac{1}{2\pi}\sin 2\alpha + \frac{\pi - \alpha}{\pi}} \tag{6.2}$$

其中，U_1 为输入交流电压的有效值，输入交流电压表达式为 $u_1 = \sqrt{2}U_1\sin\omega t$。从图6.2（b）及式（6.1）可知，$\alpha$ 的移相范围为 $0 \leq \alpha \leq \pi$。当 $\alpha = 0$ 时，相当于晶闸管一直处于导通状态，输出电压为最大值 U_1。随着 α 的增大，输出电压有效值 U_o 逐渐减小，直到 $\alpha = \pi$ 时，输出电压有效值为0。

交流电源输入侧的功率因数为

$$\lambda = \cos\varphi = \frac{P}{S} = \frac{U_o I_o}{U_1 I_o} = \frac{U_o}{U_1} = \sqrt{\frac{1}{2\pi}\sin 2\alpha + \frac{\pi - \alpha}{\pi}} \tag{6.3}$$

式（6.3）中略去了交流调压电路的损耗，因此，输入的有功功率等于输出到负载上的有功功率。由于相位控制产生的基波电流滞后于输入电压，再加上高次谐波的影响，使得交流调压电路的功率因数较低。尤其在深控（控制角 α 大）、输出电压较小时，功率因数更低。

③谐波分析

单相交流调压电路带电阻性负载时，由于输出电压波形正负半周对称，故不含直流分量和偶次谐波，只有奇次谐波，用傅里叶级数表示即

$$u_o = \sum_{n=1,3,5,\cdots}^{\infty} [a_n\cos(n\omega t) + b_n\sin(n\omega t)] \tag{6.4}$$

式中，$a_1 = \dfrac{\sqrt{2}U_1}{2\pi}(\cos 2\alpha - 1)$，$b_1 = \dfrac{\sqrt{2}U_1}{2\pi}[\sin 2\alpha + 2(\pi - \alpha)]$

$$a_n = \frac{\sqrt{2}U_1}{\pi}\left\{\frac{1}{n+1}[\cos(n+1)\alpha - 1] - \frac{1}{n-1}[\cos(n-1)\alpha - 1]\right\} \quad (n = 3,5,7,\cdots)$$

$$b_n = \frac{\sqrt{2}U_1}{\pi}\left\{\frac{1}{n+1}[\sin(n+1)\alpha - 1] - \frac{1}{n-1}[\sin(n-1)\alpha - 1]\right\} \quad (n = 3,5,7,\cdots)$$

负载电压基波和各次谐波有效值为

$$U_{on} = \frac{1}{\sqrt{2}}\sqrt{a_n^2 + b_n^2}(n = 1,3,5,7\cdots) \tag{6.5}$$

负载电流基波和各次谐波有效值为

$$I_{on} = \frac{U_{on}}{R} \tag{6.6}$$

其中,$n = 1$ 为基波,$n = 3,5,7,\cdots$ 为奇次谐波。随着谐波次数的增加,谐波含量减少。

交流调压电路在稳态情况下,为使输出波形对称,应使正负半周的 α 角相等。当两个晶闸管在正负半周的 α 角不相等时,输出电压(或电流)波形不对称,将会产生偶次谐波分量和直流分量,使变压器或电动机产生直流磁化,这是在实际应用中需要避免的。

2)阻感负载

①工作原理

阻感负载是交流调压最常见的负载形式,其工作情况同整流电路带阻感性负载相似。单相交流调压电路带阻感性负载的电路原理图及波形如图 6.3 所示。

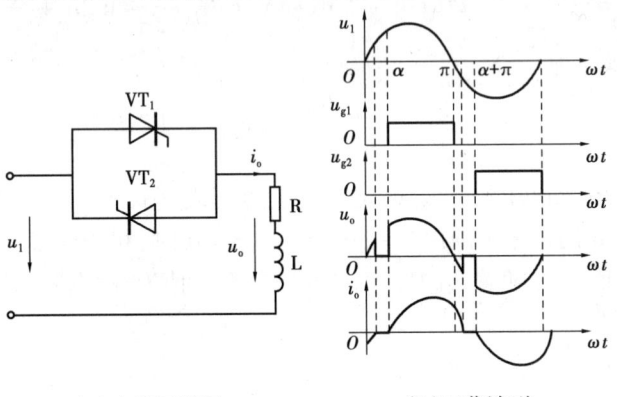

(a)电路原理图　　　　　(b)工作波形

图 6.3　带阻感负载单相交流调压电路及波形

如图 6.3 所示,当电源电压反相过零时,由于电感对电流的变化有抗拒作用,流过电感的电流不能突变,故电流不能像电源电压一样立即为零。此时,晶闸管导通角 θ 的大小不仅与触发延迟角 α 有关,而且与负载阻抗角 φ 有关。

当 VT_1 导通时,负载电流满足以下基尔霍夫电压定律:

$$L\frac{di_o}{dt} + Ri_o = \sqrt{2}U_1 \sin \omega t \tag{6.7}$$

初始条件　　　　　　　　　　$i_o|_{\omega t = \alpha} = 0$

解得负载电流为

$$i_o = \frac{\sqrt{2}U_1}{Z}\left[\sin(\omega t - \varphi) - \sin(\alpha - \varphi)e^{\frac{\alpha - \omega t}{\tan \varphi}}\right] \tag{6.8}$$

式中　　　　　　　　　　　$\alpha \leqslant \omega t \leqslant \alpha + \theta$

$$Z = \sqrt{R^2 + (\omega L)^2}$$

$$\varphi = \arctan \frac{\omega L}{R}$$

从式(6.8)可知,负载电流 i_o 由两个分量组成,一个是正弦稳态分量,另一个是指数衰减分量。当晶闸管 VT_2 导通时,情况完全相同,只是负载电流 i_o 相位相差 $180°$,其负载电流波形如图 6.3(b) 所示。

当 $\omega t = \alpha + \theta$ 时,负载电流 $i_o = 0$。将此边界条件代入式(6.8),则有

$$\sin(\alpha + \theta - \varphi) = \sin(\alpha - \varphi) e^{\frac{-\theta}{\tan \varphi}} \tag{6.9}$$

根据式(6.9),可绘出表示 θ、α、φ 之间关系的一簇曲线 $\theta = f(\alpha, \varphi)$,如图 6.4 所示。

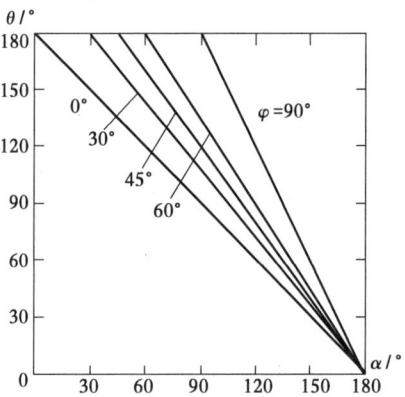

图 6.4　$\theta = f(\alpha, \varphi)$ 关系曲线

分析 θ、α、φ 三个角度之间的关系,分 3 种情况讨论调压电路的工作:

(a) 当 $\alpha > \varphi$ 时,导通角 $\theta < 180°$,α 越小,θ 越大,且正负半波电流均断续。

(b) 当 $\alpha = \varphi$ 时,代入式(6.9),$\theta = 180°$,即每个晶闸管导通角都是 $180°$。此时,两个晶闸管轮流导通,负载电流处于连续状态,且是一个滞后电源电压 φ 角的正弦电流。即任何时刻电源电压都加在负载上,负载电压和电流为完整的正弦波,相当于晶闸管失去控制,没有起到调压作用。

(c) 当 $\alpha < \varphi$ 时,如果先触发 VT_1,则根据式(6.9)可知 VT_1 的导通角 $\theta > 180°$。当 $\omega t = \alpha + \theta$ 时,触发 VT_2,因为负载电流尚未降为零,所以 VT_1 仍导通,VT_2 不会开通。直到负载电流 i_o 过零后,VT_2 才可能导通,此时必须保证 VT_2 的门极触发脉冲依然存在,VT_2 才会导通。在这种情况下,必须采用宽脉冲或者双窄脉冲来触发,以保证晶闸管 VT_1 电流下降到零时,VT_2 的触发脉冲还未消失,当 VT_1 关断后,VT_2 立即导通,i_o 连续,在刚开始的几个周期内负载电流正负半周不对称,但经过几个周期后电路达到稳态时,负载电流为正弦波,滞后电压 φ 角,与 $\alpha = \varphi$ 时的工作情况一样。

根据上面的分析可知,当 $\alpha \leq \varphi$ 时,采用宽脉冲或者双窄脉冲触发,负载电压、电流就是完整的正弦波。即使改变触发延迟角,负载电压、电流的有效值也不变,即电路失去交流调压的作用。因此,在带阻感负载时,要实现交流调压的目的,触发延迟角 α 的移相范围必须为 $\alpha < \varphi < \pi$。

②数量关系

当 $\varphi < \alpha < \pi$ 时,负载电压的有效值为

$$U_o = \sqrt{\frac{1}{\pi} \int_{\alpha}^{\alpha + \theta} \left(\sqrt{2} U_1 \sin \omega t \right)^2 \mathrm{d}(\omega t)} = U_1 \sqrt{\frac{\theta}{\pi} + \frac{1}{2\pi} \left[\sin 2\alpha - \sin (2\alpha + 2\theta) \right]} \tag{6.10}$$

负载电流的有效值为

$$I_o = \sqrt{\frac{1}{\pi}\int_\alpha^{\alpha+\theta}\left\{\frac{\sqrt{2}\,U_1}{Z}\left[\sin(\omega t-\varphi)-\sin(\alpha-\varphi)e^{\frac{\alpha-\omega t}{\tan\varphi}}\right]\right\}^2 d(\omega t)}$$

$$= \frac{U_1}{\sqrt{\pi}\,Z}\sqrt{\theta-\frac{\sin\theta\cos(2\alpha+\varphi+\theta)}{\cos\varphi}} \tag{6.11}$$

③谐波分析

与电阻负载时的分析方法一样,在阻感负载的情况下,电源电流中的谐波次数和电阻负载时相同,也只含奇次谐波,随着次数的增加,谐波含量减少。但和电阻负载不同的是,阻感负载时的谐波电流含量少一些,触发延迟角相同时,随着阻抗角的增大,谐波含量有所减少。

(2)三相交流调压电路

三相交流调压电路接线形式有很多,如三角形联结、星形联结等,主要用于较大功率的电压控制。在此节中主要介绍星形联结电路,这种电路又分为三相四线和三相三线制两种情况。

1)三相四线制交流调压电路

如图6.5所示为3个独立的单相交流调压电路组成的三相交流调压电路,三相依次相差120°工作,由于带中性线,故称为三相四线制交流调压电路。

同一相上的两个晶闸管门极触发脉冲互差180°,6个晶闸管导通的顺序为 VT$_1$→VT$_2$→VT$_3$→VT$_4$→VT$_5$→VT$_6$,依次间隔60°。每个单相交流调压电路分别接在各自的相电源上,每相的工作过程与单相交流调压电路完全相同。由于存在中线,只需要一个晶闸管导通,负载上就有电流流过,故门极触发脉冲可采用窄脉冲。该电路工作时,3次谐波在中线中的电流较大,因为3次及其整数倍次谐波电流是同相位的,不能在各相之间流动,只能全部流过中性线。当触发角为90°时,中性线电流最大,近似等于各相电流的有效值,故中性线的导线截面积要求与相线一致。这种情况会给电源变压器和其他负载带来不利的影响,在实际中较少使用。

2)三相三线制交流调压电路

如图6.6所示为三相三线制交流调压电路,三相负载既可以星形联结也可以三角形联结,图中为星形联结。由于没有中性线,必须保证两相晶闸管同时导通,每相电路必须通过另一相形成回路,负载中才有电流流过,因此,该电路的晶闸管触发电路必须是宽脉冲或双窄脉冲。6个晶闸管门极触发顺序为 VT$_1$→VT$_2$→VT$_3$→VT$_4$→VT$_5$→VT$_6$,依次间隔60°。三相的触发脉冲依次相差120°,同一相的两个反并联的晶闸管触发脉冲相差180°。相位控制时,两相间是靠线电压导通的,线电压超前相电压30°,α 的移相范围为0°~150°。

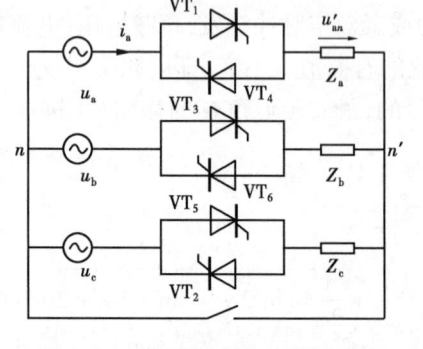

图6.5　三相四线制交流调压电路

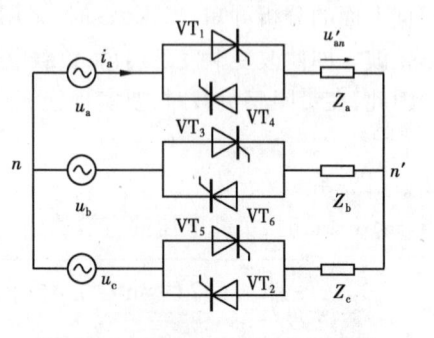

图6.6　三相三线制交流调压电路

随着触发延迟角 α 的变化,电路中晶闸管的导通状态也不同,以 a 相电阻性负载为例,分

3 种情况进行讨论:

①$0° \leq \alpha < 60°$,当 $\alpha = 0°$ 时,电路是 3 个晶闸管导通,此时负载上输出相电压。随着 α 的增大,电路处于 3 个晶闸管与两个晶闸管交替导通的状态,两个晶闸管导通时负载上输出线电压的一半。如图 6.7 所示为 $\alpha = 30°$ 时负载电压波形图。

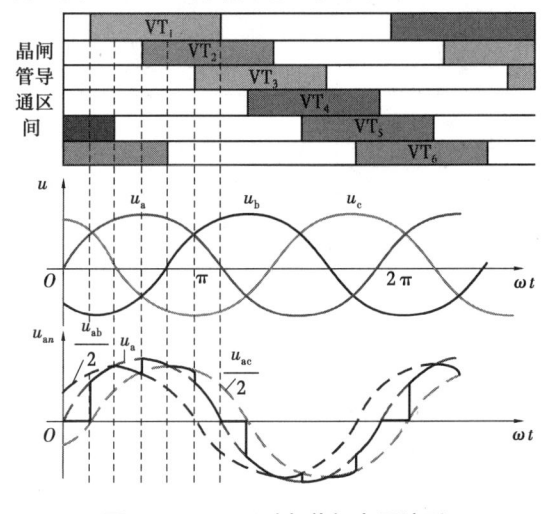

图 6.7 $\alpha = 30°$ 时负载相电压波形

②$60° \leq \alpha < 90°$,电路处于两个晶闸管导通的状态,每个晶闸管导通 $120°$,负载上输出电压为线电压的一半。如图 6.8 所示为 $\alpha = 60°$ 时负载电压波形图。

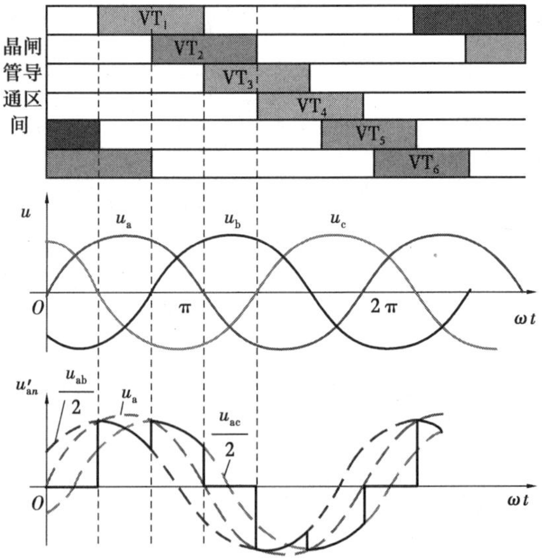

图 6.8 $\alpha = 60°$ 时负载相电压波形

③$90° \leq \alpha < 150°$,电路处于两个晶闸管与无晶闸管导通的交替状态,负载上输出线电压的一半或者输出电压为零。如图 6.9 所示为 $a = 90°$ 时负载电压波形图。当 $\omega t = 90°$ 时,VT_1 和 VT_6 导通,a 相负载电压为线电压 u_{ab} 的一半;当 $\omega t = 120°$ 时,虽然 $u_b = 0$,但 u_{ba} 仍为负,VT_6 不会关断,直到 $\omega t = 150°$ 时,$u_{ab} = 0$,VT_1 和 VT_6 同时关断。

在 $\omega t = 150° \sim 210°$ 区间内,当 $\omega t = 150°$ 时,虽然 VT_1 刚关断,但因触发脉冲为宽脉冲或双窄脉冲,故 VT_1 触发脉冲仍存在,此时 VT_2 得到触发脉冲,使得 VT_1 和 VT_2 同时导通,a 相负

载电压为线电压 u_{ac} 的一半,只有当 $\omega t = 210°$ 时,因 u_{ac} 过零,使得 VT$_1$ 和 VT$_2$ 关断,a 相正半周结束。

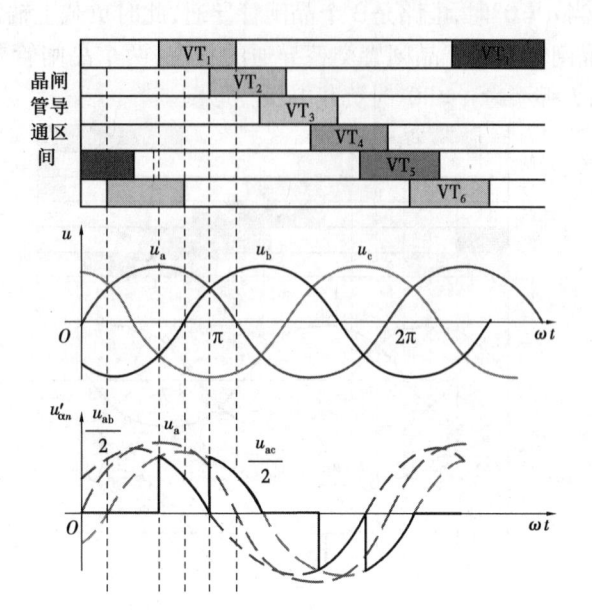

图6.9 $\alpha = 90°$ 时负载相电压波形

如图6.10所示为 $\alpha = 120°$ 时负载电压波形图。当 $\omega t = 120°$ 时,VT$_1$ 触发导通,由于触发脉冲都为宽脉冲或者双窄脉冲,此时 VT$_6$ 触发脉冲仍然存在,VT$_1$ 和 VT$_6$ 导通,负载上电压为线电压 u_{ab} 的一半。当 $\omega t = 150°$ 时,$u_{ab} = 0$,VT$_1$ 和 VT$_6$ 同时关断,负载上电压为0。

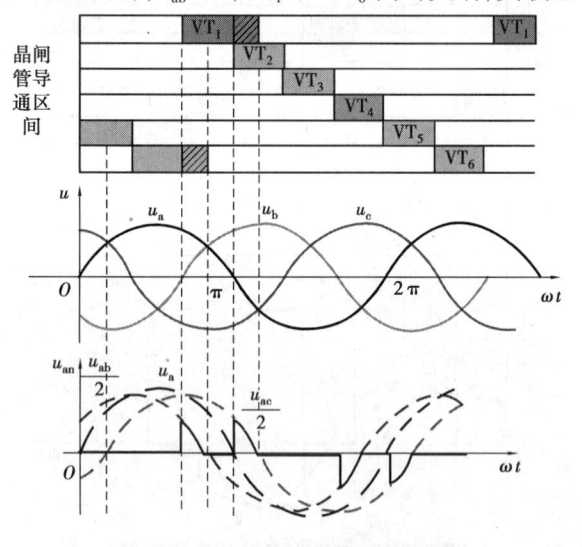

图6.10 $\alpha = 120°$ 时负载相电压波形

当 ωt 在 $150° \sim 180°$ 区间内,没有触发脉冲出现,输出电压为0。当 ωt 在 $180° \sim 210°$ 区间内,当 $\omega t = 180°$ 时,VT$_2$ 触发导通,且 VT$_1$ 触发脉冲仍存在,a 相负载电压为 u_{ac} 的一半。当 $\omega t = 210°$ 时,因 u_{ac} 过零,使得 VT$_1$ 和 VT$_2$ 关断,负载电压为0,a 相正半周结束。

若 $\alpha = 150°$,当 $\omega t = 150°$ 时,VT$_1$ 有触发脉冲,VT$_6$ 仍有触发脉冲,但 $u_{ab} < 0$,VT$_1$ 和 VT$_6$ 均无法导通,其他晶闸管的情况也是如此。在 $\alpha \geqslant 150°$ 情况下,输出电压均为0。综上所述,星形联结三相交流调压电路在电阻性负载情况下,其触发角 α 的移相范围为 $0° \sim 150°$,当 $\alpha = 0°$

174

时输出电压为电源电压,随着 α 的增大,输出电压减小,当 $\alpha=150°$ 时,输出电压为零。控制触发角 α 的大小,可实现调压功能。

b 相和 c 相上的分析过程跟 a 相基本相同,输出波形趋势相似,但 b 相和 c 相上的输出电压依次滞后 a 相 120°。

该电路的优点是:进行傅里叶分析后可知电流谐波次数为 $6n\pm1(n=1,2,3,\cdots)$,与单相交流调压电路相比,没有 3 次谐波,在三相对称时,3 次谐波不能流过三相三线电路;对临近线路干扰小,而且该电路的负载接线形式灵活,不需要中性线,故得到广泛应用。

6.2.2　交流调功电路

交流电力控制电路除了交流调压电路以外,还有交流调功电路。交流调功电路和交流调压电路名称只差一个字,其意义却有很大不同。

交流调功电路与交流调压电路的电路形式完全相同,只是控制方式不同。交流调功电路是以交流电源周波数为控制单位,从而对电路的通断进行控制。

交流调功电路广泛应用于电炉的温度控制,其直接调节对象是平均输出功率。电炉具有温度时间常数大的特点,对电炉进行加热温度控制时,没有必要在每一个周期都对电路进行通断控制,只需要以周波数为单位控制即可。通常控制晶闸管导通的时刻都是在电源电压过零的时刻,这样晶闸管在导通期间负载电压、电流都是正弦波,不对电网电压、电流造成谐波污染。

交流调功电路不是在每个周期都通过触发角 α 对输出电压波形进行控制,而是将晶闸管作为开关,把负载与电源在 M 个周期中接通 N 个电源周期,再关断 $M-N$ 个电源周期,通过改变通断周波数的比值来调节负载所消耗的平均功率。如图 6.11 所示,其中一共有 3 个周期,晶闸管在前两个周期导通,后 1 个周期关断,负载电压和电流的重复周期为 M 倍电源周期。

从图 6.11 的波形进行傅里叶分析,可以得出如图 6.12 所示的电流频谱图。其中,I_n 为 n 次谐波有效值,I_o 为导通时电路电流的有效值。以控制周期为基准,从图 6.12 中可知电流不含整数倍频率的谐波,含有非整数倍频率的谐波,而且在电源频率附近,非整数倍频率的含量较大,当谐波次数比较大时,非整数倍频率的含量较小。

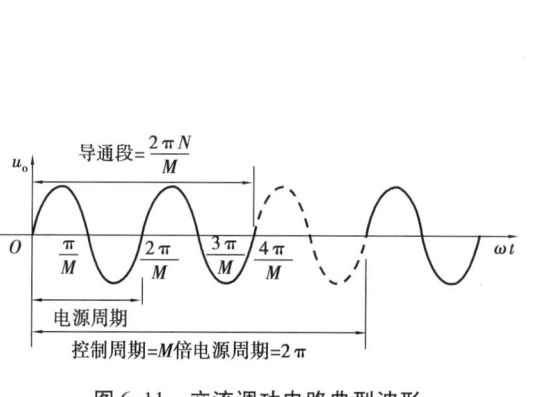

图 6.11　交流调功电路典型波形　　图 6.12　交流调功电路典型波形的电流频谱图

交流调功电路的优点是控制方式简单,输出为正弦波,功率因数高;缺点是输出电压调节不平滑,响应速度较慢。对一些不需要高速控制的大惯性负载效果较好,如金属热处理、化工合成加热、钢化玻璃热处理等各种需要加热或进行温度控制的应用场合。

6.2.3 交流电力电子开关

交流电力电子开关也是将晶闸管反并联后串入交流电路中来代替机械开关进行工作,起接通和断开电路的作用。一般的机械开关响应速度都比较慢,触点间的摩擦导致开关寿命比较短。交流电力电子开关使用时响应速度快,无触点,寿命长,可以频繁地开通和关断。另外,晶闸管在作为交流电力电子开关控制时总是在电流过零时关断,在关断时不会因为线路电感储存能量造成过电压和电磁干扰,特别适合于操作频繁、易燃和多粉尘的场合,对化工、冶金、煤炭、纺织、石油等要求无火花防爆场合极为适用,在电力系统中,交流电力电子开关还与电容器一起构成无功功率补偿器,用于对无功功率和功率因数进行动态调节。

交流电力电子开关既不像交流调压电路一样的相位控制,也不像交流调功电路一样控制电路的平均输出功率。交流电力电子开关只是控制通断,通常没有明确的控制周期,只是根据需要控制电路的通断,控制频率比交流调功电路低得多。

交流电力电子开关也称为无触点开关,可分为任意接通模式和过零接通模式。前者可以在任何时刻使晶闸管触发导通;后者只能在交流电源电压过零时触发晶闸管导通。交流电力电子开关的特点是晶闸管在承受正半周电压时触发导通,而它的关断是利用电压负半周在晶闸管上的反压来实现,在电流过零时自然关断。

晶闸管交流开关的基本形式是普通晶闸管反并联的交流开关,如图6.13(a)所示。当S合上时,电源的正负半周分别通过二极管VD_1、VD_2接通VT_1、VT_2的门极,使相应晶闸管交替导通。如果S断开,晶闸管因门极开路而不能导通,相当于切断了交流电路。该电路是靠晶闸管本身的阳极电压作为触发电压,具有强触发性质,即使触发电流很大的管子也能可靠触发,负载上得到的基本是正弦电压。导通后较大的负载电流只通过晶闸管,而VD_1、VD_2和S中通过的只有较小的门极电流。

如图6.13(b)所示是双向晶闸管交流电力电子开关,线路简单但工作频率比反并联电路低。当控制开关S闭合时,双向晶闸管触发导通,负载上获得交流电能;如果S断开,VT因门极开路而不能导通,相当于交流开关断开。

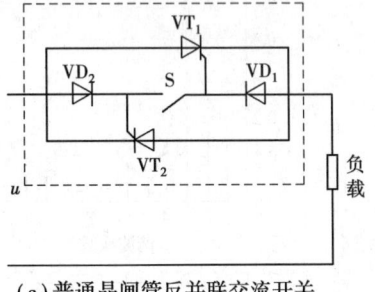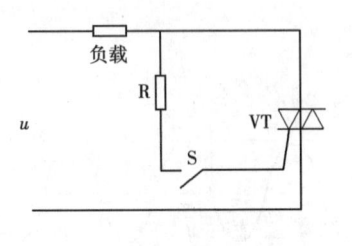

(a)普通晶闸管反并联交流开关　　　(b)双向晶闸管交流开关原理图

图6.13　交流电力电子开关

6.3　变频电路

变频电路包括交交变频电路和交直交变频电路两种,其中,交交变频电路是把电网频率的交流电直接变成频率可调的交流变换电路;交直交变频电路是先经过交流变直流,再把直流变交流的变频电路。这两种变频电路不仅电路形式不同,频率的变换结果也不同。本节主要介绍交交变频电路。

6.3.1　交交变频电路

交交变频电路广泛应用于大功率、低转速的交流电动机调速传动系统,如冶金行业的轧机主传动、矿石破碎机、矿井卷扬机、鼓风机、铁路电力牵引装置、船舶推进装置等多种应用场合,并取得了良好的经济效益。

(1)单相交交变频电路

单相交交变频电路虽然在实际中几乎不存在,但它是变频电路的基础,实际中使用的主要是三相输出交交变频电路。

1)电路结构和基本工作原理

如图 6.14(a)所示是单相交交变频电路的基本原理图,由正反两组反并联的晶闸管整流电路构成。将其中一组作为正组整流器,另一组为反组整流器。如果正组整流器工作,则反组整流器处于阻断状态,负载上输出电压为上正下负;如果负组整流器工作,则反组整流器处于阻断状态,负载上输出电压为上负下正。这样,让两组整流器按照一定的频率交替工作,负载上就可以获得交变的输出电压。

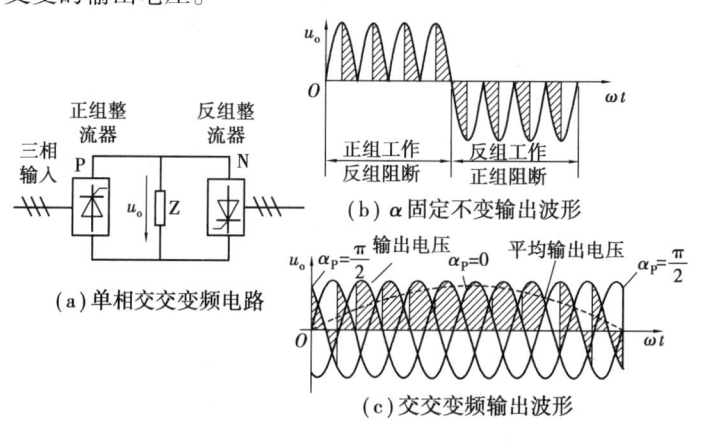

图 6.14　单相交交变频电路及输出波形图

如果在一个周期内控制触发延迟角 α 固定不变,则输出波形如图 6.14(b)所示,在一组工作时输出波形形状相同,电压平均值近似为矩形波。这种方式控制简单,但输出波形中低次谐波含量较大,用于电动机调速时会增加电动机的损耗,降低运行效率,特别是会增大转矩脉动,对电动机的工作很不利。

为了使输出波形近似为正弦波,可以按正弦规律对触发角 α 进行调制。在正组工作的半个周期让 α 按正弦规律从 90° 逐渐减小到 0°,再逐渐增大到 90°,正组整流电路的输出电压平均值就按正弦规律变化,当 α 为 90°时,输出电压为 0,随着 α 的减小,输出电压逐渐增大直到

α 为90°时,输出电压达到最大值。输出电压平均值如图6.14(c)波形中虚线所示。反组工作时采用同样的控制方法,可以得到负半周的正弦波形。

从图6.14(c)波形图中可知,输出电压并不是平滑的正弦波,而是由若干段电源电压拼接而成的。在输出电压的一个周期中,所包含的电源电压段数越多,输出电压波形就越接近正弦波。交交变频电路中的整流器通常采用桥式整流电路,即6脉波整流电路或者12脉波整流电路。

2) 单相交交变频电路的工作状态

正反组整流器切换时,如果出现一组整流器还未完全关断,另一组整流器已经导通的现象,将会产生很大的短路电流,使晶闸管损坏。为了避免两组整流器同时导通出现环流的情况,将原来工作的整流器关断后,需留有一定的时间裕量即死区时间,再将原来关断的整流器组开通使其开始工作。

交交变频电路的负载可以是电阻负载、感性负载或容性负载。这里以使用较多的感性负载为例说明交交变频电路两组整流器的工作状态。

对于感性负载,输出电压超前于电流,单相交交变频电路电压和电流的输出波形如图6.15所示。

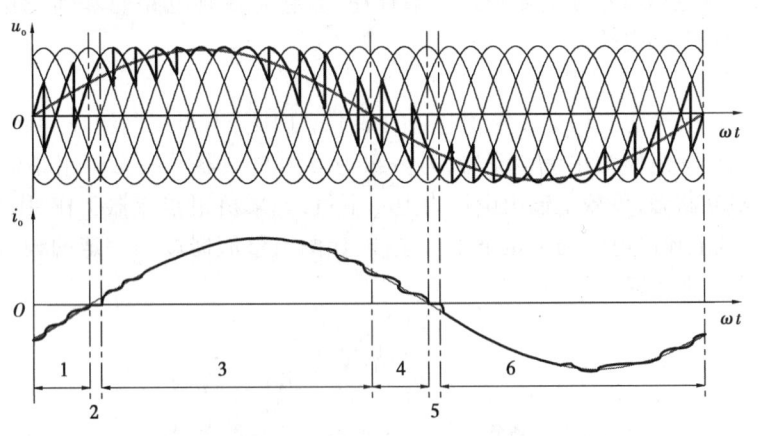

图6.15　单相交交变频输出电压及电流波形

考虑无环流工作方式,交交变频电路的一个周期可以分为6段:

①第1段,输出电压 u_o 为正,电流 i_o 为负。由于电流滞后于电压,整流器的电流 i_o 具有单向性,故此时负载电流从反组整流器组流出,此时反组整流器工作,正组整流器关断。又由于电压 u_o 为正,故反组整流器工作在有源逆变状态。

②第2段,电流为零,为无环流死区时间。

③第3段,输出电压 u_o 为正,电流 i_o 为正。由于输出电流 i_o 为正,从正组整流器流出,故此时正组整流器工作,反组整流器关断。又由于 u_o 为正,故正组整流器工作在整流状态。

④第4段,输出电压 u_o 为负,电流 i_o 为正。由于输出电流 i_o 为正,从正组整流器流出,故此时正组整流器工作,反组整流器关断。又由于 u_o 为负,故正组整流器工作在逆变状态。

⑤第5段,电流为零,为无环流死区时间。

⑥第6段,输出电压 u_o 为负,电流 i_o 为负。由于输出电流 i_o 为负,从反组整流器流出,故此时反组整流器工作,正组整流器关断。又由于 u_o 为负,故反组整流器工作在整流状态。

哪组整流器工作取决于输出电流的方向,而与输出电压极性无关;电路是工作在整流状态还是有源逆变状态,是由输出电压与输出电流方向是否一致决定的。

3）交交变频输出频率特性

交交变频电路的输出电压是由若干段电源电压拼接而成的。输出电压一个周期内的电压段数越多,输出电压的波形就越接近于正弦波。当电源电压段数一定时,如果升高输出频率,则输出电压一个周期所含电源电压的段数就越少,输出电压畸变就越严重,越不像正弦波。这种输出电压波形的畸变是限制输出频率的主要因素之一。构成交交变频电路的两组整流器的脉波数越多,输出上限频率就越高。一般认为,对三相桥式整流电路即 6 脉波整流电路构成的变频电路而言,最高输出频率不高于电网频率的 1/3 ~ 1/2,电网频率为 50 Hz 时,交交变频电路输出电压的上限频率为 20 Hz。如果采用 12 脉波整流电路作为交交变频电路的整流器,则输出上限频率将会高于 6 脉波整流所构成变频电路的上限频率。

4）输出正弦波电压的调制方法

由以上分析可知,要使输出电压波形接近正弦波,必须在一个控制周期内,触发延迟角 α 按一定规律变化,从而使整流器在每个控制间隔内的输出平均电压按正弦规律变化。最常用的方法是采用“余弦波交点法”。

分别从公式推导及图形上对余弦波交点法进行分析。

设 U_{do} 为 $\alpha = 0°$ 时整流电路的理想空载电压,则整流电路在每个控制间隔输出的平均电压为

$$U_o = U_{do}\cos \alpha \tag{6.12}$$

设希望输出的正弦波电压为

$$U_o = U_{om}\sin \omega_o t \tag{6.13}$$

由式(6.12)和式(6.13)有

$$U_{do}\cos \alpha = U_{om}\sin \omega_o t \tag{6.14}$$

得

$$\alpha = \arccos (\gamma \sin \omega_o t) \tag{6.15}$$

其中,γ 为输出电压比,$\gamma = U_{om}/U_{do}$,$0 \leqslant \gamma \leqslant 1$。式(6.15)为余弦交点法求 α 角的基本公式。

在一个控制周期内,根据式(6.15)确定触发角 α,则每个控制间隔输出电压的平均值按正弦规律变化。

余弦交点法还可以用如图 6.16 所示的示意图进一步说明。因为变频中的整流电路涉及的是线电压,故设 $u_1 \sim u_6$ 分别代表线电压 u_{ab}、u_{ac}、u_{bc}、u_{ba}、u_{ca} 和 u_{cb},相邻两个线电压的交点为 $\alpha = 0°$ 处。$u_{s1} \sim u_{s6}$ 是 $u_1 \sim u_6$ 所对应的同步信号,用超前其 30° 的余弦信号表示,则在线电压 $u_1 \sim u_6$ 中各晶闸管的触发时刻由同步余弦信号 $u_{s1} \sim u_{s6}$ 的下降段和输出电压 u_o 的交点来决定。

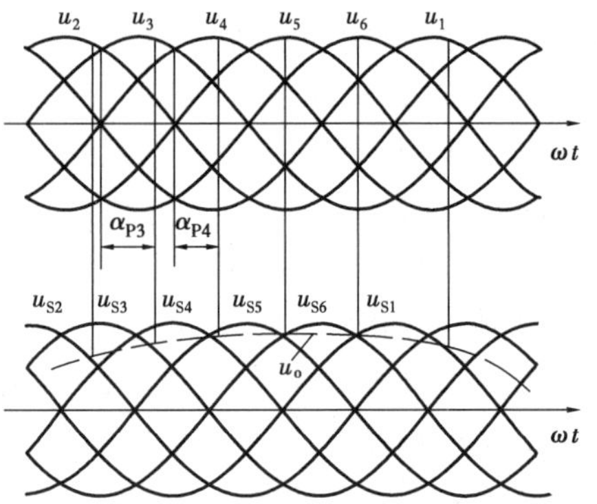

图 6.16　余弦交点法示意图

(2)三相交交变频电路

由于交交变频电路主要用于交流电动机调速系统中,因此,实际中应用的主要是三相交交变频电路构成的变频器。三相交交变频电路是由 3 组单相交交变频组成的,输出的三相电压互差

120°。三相交交变频电路主要由以下两种接线方式：

1）公共交流母线进线方式

如图 6.17 所示是公共交流母线进线方式的三相交交变频电路原理简图，由 3 组彼此独立、相位互差 120°的单相交交变频电路组成，其电源通过进线电抗器接在公共交流母线上。由于电源进线端共用且没有隔离，因此，变频电路输出端必须隔离。图 6.17 采用的是将交流电动机的三相定子绕组拆开，引出 6 根线，做到彼此隔离相互之间没有干扰。公共交流母线式的三相交交变频电路主要用于中等容量的交流调速系统中。

2）输出星形联结方式

如图 6.18 所示是输出星形联结方式的三相交交变频电路原理简图。这种电路的输出端星形接法，负载交流电动机的三相定子绕组也是星形接法，电动机引出 3 根线即可。因为三相变频联结在一起，故其电源进线端必须隔离，在此，在电源进线端采用 3 个变压器，既对三相变频器供电，又起到了电气隔离的作用。

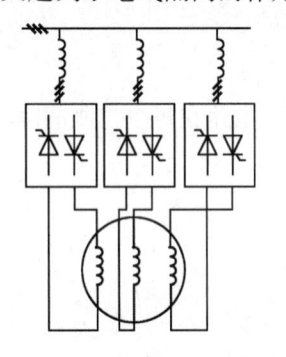

图 6.17　公共交流母线进线方式

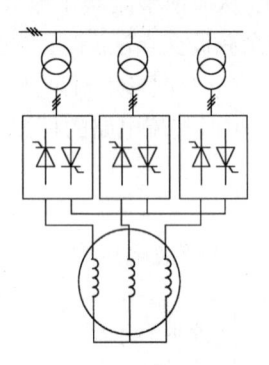

图 6.18　输出星形联结方式

因为变频器输出中线点和负载中性点没有联结在一起，所以在构成三相变频器的 6 组桥式整流器中，每一相需有不同桥上的两个晶闸管导通，而且至少有两相的 4 个晶闸管同时导通才能构成回路。此电路一共需要 36 个晶闸管，接线复杂。

(3) 交交变频电路的优缺点

1）交交变频电路的优点

①只需一次变流，没有中间直流环节，并可同时实现电压和频率的调节，在其变换过程中能量损耗小，变换效率高。

②能量可以在电源和负载之间双向流动，可以方便地实现四象限工作，适合于需要快速正反转的大功率交流可逆传动系统。

③低频时输出波形接近正弦波。

2）交交变频电路的缺点

①采用三相桥式整流电路的三相交交变频电路需要 36 个晶闸管，接线复杂。

②受电网频率和电路脉波数的限制，输出频率低。

③采用相控方式，功率因数较低，往往需要在输入端进行补偿。

④输入电流谐波含量大，频谱复杂。

基于以上优缺点，交交变频器主要用于 500 kW 或 1 000 kW 以上、转速在 600 r/min 以下的大功率、低转速的交流调速装置中。目前已在矿石破碎机、球磨机、卷扬机、鼓风机等场合获得较多的应用。

6.3.2　交直交变频电路

交直交变频电路是先把工频交流电整流成直流电,再把直流电逆变成频率固定或可变的交流电,也称为间接变频电路。由于电路简单,技术也较成熟,在实际生产中已得到广泛应用,适用于要求输出频率较高的场合。其缺点是功率变换次数多,电路总效率较低。交直交变频电路的使用将在异步电机变频调速系统的应用中介绍。

6.4　交交变换电路的应用

在实际应用中,经常需要将一种形式的交流电变成另一种形式的交流电,变化的可能是交流电的幅值、相位、频率中的任何一个,也可能只是起一个开关作用。交交变换电路已经被广泛应用于电力、工业、农业、交通、生活等各个领域。

6.4.1　交流调光台灯电路

交流调光台灯电路是交流调压电路的典型应用,如图6.19所示是交流调光台灯的电路原理图,其中,双向二极管VD是3层PNP结构,两个PN结具有对称的击穿特性,击穿电压为30 V左右。当双向晶闸管VT阻断时,电容C_1经电位器RP充电,当u_{C1}达到一定数值时,双向二极管VD击穿导通,双向晶闸管VT也触发导通。电源反向时,VD反向击穿,反向触发晶闸管VT导通。负载上得到的是正负缺角的正弦波,改变RP的阻值可改变控制角α,从而改变负载上得到的电压值。

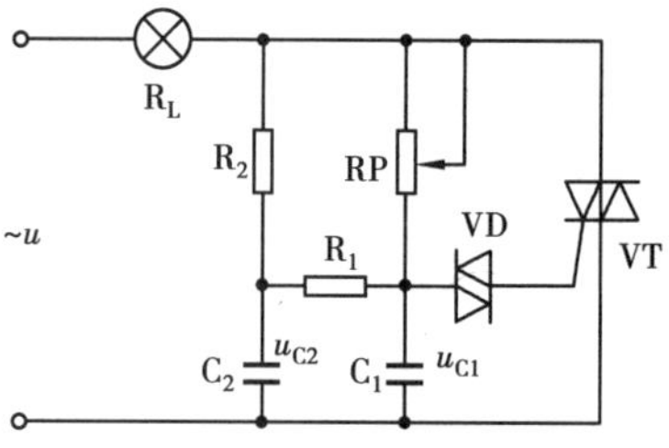

图6.19　交流调光台灯电路

当电路工作在较大的α时,过大的RP阻值使电容C_1充电缓慢,由于大α时触发电路的电源电压已经过峰值并降得很低,造成C_1上的充电电压过小不足以击穿双向二极管VD,因此在电路中增设了R_2、R_1、C_2。当在大α工作时,获得滞后电压u_{C2},给电容C_1增加一个充电电路,以保证VT能可靠触发,增大调压范围。

6.4.2　异步电动机软启动器

异步电动机软启动器也是交流调压电路的一个典型应用,其控制框图如图6.20所示。其主回路一般都采用晶闸管调压电路,调压电路由6只晶闸管两两反并联组成,串接于电动机的三相供电线路上。通过控制晶闸管的导通角,按预先设定的模式调节输出电压,以控制电动机的启动过程和启动电流,避免启动电流过大烧坏电机。当启动过程结束后,将旁路接触器闭合,使电动机直接投入电网运行,以避免不必要的电能损耗。

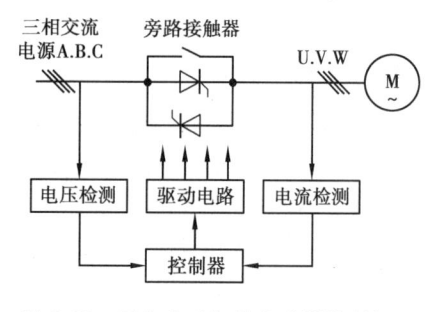

图6.20　异步电动机软启动器控制框图

6.4.3　无功补偿装置

交流电力电子开关的一个典型应用就是无功补偿装置。在电力系统中由于存在大量的感性负载(如感应电动机、变压器、电焊机等),这些负载从电力系统中吸收无功功率,使得功率因数降低,对电力系统造成电压损失增大、功率损耗等不良影响,因此必须安装无功补偿装置。

无功补偿装置中的动态无功功率补偿设备又称为"静止型无功功率自动补偿装置",简称"静补装置(Static Var Compensator,SVC)"。SVC 将电力电子元件引入传统的并联无功补偿设备,具有平滑调节性能好、响应速度快、维修方便、噪声小等优点,其应用越来越广泛,尤其适用于冲击性负荷的无功补偿。

SVC 装置的结构形式有很多,但基本元件为电抗器和电容器并联,电容器的作用为发出无功功率,电抗器的作用为吸收无功功率,通过电力电子器件控制电容器或者电抗器,从而根据负荷的变动情况改变无功功率的大小和方向,调节或稳定系统的运行电压。

SVC 装置根据结构原理的不同,可以分为晶闸管控制电抗器型(Thyristor Controlled Reactor,TCR)、晶闸管投切电容器型(Thyristor Switched Capcitor,TSC)和混合型(即 TCR + TSC 型)。

(1)晶闸管控制电抗器型(TCR)型 SVC 装置

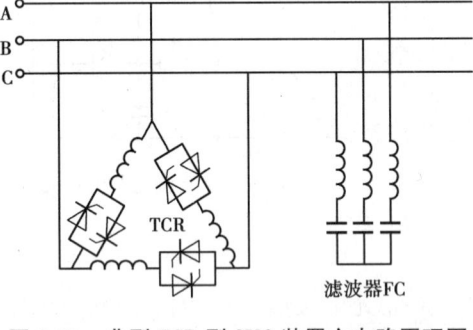

图 6.21　典型 TCR 型 SVC 装置主电路原理图

如图 6.21 所示为典型 TCR 型 SVC 装置,它主要由固定电容/滤波支路(fixd Capacitor,FC)和 TCR 支路组成。图中在各相之间分别接有 TCR 电路。

传统的补偿方式是采用机械开关的电容投切补偿装置,但响应速度慢。晶闸管投切电容器(TSC)是一种利用晶闸管交流电力电子开关代替机械开关的装置。

如图 6.21 所示的 TCR 型 SVC 装置,TCR 支路两端并联固定电容/滤波支路,并联电容器的作用为发出无功功率给系统,通过控制与电抗器串联的两个反并联晶闸管的触发角 α,可以连续地调节 TCR 型 SVC 装置产生无功功率的大小。其灵活性好,但缺点是 TCR 支路产生谐波电流,因此,在固定电容支路串联滤波电抗器,吸收 TCR 工作时产生的谐波,并且为了避免 3 次谐波注入电网,3 个 TCR 支路一般为三角形联结。

(2)晶闸管投切电容器型(TSC)型 SVC 装置

如图 6.22 所示的 TSC 型 SVC 装置,由滤波支路(FC)和 TSC 支路组成,与系统并联。TSC 支路由两个反并联的晶闸管(即电力电子开关)和电容器串联而成,其工作原理为根据控制系统检测到电网无功功率的变化,通过电力电子开关投入或切除电容器。这里,反并联的晶闸管只作为投切开关,不像 TCR 中起到相控作用,即只工作在两种状态:晶闸管完全导通,将电容器并联在系统中;或者晶闸管完全关断,电容器从系统中切除。在实际的工程应用中,根据负荷的变化,系统所需补偿的无功功率大小也不同,一般把电容分为几组,如图 6.23 所示,这样可根据控制器检测到的无功功率大小,自动判断出需投入或切除电容器的组数。TSC

实际上是断续可调地发出无功功率的动态无功补偿装置。TSC 利用晶闸管作为电容器的投切开关,与传统的机械投切电容开关相比,晶闸管投切电容器无冲击、无涌流、无过渡过程。

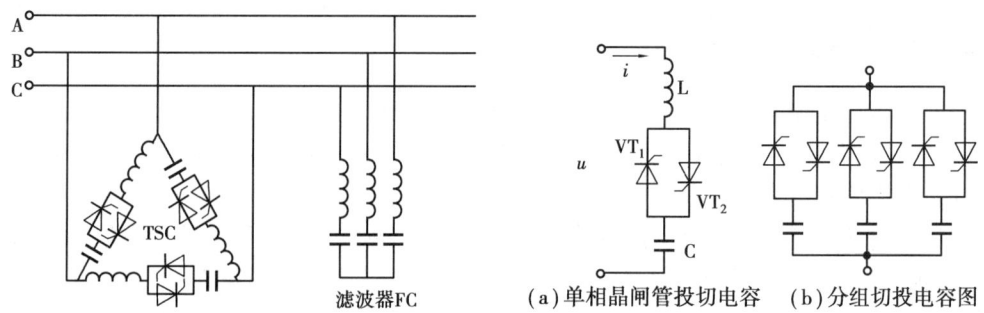

图 6.22　典型 TSC 型 SVC 装置主电路原理图　　图 6.23　晶闸管投切电容器基本原理图
　　　　　　　　　　　　　　　　　　　　　　　　　　　　　（a）单相晶闸管投切电容　　（b）分组切投电容图

如图 6.23(a)所示为单相晶闸管投切电容的基本原理图。两个反并联的晶闸管起着把电容器投入电网或者从电网切除的功能,电感 L 的作用是抑制冲击电流,其电感值很小。给晶闸管触发脉冲即可把电容投入电路中,停止触发脉冲,关断晶闸管即可把电容切除。实际中为避免电容组投切时造成较大的冲击电流,一般把电容分成好几组,如图 6.23(b)所示,可根据电网对无功的需求而改变投入的电容容量。

电容器重投入系统应注意投入时刻的选择,需要考虑电容的剩余电压。晶闸管从导通状态到自然关断时刻所对应的晶闸管电流即电容电流为零,则此时电容电压为峰值,即为电源电压峰值。因此,停止对晶闸管进行触发,在晶闸管自然关断后,忽略电容器的泄漏电流,电容器将保持为电源峰值电压,这个电压即为电容的剩余电压。在系统电源电压与电容器剩余电压相等的时刻,就是电力电子开关投入的触发点,这样当电容器被投入之后电容电流的暂态分量为零。否则,在系统电源电压与电容器剩余电压差值较大的时刻触发晶闸管,会产生很大的冲击电流,从而损坏晶闸管。在实际应用中,实际投入电容器时刻可能和电源电压与电容器剩余电压相等时刻并不完全相等,实际的 TSC 直路中还串联了一个小电感,以减小电容器的冲击电流。

(3)TCR + TSC 型 SVC 装置

如图 6.24 所示为 TCR + TSC 型 SVC 装置,由 TCR 支路、TSC 支路和滤波支路(FC)组成。各支路的工作原理已经介绍,不再赘述。TCR + TSC 组合后的工作原理为:根据系统对无功功率的需求,控制 TSC 支路,投入适当组数的电容器,并使补偿的无功功率比需要量略多一点(过补偿);再利用 TCR 连续地调节从系统吸收的无功功率大小,用于抵消过补偿的无功功率。

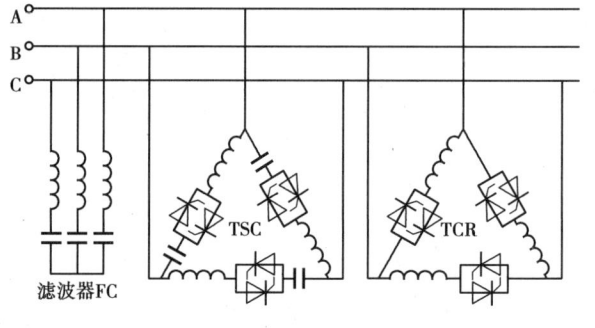

图 6.24　TCR + TSC 型 SVC 装置主电路原理图

实际应用中的 SVC 装置还应注意其电抗器、电容器的容量配置、控制策略、调节的灵活性、装置自身的保护、谐波的消除等问题。

6.4.4 三相异步电动机变频调速装置

由变频器和交流电机构成的交流调速系统称为变频调速系统,现已广泛应用于工业、交通运输、家用电器等各个领域。随着变频器技术性能的不断提高,变频调速已经成为交流调速传动方式中应用最多的一种方式。

在异步电动机运行时,采用变频调速方式,无论电动机转速高低,转差功率的消耗基本不变,效率很高,而且变频调速的调速范围大,平滑性好。采用交流调速方式,无论电动机转速高低,可节约电能30%以上,变频调速技术是非常有效的节能技术之一。随着电力电子技术的发展,许多简单可靠、性能优异、价格便宜的变频调速装置已得到广泛应用。

从异步电动机的转速公式可知,若改变电源频率 f,则可平滑地改变异步电动机的同步转速 $n_1 = 60f/p$,异步电动机的转速 n 也随之改变,改变电源频率可以调节异步电动机的转速。但是,单一地调节电源频率,将导致电动机性能恶化。要实现异步电动机的变频调速,必须有能够同时改变电压和频率的供电电源。现有的交流供电电源都是恒压恒频的,必须通过变频装置才能获得变压变频电源。

变频装置可分为直接变频装置和间接变频装置两类,目前应用较多的是间接变频装置。

(1)直接变频装置

直接变频装置又称为交交变频装置。直接变频装置的结构如图 6.25(a)所示,它只用一个变换环节就可以把恒压恒频的交流电源变换成变压变频的电源。这种变频装置输出的每一相都是一个两组晶闸管整流装置反并联的可逆线路,如图 6.25(b)所示。正反两组按一定周期相互切换,在负载上就获得交变的输出电压 u_o。u_o 的幅值取决于各组整流装置的控制角,u_o 的频率决定于两组整流装置的切换频率,但是输出频率 f_2 小于输入频率 f_1。当整流器的控制角和这两组整流装置的切换频率不断变化时,即可得到变压变频的交流电源。

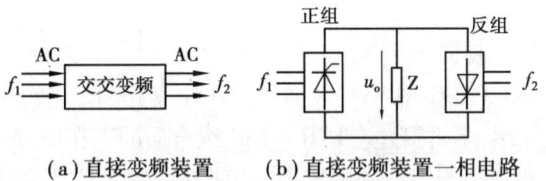

(a)直接变频装置　　　(b)直接变频装置一相电路

图 6.25　直接变频装置

(2)间接变频装置

间接变频装置是先将工频交流电通过整流器变成直流,再经过逆变器将直流变成为可控频率的交流,通常称为交-直-交变频装置。如图 6.26 所示为间接变频装置的主要构成环节,按照不同的控制方式它又可以分为如图 6.27 所示中的 3 种结构形式。

图 6.27(a)是用可控整流器变压,用逆变器变频的交-直-交变频装置。调压和调频分别在两个环节上进行,两者要在控制电路上协调配合。这种装置结构简单、控制方便,但由于输入环节采用可控整流器,当电压和频率调得较低时。电网端的功率因数较低。输出环节多采用晶闸管组成的三相六拍逆变器(每周换流 6 次),输出的谐波较大。这是此类变频装置的主要缺点。

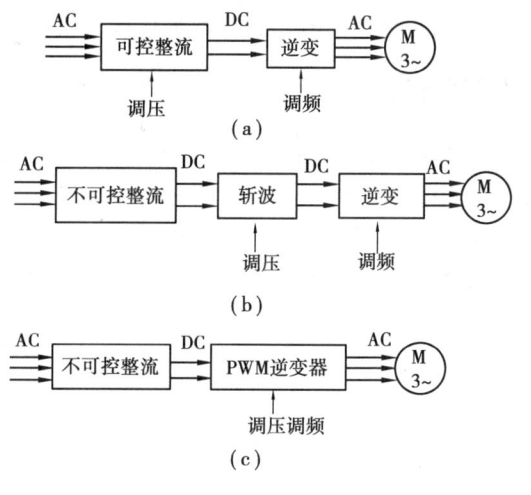

图 6.27　间接变频装置的各种结构形式

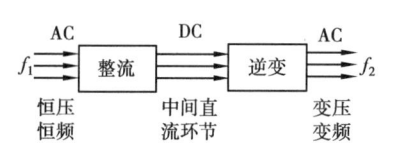

图 6.26　间接变频装置

图 6.27(b)是用不可控整流器整流、斩波器变压、逆变器变频的交-直-交变频装置。整流器采用二极管不可控整流,增设斩波器进行脉宽调压。这样虽然多了一个环节,但输入功率因数高,克服了图 6.27(a)的第一个缺点。输出逆变环节不变,仍有谐波较大的问题。

图 6.27(c)是用不可控整流器整流、脉宽调制(PWM)逆变器同时变压变频的交-直-交变频装置。用不可控整流,则输入端功率因数高;用 PWM 逆变,则谐波可以减少。这样可以克服图 6.27(a)装置的两个缺点。

随着电力电子技术的发展,变频技术逐渐得到完善,家用电器中变频空调、变频冰箱等的使用已经越来越广泛。

【复习思考】

1.在单相交流调压电路中,当触发角小于负载功率因数角时为什么输出电压不可控?

2.交流调压电路和交流调功电路有什么区别? 两者各运用于什么样的负载? 为什么?

3.采用两晶闸管反并联相控的交流调压电路,输入电压 $U_i = 220$ V,负载电阻 $R = 5$ Ω。如 $\alpha = 2\pi/3$,求:

(1)输出电压及电流有效值。

(2)输出功率。

(3)晶闸管的平均电流。

(4)输入功率因数。

4.采用两晶闸管反并联相控的交流调功电路,输入电压 $U_i = 220$ V,负载电阻 $R = 5$ Ω。晶闸管导通 20 个周期,关断 40 个周期。求:

(1)输出电压有效值 U_o。

(2)负载功率 P_o。

(3)输入功率因数。

5.晶闸管相控直接变频的基本原理是什么? 为什么只能降频、降压,而不能升频、升压?

6.交交变频电路的最高输出频率是多少? 制约输出频率提高的因素是什么?

7.交交变频电路的主要特点和不足是什么? 其主要用途是什么?

8.三相交交变频电路有哪两种接线方式? 它们有什么区别?

【实践练习】

1.拆卸一个家用调光开关,观察开关的组成,分析调光原理,并提出改进意见,注意调光光度是从小向大变化。

2.分析并仿真单相和三相交流调压电路,观察和比较电阻负载和阻感负载时,调压器的输出电压和电流波形。

第7章

软开关技术

【问题导入】

为了方便理解电路,总是将电路理想化,特别是开关理想化,忽略了开关过程对电路的影响。但在实际过程中,开关过程的影响是客观存在的,有时候是不可忽视的,电力电子器件的导通和关断过程是电力电子变换技术的关键问题之一。

为了使开关型电力电子变换器能在很高的频率下高效可靠地运行,近年来开始研究并应用了软开关技术。近十几年来,软开关技术已经被成功应用到很多电力电子装置中,并取得了很大的成就。

【学习目标】

1. 掌握软开关的基本概念、特性及其类型。

2. 了解准谐振变换电路。

3. 了解零开关 PWM 变换电路、零转换 PWM 变换电路。

【技能目标】

认知几种典型的软开关电路,包括准谐振变换电路、零开关 PWM 变换电路、零转换 PWM 变换电路等。

掌握软开关的基本概念、特性及其类型,准谐振变换电路、零开关 PWM 变换电路等的工作原理及工作过程。

7.1 软开关技术概述

交流电源供电的 AC/DC、AC/AC 变换器大多数采用半控型的晶闸管相控输出电压,靠交流电源周期性地过零反压关断导通晶闸管。由于交流频率不高,故管子的开关频率也不高,开关损耗并不大。由直流电源供电的 DC/DC、DC/AC 变换器,现今大都采用全控型器件,在较高的开关频率下按 PWM 控制输出电压。提高电力电子变换电路中开关器件的开关频率是电力电子技术发展的方向之一。

提高开关频率以后,各类变换器中开关器件在开通、关断过程中的功率损耗与开关频率成比例增加,不仅降低了变换器的效率,而且严重的发热升温可能使开关器件的特性变坏、寿命缩短。此外,变换器在高频下工作时电路中的杂散电感、杂散电容,因电流变化率、电压变化率过大还会产生严重的电磁干扰噪声,难与其他敏感电子设备电磁兼容。在开关电路中引入缓冲电感、电容,可以改善开关过程中的电压、电流波形,从而减少开关损耗,但不能完全消除损耗。为了使开关型电力电子变换器能在很高的频率下高效可靠地运行,近年来研究并开始应用了零开关技术即软开关技术。

7.1.1 软开关的概念

软开关的概念与硬开关的概念相对应。硬开关分为硬开通和硬关断,如果电力电子装置中的开关器件在其端电压不为零时开通则称为硬开通,在其电流不为零时关断则为硬关断。在硬开关过程中,器件在高电压大电流情况下,会产生很大的开关损耗。当开关频率一定时,开关损耗也是一定的,开关频率越高,开关损耗也越大。这不仅降低了电路的效率,还会导致器件温度升高,急剧缩短了开关器件的寿命。同时,在开关过程中会激起电路分布电感和寄生电容的振荡,带来附加损耗,并产生电磁干扰问题。

软开关技术分为零电压开通和零电流开通。如果在器件开通过程中,其端电压为零,则称为零电压开通;如果在器件关断过程中,其承载的电流为零,则称为零电流关断。零电压开通和零电流关断是理想的软开关,其开关过程没有开关损耗和噪声。

开关损耗与开关频率之间呈线性关系,当开关频率较低时,开关损耗占总损耗的比例并不大,但随着开关频率的升高,开关损耗占的比重越来越大,这时候必须采用软开关技术来降低开关损耗。

7.1.2 软开关的特性

如图 7.1 所示是电力电子装置中开关器件工作时的电压、电流和功率波形。开关管不是理想器件,在开通和关断过程中电压和电流均不为零,出现了重叠情况,即开通时开关器件两端电压很大,关断时流过器件的电流也不小,从而产生很大的开通损耗和关断损耗,这样的开关过程是硬开关,硬开关在电力电子装置中存在以下问题:

①开关损耗大。开通时,随着开关端电压 u_T 的下降,开关器件的电流 i_T 上升;关断时,随着开关器件电流 i_T 的下降,端电压 u_T 上升。开关端电压电流波形的交叠致使器件的开关损耗随着开关频率的升高逐渐增大,电力电子装置的效率下降。

②开通时容性问题。当开关器件在很高的电压下开通时,储藏在开关器件结电容中的能量将会全部耗散在开关器件内,易引起器件过热损坏。

③关断时过电压问题。当开关器件关断时,通过电路中感性元件的电压电流变化率会很大,易产生较大的电磁干扰,尖峰过电压也易造成器件过热损坏。

硬开关在开关过程中的这些问题,主要是由于在开关过程中同时有电压、电流产生,因此,如果采取某些措施使开关器件开通时,两端电压 u_T 先降为零,再施加驱动信号,使电流 i_T 逐渐上升;器件关断时,使器件中电流 i_T 先降为零,再撤销驱动信号,电压 u_T 开始上升,如图7.2 所示。由于不存在电压和电流的交叠,就没有开关损耗,这是一种理想的软开关。

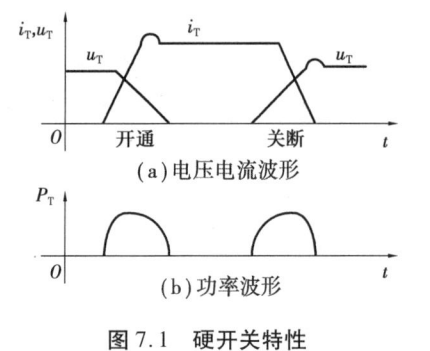

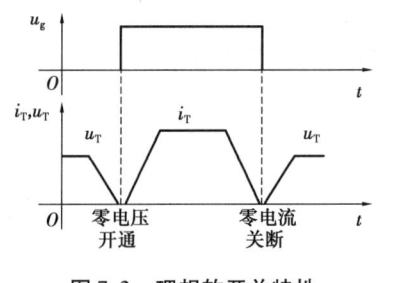

图 7.1 硬开关特性

图 7.2 理想软开关特性

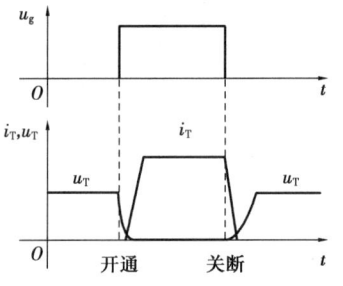

图 7.3 实际软开关特性

理想软开关的实现是极为困难的,实际中较为常见的是如图 7.3 所示的软开关开通和关断特性。开通时,对开关器件施加驱动信号 u_g 后,电流 i_T 开始上升,电压 u_T 不大且迅速下降为零,开通损耗不大,称为软开通;关断时,电流 i_T 下降,电压 u_T 不大且上升缓慢,关断损耗也不大,称为软关断。

理想的软开关技术可以使器件的开关损耗降为零,开关频率可以不受限制,但实际中由于开关器件不是理想开关,磁性材料、电感电容等都不是理想器件,故软开关技术也存在开关损耗,并且开关频率也不能无限制高。

7.1.3 软开关的分类

自从 20 世纪 70 年代开始,国内外出现了很多的软开关电路。为降低开关损耗,提高开关频率,最早发展起来的是谐振开关技术。谐振开关技术是在开关状态变换过程中,引入一个 LC 谐振电路,利用 LC 谐振特性使开关器件的端电压或电流自然的谐振为零。几十年来,前后又出现了许多的软开关电路,不同场合有不同的电路。

根据电路中开关元件开关时电压电流的状态,软开关电路可以分为零电压开通电路和零电流关断电路两类。根据软开关技术的发展历程,软开关电路又可以分为准谐振型电路、零开关 PWM 电路和零转换 PWM 电路。

7.2 软开关技术的典型电路

7.2.1 准谐振型电路

准谐振型电路是最早出现的软开关电路,其中有些现在还在大量使用。

利用谐振现象,使开关器件上的电压或电流按照正弦规律变化,为实现零电压开通或零电流关断创造条件,这种电路称为谐振型变换电路。其可以分为全谐振、准谐振和多谐振变换 3 种类型。在软开关技术中应用较多的是准谐振变换电路。准谐振电路中电压或电流的波形为正弦半波,故称为准谐振。准谐振电路可以分为零电压开关准谐振电路和零电流开关准谐振电路。

(1)零电压开关准谐振电路

以降压型电路为例分析零电压开关准谐振电路的工作原理,其工作原理图如图7.4(a)所示,其中,开关管 T 和谐振电容 C_r 并联,谐振电感 L_r 与 T 串联。假设电路中电感 L 和电容 C 值很大。

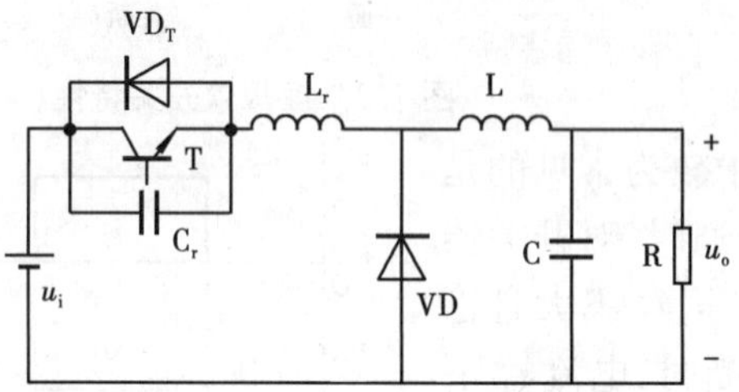

(a)电路原理图 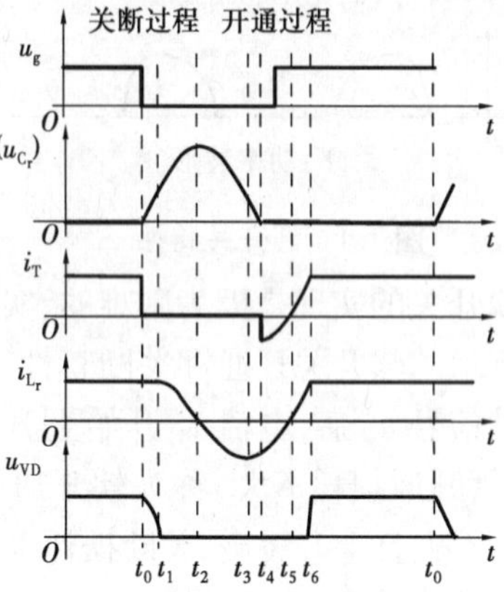　　　　　　　(b)理想化波形

图7.4　零电压开关准谐振电路及波形

从开关管关断时刻 t_0 开始分析:

$t_0 \sim t_1$ 阶段:t_0 时刻之前,开关 T 为通态,二极管 VD 反向截止,此时 $u_{C_r}=0$,$i_{L_r}=i_T=i_L$ 为恒值;t_0 时刻,撤除开关 T 的驱动信号,T 关断,负载电流从开关管 T 流到谐振电容 C_r,i_T 开始迅速减小到零,由于谐振电容的作用使 T 关断后电压上升减缓,u_T 还很小,实现 T 软关断,关断损耗较小。

T 关断后,二极管 VD 并未导通。电感 L_r 和 L 同时向电容 C_r 充电,由于 L 值很大,C_r 两端电压迅速上升,同时,VD 两端电压逐渐下降,直到 t_1 时,VD 两端电压为零,VD 导通。

$t_1 \sim t_2$ 阶段:电感 L 通过二极管 VD 续流,电感 L_r 和电容 C_r 构成串联谐振电路,L_r 继续充电,u_{C_r} 不断上升,i_{L_r} 不断下降,直到 t_2 时刻,i_{L_r} 下降到零,u_{C_r} 谐振到峰值。

$t_2 \sim t_3$ 阶段:$t>t_2$ 后,$u_{C_r}>U_i$,C_r 反过来向 L_r 放电,u_{C_r} 不断下降,i_{L_r} 反向,直到 $u_{C_r}=U_i$,这时 i_{L_r} 达到反向谐振峰值,其两端电压为零。

$t_3 \sim t_4$ 阶段:$t>t_3$ 后,$u_{C_r}<U_i$,L_r 反过来向 C_r 反向充电,C_r 电压下降,直到 t_4 时降为零。

$t_4 \sim t_5$ 阶段:t_4 时刻,$u_{C_r}=0$,但 i_{L_r} 为负值,二极管 VD_r 开始导通,电感 L_r 通过 VD_r 向电源回馈能量,$u_{C_r}=u_T=0$,谐振电感 L_r 上的电流逐渐减小,到 t_5 时降为零。由于这一段开关 T 的端电压为零,故必须在这一时段开通 T,才不会产生开通损耗。

$t_5 \sim t_6$ 阶段:T 导通,$i_{L_r}=i_T$ 迅速上升,直到 t_6 时刻,开关管 T 再次关断,二极管 VD 关断,完成了一个开关周期。

由以上分析可知,在一个开关周期中,谐振电压峰值几乎是输入电压 U_i 的两倍,开关管 T 的耐压必须相应提高,这降低了电路的可靠性,增加了电路的成本,是零电压开关准谐振电路的一大缺点。

(2)零电流开关准谐振电路

零电流开关准谐振电路如图7.5(a)所示。以降压变换电路为例,电路中开关管 T 与谐振电感 L_r 串联,谐振电容 C_r 与二极管 VD 并联。滤波电容 C 和电感 L 值极大,故一个周期中

负载电流 I_o 和输出电压 U_o 都恒定不变。

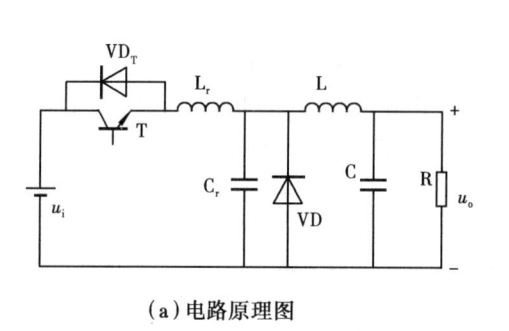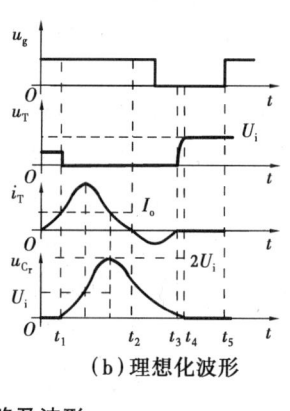

（a）电路原理图　　　　　　　　（b）理想化波形

图 7.5　零电流开关准谐振电路及波形

零电流开关谐振电路的波形图如图 7.5（b）所示,其原理分析如下:

$0 \sim t_1$ 阶段:$t = 0$ 时,开关 T 开始导通,$i_{L_r} = i_T$ 开始从零上升至负载电流 I_o,二极管 VD 截止。由于谐振电感 L_r 上的感应电动势是左正右负,使开关管 T 上的电压 u_T 减小,若谐振电感 L_r 足够大,则可使 $u_T = 0$,实现零电压开通。

$t_1 \sim t_2$ 阶段:$t > t_1$ 时,$i_{L_r} = i_T$ 继续上升,电感 L_r 向电容 C_r 充电,使 C_r 电压上升,L_r 和 C_r 产生串联谐振。在 1/4 周期时,$i_{L_r} = i_T$ 达到谐振峰值,此后开始下降,直到 $t = t_2$ 时下降为零。

$t_2 \sim t_3$ 阶段:L_r 和 C_r 串联谐振,i_{L_r} 反向,二极管 VD_r 导通,若此时撤销开关管的驱动信号,则 T 可以实现零电流关断,无关断损耗。$t = t_3$ 时,$u_{C_r} < U_i$,二极管 VD_r 截止,$i_{L_r} = i_T = 0$。

$t_3 \sim t_4$ 阶段:电容 C_r 向电感 L 和负载放电,$t = t_4$ 时,电容 C_r 电压为零,$u_T = u_i$,续流二极管 VD 导通。

$t_4 \sim t_5$ 阶段:续流二极管 VD 导通,直到 $t = t_5$ 时,开关管 T 再次被驱动,经历一个完整的周期。

7.2.2　移相全桥型零电压软开关 PWM 电路

移相全桥型电路是目前应用最广泛的软开关电路之一,其电路很简单,它是在硬开关的基础上加了一个谐振电感,使电路中 4 个开关管都能实现电压开通。如图 7.6 所示为移相全桥型零电压软开关 PWM 电路原理图。

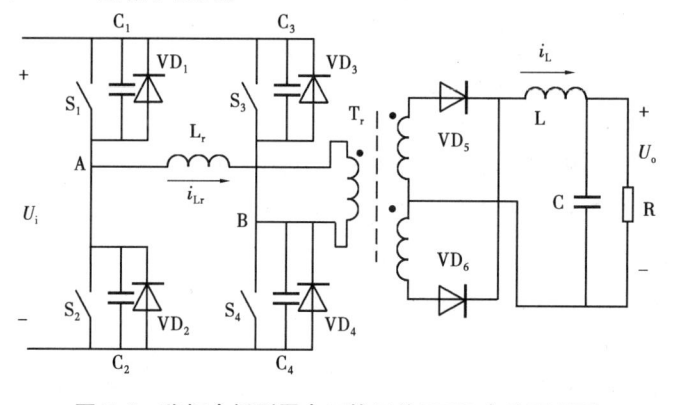

图 7.6　移相全桥型零电压软开关 PWM 电路原理图

移相全桥型零电压软开关 PWM 电路由 4 个开关 S_1、S_2、S_3、S_4(MOSFET 或 IGBT),4 个并联吸收电容 C_1、C_2、C_3、C_4,4 个反并联快恢复二极管 VD_1、VD_2、VD_3、VD_4,高频变压器 T_r 及谐振电感 L_r 等组成。

在移相全桥型零电压开关 PWM 电路中,4 个开关管的驱动控制信号如图 7.7 所示。在一个开关周期 T_s 内,每一个开关导通时间都略小于 $T_s/2$,关断时间都略大于 $T_s/2$;同一个半桥上下两个开关不能同时处于通态,每一个开关关断到另一个开关导通都需要预留一定的死区时间;S_1 的驱动信号比 S_4 的超前 $0 \sim T_s/2$,而 S_2 的驱动信号比 S_3 的超前 $0 \sim T_s/2$,因此,S_1、S_2 为超前的桥臂,S_3、S_4 为滞后的桥臂。

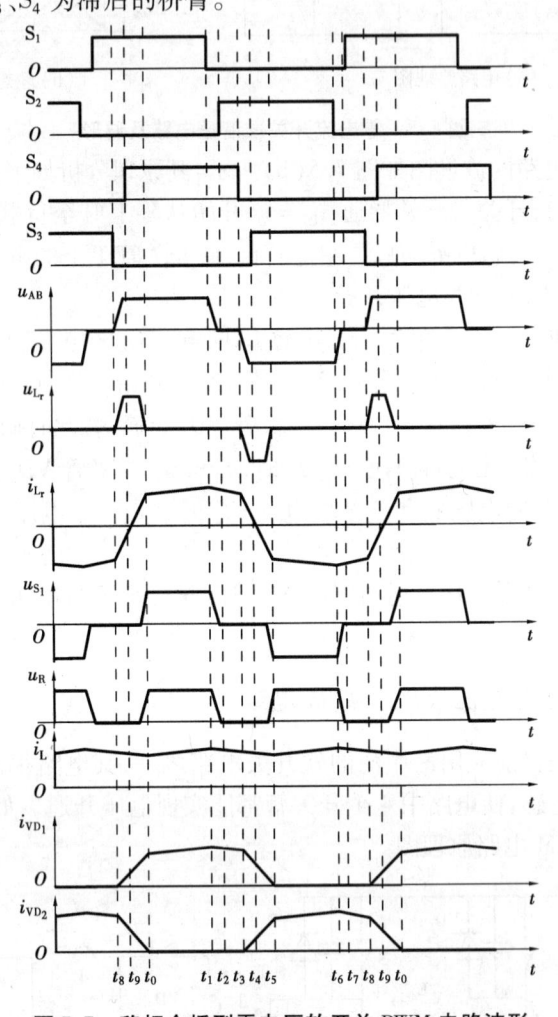

图 7.7　移相全桥型零电压软开关 PWM 电路波形

根据图 7.6 和图 7.7 对移相全桥型零电压软开关 PWM 电路进行分析:

$t_0 \sim t_1$ 阶段:开关 S_1、S_4 有驱动信号导通,S_2、S_3 处于关断状态,此时 AB 两端电压为 u_{AB},变压器 T_r 一次绕组电流上升,二次侧感应电动势使 VD_5 导通、VD_6 截止,向负载提供能量。直到 $t = t_1$,开关 S_1 关断。

$t_1 \sim t_2$ 阶段:$t = t_1$ 时,开关 S_1 关断,电容 C_1、C_2 和电感 L_r、L 构成谐振回路,谐振开始时 $u_A = U_d$,然后 u_A 逐渐下降至零,二极管 VD_2 导通,电流 i_{L_r} 通过 VD_2 续流。

$t_2 \sim t_3$ 阶段：$t = t_2$ 时，开关 S_2 有驱动信号，但由于此时反并联二极管 VD_2 处于通态，故 S_2 为零电压开通，没有开关损耗，S_2 开通后电路状态没有改变，直到 $t = t_3$ 时，S_4 关断。

$t_3 \sim t_4$ 阶段：$t = t_3$ 时，开关 S_4 关断，变压器二次侧的二极管 VD_5 和 VD_6 同时导通，变压器一次侧和二次侧电压均为零，相当于短路，此时，变压器二次侧电感 L 通过 VD_5、VD_6 形成回路向负载提供能量，一次侧 C_3、C_4 和 L_r 构成谐振回路。在谐振过程中，i_{L_r} 逐渐减小，u_B 不断上升，直到 VD_3 导通。S_3 开通前 VD_3 导通，此时，S_3 为零电压开通。

$t_4 \sim t_5$ 阶段：$t = t_4$ 时，开关 S_3 开通，i_{L_r} 逐渐下降，下降到零后反向增大，变压器二次侧 VD_5 上的电流在下降，VD_6 上的电流在增大，直到 VD_5 上的电流降为零关断，此时，电流全部转移到 VD_6 中。

$t_0 \sim t_5$ 段是开关周期的前半个周期，后半个周期工作过程与前半个周期完全对称，在此不作详细介绍。

移相全桥型零电压开关 PWM 电路的特点如下：

①此电路可以降低开关损耗，提高开关频率。

②降低了开关开通时的电压变化率 $\mathrm{d}u / \mathrm{d}t$，消除了寄生振荡，简化滤波电路。

③该电路在 $t_3 \sim t_4$ 段，变压器二次侧被短路，输出电压为零，存在占空比丢失现象，为达到最大功率输出的要求，需适当降低变压器的变比，而这将导致一次侧电流的增加。

④谐振电感与变压器二次侧二极管结电容形成振荡，二极管需承受较大的峰值电压。

7.2.3　零转换 PWM 电路

零转换 PWM 电路也是利用辅助开关控制谐振的开始时刻，与前面所讲的准谐振型电路和全桥零电压开关 PWM 电路不同的是，谐振电路是与主开关并联的，输入电压和负载电流对电路的谐振过程影响很小，扩大了电路的应用范围，使其可以在很宽的输入电压范围内都工作在软开关状态，负载既可以是零负载也可以是满载。零转换电路包括零电压转换 PWM 电路和零电流转换 PWM 电路。

零电压转换 PWM 电路是一种常用的软开关电路，以升压型电路为例介绍零电压转换 PWM 电路的基本原理。

零电压转换 PWM 电路的原理图如图 7.8 所示，假设电感 L 很大，可以忽略其中电流的波动，电容 C 也很大，可以忽略输出电压的波形，在分析时也忽略元件和线路的损耗。开关 S 为主开关，S_1 为辅助开关。

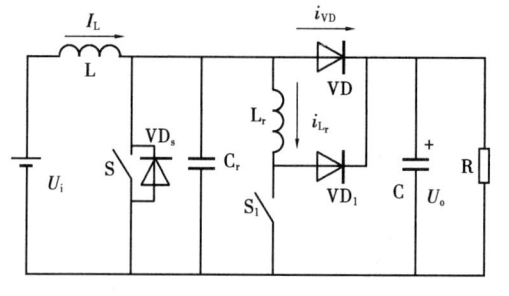

图 7.8　零电压转换 PWM 电路

如图 7.9 所示是零电压转换 PWM 电路的理想化波形图，从图中可以看出，开关 S 和 S_1 不会同时开通，并且辅助开关 S_1 超前于主开关 S 开通。分阶段对零电压转换 PWM 电路进行

原理分析如下:

$t_0 \sim t_1$ 阶段:辅助开关 S_1 开通,二极管 VD 处于导通状态,此时,电流 i_{L_r} 线性增长,二极管 VD 中的电流迅速下降,直到 $t = t_1$,二极管 VD 中的电流下降为零关断。

$t_1 \sim t_2$ 阶段:L_r 和 C_r 构成并联谐振电路,由于电感 L 值很大,电流几乎不变,对谐振影响很小,可以忽略。谐振过程中电流 i_{L_r} 逐渐增加,C_r 端电压逐渐下降,$t = t_2$ 时,电压降为零,与主开关反并联的二极管 VD_S 导通。

$t_2 \sim t_3$ 阶段:C_r 端电压为零,电流 i_{L_r} 保持不变,直到 $t = t_3$ 时刻,主开关 S 开通,辅助开关 S_1 关断。

$t_3 \sim t_4$ 阶段:$t = t_3$ 主开关 S 开通时,其端电压为零,没有开通损耗。同时 S_1 关断,谐振电感 L_r 中的能量通过二极管 VD_1 传送给负载,电流 i_{L_r} 线性下降,主开关 S 中的电流线性增大,直到 t_4 时刻,电流 i_{L_r} 下降为零,VD_1 关断。

$t_4 \sim t_5$ 阶段:$t = t_5$ 时刻,主开关 S 关断。谐振电容 C_r 的存在使 S 关断时电压变化率受到限制,降低了主开关的关断损耗。

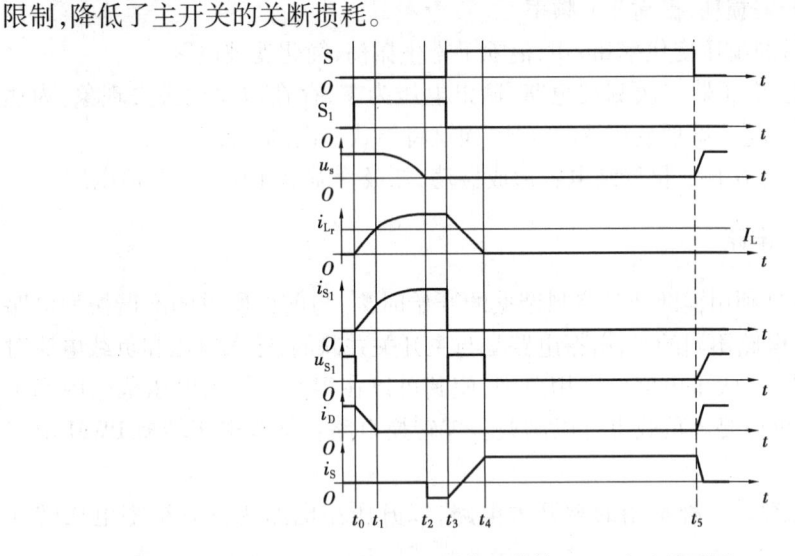

图 7.9　零电压转换 PWM 电路波形图

【复习思考】

1. 何谓软开关和硬开关? 怎样才能实现完全无损耗的软开关过程?

2. 软开关电路可以分为哪几类? 其典型拓扑分别是什么样的? 各有什么特点?

3. 零开关转换 PWM 电路中,零电压开通和零电流关断的含义是什么?

4. 在移相全桥零电压开关 PWM 电路中,如果没有谐振电感 L_r,电路的工作状态将发生哪些变化? 哪些开关仍是软开关,哪些开关将成为硬开关?

5. 在零电压转换 PWM 电路中,辅助开关 S_1 和二极管 VD_1 是软开关还是硬开关,为什么?

【实践练习】

通过学习和查阅资料,了解软开关技术的发展现状。

参考文献

[1] 王兆安,刘进军.电力电子技术[M].5版.北京:机械工业出版社,2008.

[2] 边春元.电力电子技术[M].北京:人民邮电出版社,2012.

[3] 浣喜明,姚为正.电力电子技术[M].北京:高等教育出版社,2010.

[4] 麦崇裔,苏开才.电力电子技术基础[M].广州:华南理工大学出版社,2003.

[5] 王楠,沈倪勇,莫正康.电力电子技术[M].北京:机械工业出版社,2013.

[6] 周克宁.电力电子技术[M].北京:机械工业出版社,2004.

[7] 鞠平.电力工程[M].北京:机械工业出版社,2009.

[8] 石玉.电力电子技术题例与电路设计指导[M].北京:机械工业出版社,1999.

[9] 周渊深.电力电子技术[M].北京:机械工业出版社,2010.

[10] 裴云庆,杨旭,王兆安.开关稳压电源的设计和应用[M].北京:机械工业出版社,2010.

[11] 曲永印,白晶.电力电子技术[M].北京:机械工业出版社,2013.

[12] 刘志刚.电力电子学[M].北京:清华大学出版社,2004.

[13] 徐以荣.电力电子技术基础[M].南京:东南大学出版社,1999.

[14] 周志敏,纪爱华.逆变器新技术与工程应用实例[M].北京:中国电力出版社,2014.

[15] 程夕明.功率电子学原理及其应用[M].北京:电子工业出版社,2011.

[16] 赵慧敏,张宪.电力电子技术[M].北京:化学工业出版社,2012.

[17] 张润和.电力电子技术及应用[M].北京:北京大学出版社,2008.

[18] 叶斌.电力电子应用技术[M].北京:清华大学出版社,2006.

[19] 徐立娟.电力电子技术[M].2版.北京:人民邮电出版社,2014.